闽南文化丛书

MINNAN
JIANZHU

总主编　陈支平　徐　泓

U0102539

闽南建筑

主　编

曹春平

庄景辉

吴弈德

海峡出版发行集团
福建人民出版社

图书在版编目（CIP）数据

闽南建筑 / 曹春平，庄景辉，吴弈德主编. -- 2 版. -- 福州：福建人民出版社，2023.9
（闽南文化丛书）
ISBN 978-7-211-08277-3

Ⅰ. ①闽⋯ Ⅱ. ①曹⋯ ②庄⋯ ③吴⋯ Ⅲ. ①建筑艺术—福建 Ⅳ. ①TU-862

中国版本图书馆 CIP 数据核字（2019）第 289812 号

（闽南文化丛书）

闽南建筑
MINNAN JIANZHU

作　　者：曹春平　庄景辉　吴奕德　主编
责任编辑：陈稚瑶
责任校对：李雪莹
出版发行：福建人民出版社　　　　　　　电　　话：0591-87533169（发行部）
网　　址：http://www.fjpph.com　　　　电子邮箱：211@fjpph.com
地　　址：福州市东水路 76 号　　　　　邮政编码：350001
印　　刷：上海盛通时代印刷有限公司
地　　址：上海市金山区广业路 568 号　　电　　话：021-37910000
开　　本：700 毫米×1000 毫米　　1/16
印　　张：22.75
字　　数：292 千字
版　　次：2023 年 9 月第 2 版　　　　　2023 年 9 月第 1 次印刷
书　　号：ISBN 978-7-211-08277-3
定　　价：73.00 元

增订版说明

    《闽南文化丛书》自出版以来，受到社会各界的普遍肯定；初版之书，也早就销售一空。许多读者通过不同的渠道，向我和其他作者，向出版社，征询购书途径，以及何时可以购得的问题，我们都愧无以应。

    我认为，《闽南文化丛书》得到广大读者的接受和肯定，根本的原因，在于闽南历史文化自身无可替代的精神魅力。我们在丛书中多次指出：闽南文化是中华文化的一个重要组成部分，同时又是中华文化中的一个极具鲜明特色的地域文化。中华文化的核心价值促进了闽南文化的苗壮成长，而深具地域特色的闽南文化又使得中华文化显得更加丰富多彩。闽南文化是一种辐射型的区域文化，闽南文化既是地域性的，又带有一定的世界性。深具东南海洋地域特色的闽南文化，以其前瞻开放的世界性格局，在中华文化的对外传播乃至世界文明的发展史上，留下了不可磨灭的足迹。

    当今世界，国际化的潮流滚滚向前。我们国家正顺应着这一世界潮流，大力推进"一带一路"建设的宏图。而作为中国海上丝绸之路核心区的福建特别是闽南区域，理应在国家推进"一带一路"建设的宏图中奋勇当先，追寻先祖们的足迹，不断开拓，不断创新。正因为如此，继承和弘扬闽南历史文化，同样也是我们今天工作事业中所不可忽视的一个重要组成部分。

从我们自身来说，虽然《闽南文化丛书》的问世受到社会各界的普遍肯定，深感欣慰，但是总是感到丛书还是存在不少有待修改提高的地方。出版社方面，也希望我们能够对丛书进行修订，以便重新印行出版。不过碍于种种的原因，或是各自的工作太忙，无法分身；或是年事已高，心有余而力不足，竟然一拖再拖，数年的时间，一晃而过。自 2016 年下半年时，我们终于下定决心，组织人员，原先各分册作者可以自己修订者，自行修订；原先作者无法修订者，另请其他人员修订增补。到了 2017 年 3 月，全部修订最终完成。

在这次修订中，由原先作者自行修订的分册有：《闽南宗族社会》、《闽南乡土民俗》、《闽南书院与教育》、《闽南民间信仰》、《闽南文学》。

其余分册，另请人员以增补章节的方式进行修订，各分册参加增补章节的人员及其增补章节分别是：

杨伟忠撰写《闽南方言》第四章《闽南方言的读书音与读书传统》；

庄琳璘撰写《闽南音乐与工艺美术》第七章《泉港北管》；

方圣华撰写《闽南戏剧》第二章《闽南戏曲主要剧种》；

林东杰撰写《闽南理学的源流与发展》第十二章《闽南理学家群体的多重面相》；

张清忠撰写《闽南建筑》第八章《金门的闽南传统建筑》。

此次修订，虽然增补了一些新的内容，但是我们内心还是感到离全面系统而又精致地表述闽南文化的方方面面，依然还有不少差距。这种缺憾，既是难以避免的，同时也为我们今后的研究工作留下了空间。我们希望与热爱闽南历史文化的社会各界同好们，共同努力，把继承和弘扬闽南历史文化的时代使命，担当起来，不断前进。

陈支平　徐　泓

2022 年 3 月 20 日

于厦门大学国学研究院

第一版总序

在社会各界的关心支持下，《闽南文化丛书》终于与读者见面了。我们之所以组织撰写这套丛书，主要基于以下的三点学术思考。

一，闽南文化是中华文化的一个重要组成部分，同时又是中华文化中的一个极具鲜明特色的地域文化。闽南文化的形成及发展，是漫长的历史演变与文化磨合以及东南沿海地带独特的地理环境等多种因素逐渐造就的。中华文化的核心价值培育了闽南文化，而深具地域特色的闽南文化又使得中华文化更加丰富多彩。当今，区域文化研究已经成为一个世界性的学术热点，从中华文化整体性的角度来考察区域文化，闽南文化的研究理应引起学术界的高度重视。

二，闽南文化是一种二元结构的文化结合体。这种二元文化结合体既向往、追寻中华核心主流文化，又在某种程度上顽固地保持边陲文化的变异形态；既依归中华民族大一统政治文化体制并积极为之做出贡献，又不时地超越传统与现实的规范与约束；既有步人之后的自卑心理，又有强烈的自我表现和自我欣赏的意识；既力图在边陲区域传承和固守中华文化早期的核心价值观念，却又在潜移默化之中造就了诸如乡族组织、帮派仁义式的社会结构。这种二元结构的文化结合体，可以把许多看似相互矛盾、相互排斥的人文因素，有机地磨合和交错在一起。也许正是这种二元文化结合体，在一定程度上滋生了闽南区域文化及其社会经济的持续生命力，从而使得闽南社会及其文化影响区域能够在坚守中华文化核心价值的同时，有所发扬，有所开拓。对闽南二元结构文化结合体的研究，应该有助于我们从宏观上审视中华文化演化史。

三，闽南文化是一种辐射型的区域文化。从地理概念上说，所谓闽南区域，指的是现在福建南部包括泉州、厦门、漳州所属的各个县市。然而从文化的角度说，闽南文化的概念远远超出了以上的区域。由于面临大海的自然特征与文化特征，闽南文化在长期的传承演变历程中，不断地向东南的海洋地带传播。不用说台湾以及浙江温州沿海、广东南部沿海、海南沿海，深深受到闽南文化的影响，形成了带有变异型的闽南方言社会与乡族社会，即使是在东南亚地区以及海外的许多地区，闽南文化的影响都是不可忽视的社会现实。因此，闽南文化既是地域性的，同时又是带有一定的世界性的。在当今世界一体化的趋势之下，研究闽南文化尤其深具意义。

闽南文化的内涵是极为丰富深刻的，其表现形式是多姿多彩的。为了把闽南文化的整体概貌比较完整地呈现给读者，我们把这套丛书分成十四个专题，独立成书。这十四本书，既是对闽南文化不同组成部分的深入剖析，同时又相互联系、有机地组成宏观的整体。我们希望通过这套丛书的出版，一方面有助于系统深入地推进闽南文化研究，另一方面则促进人们全面地了解和眷念闽南文化乃至中华文化，让我们的家园文化之情，心心相印。

最后，我们要再次对众多关心和支持本套丛书的写作和出版的社会各界人士，深致衷心的谢意！

陈支平　徐　泓

2007 年 10 月

目　录

第一章　闽南建筑形式 ……………………………………… （1）

　　第一节　闽南的地理与气候环境 ……………………… （1）

　　第二节　闽南建筑的发展 ……………………………… （2）

　　第三节　闽南建筑的特征 ……………………………… （10）

第二章　闽南建筑类型 ……………………………………… （22）

　　第一节　闽南民居建筑 ………………………………… （22）

　　第二节　闽南宗祠建筑 ………………………………… （51）

　　第三节　闽南寺观建筑 ………………………………… （54）

　　第四节　闽南文教建筑 ………………………………… （60）

　　第五节　闽南祠庙建筑 ………………………………… （67）

第三章　闽南建筑技术 ……………………………………… （84）

　　第一节　闽南建筑木构技术 …………………………… （84）

　　第二节　闽南建筑砖石技术 …………………………… （104）

第四章　闽南建筑材料与装饰 ……………………………… （127）

　　第一节　闽南建筑的屋顶装饰 ………………………… （127）

　　第二节　闽南建筑的装饰材料 ………………………… （132）

　　第三节　闽南建筑的小木作 …………………………… （141）

　　第四节　闽南建筑彩画 ………………………………… （146）

第五章　闽南建筑习俗 ……………………………………… （159）

第一节 闽南建筑施工仪式 ……………………………… (159)

第二节 闽南建筑禁忌 ……………………………… (173)

第三节 闽南的工匠与流派 ……………………………… (179)

第六章 闽南建筑文化向海外的传播 ……………………… (186)

第一节 闽南建筑与中外文化交流 ……………………… (186)

第二节 东南亚建筑中的闽南风格 ……………………… (190)

第七章 近代闽南传统建筑的变迁 ……………………… (201)

第一节 闽南城市的近代化与骑楼建设 ………………… (201)

第二节 洋楼的形成与发展 ……………………………… (206)

第三节 嘉庚建筑风格 ……………………………… (211)

第八章 金门的闽南传统建筑 ……………………………… (240)

第一节 金门的开发与聚落的发展 ……………………… (240)

第二节 金门传统建筑的发展阶段 ……………………… (253)

第三节 金门传统建筑的特征 …………………………… (256)

第四节 金门传统建筑的类型 …………………………… (266)

第五节 金门传统建筑装饰艺术特征 …………………… (271)

第六节 金门传统建筑装饰图案及其意涵 ……………… (275)

主要参考文献 ……………………………………………… (345)

第一章

闽南建筑形式

第一节　闽南的地理与气候环境

闽南，福建省南部，主要包括泉州、漳州、厦门三个地级市，面积约 2.5 万平方公里。这个区域的西北边界是东北—西南走向的崇山峻岭——戴云山和博平岭山脉，与闽西龙岩地区分界。东南面是广阔的漳州平原和泉州平原，内有九龙江、晋江流过，隔台湾海峡与台湾省相望。闽南的地势由西北向东南呈阶梯状倾斜；横亘西北的戴云山和博平岭，海拔多在 800 米以上，是闽南与闽西之间的屏障；丘陵分布于山地周围与东南沿海，范围较广，一般海拔在 100～300 米；台地分布在丘陵、河流和沿海平原附近，起伏和缓，相对高差 20～60 米。总的来看，闽南全境的地形由西北至东南分为三级：高山峻岭、河谷丘陵和沿海平原，具有依山傍海的环境特征。

闽南境内主要河流有漳州的九龙江、泉州的晋江及其他一些较小的山区河流。九龙江是福建第二大河，仅次于闽江，除九龙江外，漳州境内还有鹿溪、漳江、东溪等主要河流。晋江是福建第三大河，发源于戴云山脉，上游分东西二溪，东溪经永春，西溪经安溪，二溪至南安双溪口汇为晋江干流，穿过泉州、晋江市境入海。漳州平原和泉州平原是闽南境内最广阔的沿海平原。全区海岸线曲折漫长，沿海多岛屿、港湾。较大的岛屿有金门、厦门和东山岛，其中厦门岛和东山岛已修筑海堤与大陆相连，成为人工半岛。主要港湾有泉州湾、深沪湾、围头湾、厦门港、浮头湾、东山湾、诏安湾等。

闽南地区除西北边缘山区外，大部分地区属亚热带季风气候，夏长冬短，热量充足，年平均温度在 20℃ 以上，降水量充沛，夏季多台风。

闽南地区石材资源丰富，开发利用历史悠久。著名的石材有南安石砻的"泉州白"、惠安五峰的"峰白"、玉昌湖的"青斗石"等。其他如高岭土、石灰石等矿产资源也很丰富。闽南的地带性土壤主要是红壤和砖红壤。受亚热带海洋性季风气候的影响，闽南森林、植被种类众多，山区盛产木材，主要的建筑用材有杉、松和樟木，尤其是高大挺直的杉木，易于砍伐，便于加工，是很好的建筑用材。

第二节　闽南建筑的发展

福建古称"闽"，是百越人的居住地。秦汉以来，中原多事之时，北方士民不断南迁，特别是两晋南北朝、唐末五代，是北方士民大规模入闽的高潮时期。北方士民的迁入，切断了闽越土著文化的自身发展脉络，带来了中原地区高度发达的政治、经济、军事、文化制度。

闽南的泉州平原和漳州平原，有着较好的农业生产环境，北方汉民入迁闽南，这两个沿海平原地域首先得到开发。

唐嗣圣元年（684 年），析泉州（治在今福州）的南安、莆田、龙溪三县置武荣州，州治在今南安丰州。景云二年（711

年），改武荣州为泉州，州治由丰州移至今泉州湾的泉州市区。唐时，泉州曾辖南安、莆田、龙溪、清源、晋江五县。

唐总章二年（669年），为加强对闽南的控制，朝廷派陈政统岭南行军总管事，出镇泉州、潮州之间的今漳南云霄漳江一带。陈政病故后，其子元光代父为将，发展生产，促进了汉民族对当地的开发。唐垂拱二年（686年），建置漳州，州治在今云霄西林村，辖怀恩、漳浦二县，因州治傍漳江而得名漳州。开元四年（716年），因地多瘴疠，州治徙至李澳川（今漳浦县绥安镇）。贞元二年（786年），州治再徙至龙溪县桂林村（今漳州市芗城区）。宋时，漳州府辖地包括今漳州、厦门海沧、龙岩新罗区、漳平市和原宁洋县地。清代，漳州府辖龙溪、漳浦、长泰、南靖、平和、诏安、海澄七县。

唐末、五代北方汉民不断迁入泉州、漳州，闽南沿海平原得到了长足的发展，闽南人这一民系的基本格局已开始形成。

唐光启元年（885年），河南光州固始人王潮、王审邽、王审知兄弟率部入闽。次年占领泉州。王潮、王审邽及审邽子王延彬相继任泉州刺史。王氏治泉期间，社会安定，经济发展，兴建了泉州子城。保大三年（945年），南唐灭闽。次年，留从效为泉州刺史。留氏扩建泉州城，重加版筑，环城遍植刺桐，泉州以"刺桐城"闻名于世。留从效治泉期间，尽开田地，晋江上游的山区也得到了进一步开发。到了宋代，泉州地位迅速提高，进入了全国的望郡行列。

宋代，闽南经济繁荣，文化昌盛。泉州府、漳州府开始扩建外城。宋太平兴国七年（982年），泉州建立州学。庆历四年（1044年），漳州创立州学，其后各县也先后设立县学，书院、私塾大兴，出现"家诗书而户弦诵"的景象。北宋元祐二年（1087年），泉州置市舶司，确立了对外贸易港口的重要地位。此后宋室南迁，泉州海外贸易持续发展。元时多次在泉州设立行省，大力经营泉州港，泉州海外贸易达到巅峰。元人吴澄说："泉，七闽之都会也。番货远物、异宝珍玩之所渊薮，殊方别域、富商巨贾之所窟宅，号为天下最。"① 宋元时期，泉州海外贸易兴盛，带来了佛教、伊斯兰教、基督教、印度教、摩尼教等宗教，外来宗教与本土民间信仰互相渗透，创造了辉煌灿烂的宗教文化。

佛教约于三国时传入福建。据乾隆年间《泉州府志》载，西晋太康年间，南安九日山建延福寺，是闽南最早的寺庙。南朝梁时，印度僧人拘那罗陀曾到延福寺翻译佛经。唐、五代时，随着闽南社会经济、文化的发展及统治者的提倡，佛教兴盛，寺庙遍布。泉州地区有"泉南佛国"之称。唐垂拱二年（686 年），泉州府治肃清门外建开元寺，该寺成为闽南最大的寺庙。宋代闽地寺庙极多，宋人统计说："寺观所在不同，湖南不如江西，江西不如两浙，两浙不如闽中。"② 寺院所在良田也多。泉州地区"自五代之际，腴田多属寺院，民间其下者"③。漳州地区，"举漳州之产而七分之，民户居其一，而僧户居其六"④。因此寺僧有财力参加大型公共事业的建设。蔡襄守泉州时建万安桥，"三岁度一僧掌桥事"⑤。

在各种外来宗教中，伊斯兰教的势力最大，留下的宗教遗迹也最为丰富。阿拉伯、波斯等地穆斯林来泉经商传教，北宋大中祥符二年至三年（1009—1010 年）在泉州城东南隅建立了一座伊

---

① ［元］吴澄：《送姜曼卿赴泉州路录事序》，《全元文》卷四七八，南京，凤凰出版社，1998，155 页。

② ［宋］吴潜：《宋特进左丞相许国公奏议》卷二《奏论计亩官会一贯有九害》，《续修四库全书》本，上海，上海古籍出版社，1996，132 页。

③ ［明］陈懋仁：《泉南杂志》卷上，《丛书集成初编》本，北京，商务印书馆，1936。

④ ［宋］陈淳：《北溪大全集》卷四三《拟上赵寺丞改学移贡院》，文渊阁四库全书本，台北，台湾商务印书馆，1986，850 页。

⑤ ［宋］方勺：《泊宅编》卷二，北京，中华书局，1983，11 页。

斯兰教清真寺，经元代至大三年至四年（1310—1311 年）重建，就是现在的涂门街清真寺。南宋时期，伊斯兰教在泉州已有相当规模，多国的穆斯林在泉州建寺。如波斯撒那威人从商舶来泉，在城南创建清净寺。① 1940 年，泉州通淮街拆卸时，由城基掘得一块阿拉伯文字石碑，碑文显示也门人奈纳奥姆尔在涂门外建礼拜寺。② 元代，泉州依然是贸易大港，以刺桐港闻名海外。元至正十年（1350 年）吴鉴《重立清净寺碑》："自礼拜寺先入闽广□，其兆盖已远矣，今泉造礼拜寺增为六七……"目前可考的元代泉州礼拜寺有数处，如泉州东门外元至治二年（1322 年）阿拉伯人纳希德重修的礼拜寺③、元代穆罕默德本艾敏伯克尔建造的礼拜寺④及三座缺名礼拜寺⑤等。当时居于泉州的伊斯兰教徒数以万计，在泉州东门外的灵山还保存着元代伊斯兰教领袖的墓地——圣墓。自唐宋至元代，阿拉伯人在闽南特别是泉州地区，延续活动达数百年之久。宋末元代，阿拉伯人对于泉州乃至闽南地区民间社会的影响，既有血缘上的交融，也有文化上的感染，使闽南人的人文性格中渗入了许多阿拉伯穆斯林的特征⑥。闽南建筑中繁复的装饰、艳丽的色彩，都隐约带有伊斯兰艺术的影响。

宋代的泉州，摩尼教也很流行。《西山杂志》"草庵"条记载："宋绍兴十八年（1148 年），赵紫阳在石刀山之麓，筑龙泉书

---

① 明正德二年（1507 年）《重立清净寺碑》引元至正十年（1350 年）吴鉴《重立清净寺》，此碑保存在涂门街清真寺内。

② 吴文良：《泉州宗教石刻》，北京，科学出版社，1957，90 页。门楣石刻现藏厦门大学人类学博物馆。

③ 同上书，26 页。

④ 同上书，25 页。

⑤ 门楣石刻皆嵌于艾苏哈卜寺明善堂墙壁上。

⑥ 陈支平：《福建六大民系》，福州，福建人民出版社，2000，230～231 页。

院。夜中常见院后有五彩光华，于是僧人吉祥，募资琢佛容而建之，寺曰摩尼寺。"① 摩尼寺至元代尚存。元代初期，泉州摩尼教又创立草庵寺。《西山杂志》"草庵"条云："元大德时（1297—1307 年），丘明输曾航舟至湖格，登摩尼寺。又倡修石亭，称曰草庵寺。"② 明人何乔远《闽书》说："华表山，与灵源（山）相连，两峰角立如华表。山背之麓，有草庵，元时物也，祀摩尼佛。"③ 草庵在今晋江市罗山镇华表山南麓。据《西山杂志》载元大德时草庵寺是一座"石亭"。现在的草庵寺，只有三开间，是用石材砌成的仿木建筑，上覆歇山顶，并不是元时物，而是近代所重建。草庵明间北面的石壁上浮雕摩尼光佛像，刻于至元五年（1339 年）。

宋元时期的泉州，除伊斯兰教、基督教、摩尼教外，印度教也很活跃，留下了一些宗教遗迹。泉州鲤城区新门外龟山西麓的石笋，高 3 米余，底座周长 4 米左右，石笋形状酷似男根，可能是古代印度教的遗物。近 70 年来，泉州陆续从地下出土和发现有关印度教的神话故事石雕造像和寺庙、祭坛等建筑构件，数量有百余方，表明古代建有印度教寺庙或祭坛建筑，数量可能不止一座。④

唐宋时期，闽南的道教也很兴盛。当时泉州城内外兴建了许多宫观。保存至今的元妙观，始建于唐神龙中（705—707 年），北宋大中祥符年间（1008—1016 年）改建。宋时，建法石真武

---

① 庄为玑：《泉州摩尼教初探》，《世界宗教研究》，1983 年第 3 期，81 页。

② 同上。

③ ［明］何乔远：《闽书》卷七《方域志·泉州府·晋江县一》，福州，福建人民出版社，1995，171 页。

④ 吴文良原著、吴幼雄增订：《泉州宗教石刻（增订本）》，北京，科学出版社，2005，449～520 页。

庙，作为郡守望祭海神之所。泉州城北清源山的罗山下，宋时建北斗殿，武山下建有真君殿，朱熹尝游于此。[①]今日在清源山老君岩前，发现了许多栌斗、散斗、栌斗前出蝉肚替木等石构件数十件，[②]这些构件的形制与开元寺东西塔的斗拱一致，很可能是宋代北斗殿或真君殿的遗物。还有泉州仁风门外的东岳行宫，也建于唐代，宋时重修。

唐宋时期，北方汉人大量迁入闽地，闽南人口持续增长。闽南人一方面继承了中原的文化传统，另一方面也保存了闽越人信巫鬼、重淫祀的传统习俗。南宋时漳州学者陈淳说："某窃以南人好尚淫祀，而此邦之俗为尤甚。自城邑至村墟，淫鬼之名号者至不一，而所以为庙宇者，亦何啻数百所。"[③]闽南历史上重要的人格神，如开漳圣王陈元光、保生大帝吴夲、清水祖师、妈祖、郭圣王等，几乎都产生于唐宋时期。这些人格神在民间逐渐取代了以前的动物、植物等自然神，宋代以后香火日盛，祖庙经过多次重建，分庙也遍及闽南各地。

宋代，福建的开发进入了稳定的成熟期。闽南建筑的许多特征，如插梁式坐梁式构架、外檐丁头拱构造、红砖技术等在宋代已具雏形。晋江流域的开发早于九龙江流域，晋江沿海平原的建筑技术也相对成熟些。福建面海背山的地理条件，限制了其与内地的联系。唐宋时带来的中原建筑文化在一个相对封闭的区域内发展，一些古代的技术与做法得以延续，例如梭柱、虹梁、上昂、皿斗、板椽等做法一直延续到明清，这些古代特征在北方宋

---

① [明]何乔远：《闽书》卷七《方域志》，福州，福建人民出版社，1995，159页。

② 方拥、杨昌鸣：《泉州老君岩的宋代建筑构件》，《华侨大学学报（自然科学版）》，1995年第4期，401～403页。

③ [宋]陈淳：《北溪大全集》卷四三《上赵寺丞论淫祀》，文渊阁四库全书本，台北，台湾商务印书馆，1986，851页。

代以后已日渐消失。

明初，倭寇侵扰我国沿海，明太祖采取"闭关自守"的海防政策，一方面严厉推行"片板不许下海"的海禁政策（《明史》卷二○五《朱纨传》），一方面加强沿海防御设施的建设。洪武二十年（1387年），命江夏侯周德兴经略福建，建筑卫所城、巡检司、水寨、墩堡、烽堠等，以为防御。位于闽南沿海的，有晋江永宁卫、海澄镇海卫以及崇武、福全、金门、高浦、陆鳌、铜山、玄钟等千户所。其中崇武所城，基本完好地保存至今。

明代正德、嘉靖时期，福建海防懈怠，倭夷、山寇、海盗扰袭闽南沿海日益频繁。闽南沿海及内地纷纷利用乡族的力量与组织，兴筑土堡、土楼、围屋等自卫，在明中叶以后迅速形成一个高潮。

明代，闽南建筑在一个相对封闭的区域内发展。闽南建筑的技术与风格特征可以区分为两个派系：晋江流域的泉州派与九龙江流域的漳州派，这两个派系的不同风格在明代大致形成，闽南建筑的许多重要特征也在此时成熟。闽南的晋江、九龙江上游的山区开发较迟，加以地理环境、交通、经济的影响，建筑技术较沿海地区落后，建筑中的夯土、土坯、青砖、灰瓦、穿斗等技术成分较多。漳州南部的诏安、云霄与潮州邻近，地理上没有高山的阻隔，建筑技术与文化交流频繁。岭南的开发较闽南为早，岭南木构架中成熟的叠斗技术也影响了漳州南部地区。

明清时期，福建东南沿海的政治纷争、人口压力、灾荒、海禁、迁界等引发社会动荡，濒海居民纷纷漂洋过海，移民潮持续不断。闽南移民主要集中在东南亚一带，移民社会形成以方言、地缘、血缘、业缘等为纽带的帮会、同乡会、宗亲会、行业会等基本组织，依托于寺庙、义山、会馆和大小不同的"公司"，这些寺庙、会馆、"公司"等都是原乡建筑在海外的移植，闽南建筑文化，因此也在海外生根、发展。

台湾和大陆早有历史关系，而明中叶后，随着福建、广东移民的增加和台湾经济的初步发展，两岸的文化交融进入了一个新的阶段。1661年，郑成功率军将荷兰人逐出台湾，即有设治、建学、屯田之举，随之有大批汉人移居台湾。经清代的继续发展，汉文化随着移民的脚步在台湾生根繁衍。台湾的汉人社会基本上由福建、广东移民构成，其中祖籍福建的占83％左右，广东占15％左右，其余占2％。福建移民中，又以泉州、漳州为主，汀州、兴化次之。台湾传统建筑也就确立了以闽南建筑为主体、以粤东及客家建筑为辅的体系。

郑成功治台时期，大陆文化开始系统地移入台湾。郑成功收复台湾后，便将在厦门的政权机构移植台湾，加以完善。改赤嵌为明京，设一府二县，即承天府、天兴县、万年县。郑经时，陈永华经营台湾，建立了完整的行政管理制度，并将闽南文化带至台湾。陈永华兴儒学、立孔庙、建明伦堂，兴办教育，并设科取士。

清朝统一台湾后，设立台湾府，隶属于福建省，闽台之间的交往更为密切。

台湾地区接受的基本是闽粤两地的移民文化，特别是以福建文化为主。在闽台文化的交融过程中，是以闽文化向台湾延伸为主流，同时，闽南文化又是其中主要的影响源。台湾文化具有闽文化特别是闽南文化的基本属性和品格。移居文化以血缘和地缘为基础，建筑文化也随之引入。台湾传统建筑基本上是闽南传统建筑体系的延伸。在移民初期，匠师与建筑材料都来自大陆，必然表现出移民来源地的建筑布局、技术与风格，因此建筑的平面布局、外观造型与样式、结构构造等，本质上都是原乡形式的移植。同时，移民是由最早的台南地区扩展到整个西部平原，再蔓延至东北部的宜兰地区，传统建筑呈现出以方言为特征的几种传统建筑类型，而闽南建筑仍然是其中的最主要类型。

就传统建筑交流而言，来自大陆不同地域的移民（主要是泉州、漳州、粤东和客家地区），将原乡建筑技术与文化引入台湾，由于这种引入是一个持续性的过程，这种持续时轻时重，而先期与后期移入的技术与文化，也会产生交叉互动与融合影响。因而台湾建筑自身的演化发展，产生了不同的地区建筑风格与流派，这些流派经过长期的演化，与原乡祖地的建筑之间似曾相识，又不尽相同，使台湾传统建筑在风格上呈现出复杂、多样性。

闽南是福建著名的侨乡。明清时期，许多闽南人迫于生存压力，漂洋过海谋生。近代以来，西方殖民者在东南亚进行掠夺式开发，闽南人移民海外再次形成高潮。富裕的侨民自南洋归来，往往在家乡兴建住宅、宗祠，以光宗耀祖，同时也带来了融合欧洲住宅与热带建筑特色的所谓"殖民地外廊样式"（colonial veranda style）建筑。这种外廊样式，与传统民居相结合，形成带有外廊的小洋楼，既丰富了闽南建筑的内容，也对传统住宅、祠堂等布局产生了一些影响。

第三节　闽南建筑的特征

闽南建筑是中国南方福建地域建筑的支派，在长期的发展过程中，除了具有地域的共通性外，还具有自己的独特个性。这种独特个性，主要表现在以下几点。

一、严谨、丰富的布局

院落空间是汉族传统建筑的原型。在闽南建筑中，也以合院来组织布局。民居建筑是闽南建筑中数量最多、分布最广的一种类型（图 1-3-1）。在民居之中，合院变得较为小巧，称为"深井"、"天井"，以适应闽南当地的气候条件。前后进的厅堂均面向天井开敞。大型住宅的两侧设置东西向的横屋，称为"护厝"，以狭长的天井与大厝组合，通风、防潮效果良好。闽南近山地区的安溪、华安、长泰、南靖等地，以天井为中心的三间起、五间起虎头厝作为民居的基本模式，落阶、角间、下厅高低叠落的组合方式，适应山区的丘陵、台地等复杂地形，也形成丰富多变的外形。在闽南山区，这种虎头厝进一步完善的形制，便是"五凤楼"。在闽南山区如南靖、华安、安溪、永春、平和、诏安等地，还有一类单元式平面的圆形、方形土楼，它的布局与闽西客家的通廊式土楼不尽相同，但也是以天井组成的组合形式，形成环形或套方形的大型住宅。在城镇商业区，如泉州南门附近、漳州延安南路及其他县市乡镇，还有称为"手巾寮"、"竹篙厝"的店屋，也以小天井组织前后落，但两侧的榉头或过水廊往往省略或只保留一侧，并在每落中设厅、巷联系前后，形成平面狭长的布局。

庙宇、祠堂的布局与住宅相似。根据需要，规模上而言，祠堂的天井比住宅略大，但榉头开敞，每落之中可以不设房间，形成通透的平面，以适应祭祀的要求。小型寺庙布局与祠堂相似，有的大厅增设拜亭，扩大前埕。大型庙宇则有多落布局，增设照壁、牌楼、钟鼓楼等建筑，天井扩大为庭院。

二、适应地方气候的空间形式

在闽南，以天井组成的三合院、四合院是民居的典型布局形式。为适应闽南特定的自然条件，天井形式方整，两厢的榉头一般开敞，前后进的厅堂也面向天井开放（图1-3-2）。大型住宅以狭长的天井组织，在左右两侧布置东西向的称为护厝的横屋，通风、防潮效果良好。

闽南气候炎热、潮湿、多雨，建筑中多设置塌寿、厅堂、巷廊、檐廊、屏步、榉头口等半开敞空间。塌寿朝外，如门斗一般。厅堂则面向天井，下落厅开敞，顶落厅也多不设槅扇，或者用落地的六扇笼扇，榉头口则联系前后落，使天井四周十分通透。顶落厅前有称为"屏步"、"步口"的檐下空间，与左右过水廊相通，联系护厝。护厝面向天井的一侧设置廊道，联系前后。护厝前后两端还有开敞的护厝厅与护厝尾。

近代兴起的二层角脚楼，二层的榉头部位也用亭阁。在晋江、石狮、同安等地，住宅顶落尽间的部口及榉头间、护厝尾等处，建二层的楼阁。起初只在部口建阁，设木梯，榉头间屋顶做成铺砖的平顶。以后将阁楼扩大，榉头间建成开敞的亭子，或者再将下落尽间做成平顶，四周设花砖女儿墙，以供家人乘凉、会客及其他户外活动之用。当地称这种阁楼为"角脚楼"，天井两边对称设置的则称"双楼阁"（图1-3-3），装饰华丽的则称"小姐楼"、"梳妆楼"。角脚楼的屋顶有很多变化，与下层的榉头口、大厝身部分巧妙结合，丰富了住宅的轮廓线。

祠堂的格局来源于住宅，但更为开敞。除不设榉头间外，下落、顶落也多不设房间。寺观之中，为增加祭拜空间，大殿前往往增设拜亭。

近代闽南的城镇商业经济繁华地区，为了争取更多的沿街店面，在传统住宅的基础上发展出一种称为"手巾寮"、"竹竿厝"的长条形街屋。手巾寮街屋沿着街道密集联排，以天井、巷道联系前后，并解决通风、采光等问题。这种长条形街屋，也随着闽南人的外迁而被带到台湾及东南亚的马六甲、新加坡等华人地区。

三、独特的结构形式

闽南木构架大致可以区分为两大体系：一种是用于寺观、祠堂等建筑中的插梁坐梁式构架，另一种是用于住宅等建筑中的穿斗式构架。

插梁坐梁式构架起源于宋代南方的厅堂式构架，并融入了闽南宋代就已经成熟的外檐丁头体系，以及南方古老的穿斗技术。这种构架在元明已十分成熟，广泛用于寺观、祠堂等重要建筑中。插梁坐梁式构架的特点是，以大通梁插入内柱中，其上架设瓜筒或叠斗，再承二通，上又置瓜筒或叠斗承托三通，称"架内三通五瓜"（图1-3-4）；比之稍小的则用"架内二通三瓜"。插梁坐梁式构架是一种混合式构架，既具有抬梁式特点，也含有穿斗式的成分。插梁坐梁式构架只用明间两缝梁架（四路栋），其他几缝多增设中柱、内柱。

泉州地区的插梁坐梁式构架，瓜筒用材较细，高度较高，瓜筒、狮座上的叠斗及束仔、束随的数量亦少。在外檐下重视丁头拱的运用。漳州地区，瓜筒用材粗壮，呈肥圆的金瓜形，叠斗、束仔层次较多。

闽南民间住宅用穿斗式构架，落地的木柱承托称为"圆仔"的檩条，但柱头上又常置一斗。柱间往往增加数根称为"方筒"的童柱。柱檩之间，前后方向用称为"束木"的弯枋联系。柱、檩之间的节点，则用多重拱仔承托称为"鸡舌"的替木，带有宋元以来南方厅堂式构架的特点（图1-3-5）。

不管是插梁坐梁式构架，还是穿斗式构架，塌寿及面向天井的檐口之下，都使用称为"拱仔"的丁头拱出挑，加大出檐。拱仔出挑二三重，承托寮圆。祠堂、寺观还使用花篮、莲蕾等各式吊筒，以增加华丽、喜庆气氛。

还有一种硬山搁檩的砖石墙或夯土墙承重体系，流行于闽南近山地区。其特点是，以山墙、内墙直接承檩，只在下落塌寿及面向天井的厅口部位用木构架，塌寿处用步通承吊筒，厅口处以步通承狮座，檐口再用一二重拱仔承寮圆。

四、多样的围护结构

闽南建筑的围护结构，因用材不同，呈现出多姿多彩的特征。

闽南沿海广泛使用红砖，泉州等地生产表面带有深浅、宽度不同的黑紫色纹理的烟炙砖，在砌筑外墙时色彩斑斓，还可用规格不同的烟炙砖组砌成不同图案（图 1-3-6）。近代生产表面印有不同图案、外形各异的模印红砖，用作镜面墙的装饰。

闽南盛产石材，普遍以灰白色花岗石作为台基、裙堵。有的还用青草石作柱础、腰堵，与白石形成鲜明的对比。民居、祠堂塌寿中的排楼面，全部以白石、青石仿照木槅扇的构成形式，组装成门面。惠安地区则用条石砌筑内外墙，用石板作为楼板，形成全石结构的住宅。泉州地区还利用红砖、红瓦与粗犷的白石混合砌筑，称为"出砖入石"，用于山墙、后墙或围墙。山区建筑使用就地开采的毛石，沿着河溪之地则利用河卵石砌筑，形成质朴、粗犷的外观风格。

沿海地区还利用牡蛎壳作围护材料，白色的外壳形成鱼鳞状组合，别具海洋特色。一些经济不发达的地区，在土坯墙或木板墙外钉挂上瓦养或薄砖，称为"穿瓦衫"。闽南山区土楼用红土、砂、石灰等构成的三合土夯筑内外墙，外观粗犷。漳浦沿海的土楼用料含沙量高，外观与混凝土十分相似。

内部分隔上，泉州、惠安等地区前后落明间门厅、正厅两侧普遍使用木板壁，板壁的腰堵、身堵、顶堵等多作雕刻。漳州地区利用砖、土坯砌筑内墙，外表用白灰泥粉刷。一些地方还保留着使用编竹夹泥墙的做法。

五、绚丽的色彩

闽南建筑色彩丰富。白石砌成的柜台脚、裙堵，红色烟炙砖拼砌的身堵，中间是白石、青石雕成的条枳窗、螭虎窗，檐口下的水车堵用灰塑、彩陶装饰。

寺观、祠堂的色彩以红色、黑色为主色调。柱子、通梁、寿梁、斗拱等大木构件，普遍刷成红色或黑色，木雕部分如托木、吊筒、通随、圆光、束巾、斗抱等以青绿色为主，并用化色的手法突出轮廓，这些木雕构件在红黑色的梁架中十分醒目。重要部分的木雕如狮座、束巾等还贴上金箔，涂以金粉。

民居建筑的木料多用杉木橡檩，不施彩画，保持木材本色，外观朴素淡雅。富商、士绅的大厝，也用红黑色为主的彩画，施彩贴金。

石雕作品也施以彩画，龙柱、螭虎窗有的以黑白二色来强化石雕对象的边缘轮廓，有的则在作品上按照木雕的原则施以彩画，局部也用金色。门楣上的石匾、门竖上的对联文字则填以金粉。

闽南建筑的屋顶用红色的筒瓦、板瓦，寺观、祠堂的彩瓷剪粘装饰五彩缤纷，耀眼夺目。

从整体上看，闽南建筑用色大胆，色调炫耀醒目，色彩绚丽，在以青灰色为主的南方建筑中十分突出（图 1-3-7）。

六、丰富的装饰

闽南地区生产以农耕、渔盐及海洋贸易为主，生活与生产方式塑造了闽南人的性格特点。闽南气候炎热，濒临浩瀚无穷而又变幻莫测的海洋，故民众性格活泼而偏爱装饰（图 1-3-8）。闽南的人文性格具有浓郁的海洋文化特点，敢于冒险，追求财富。自唐宋以来，海外贸易兴盛，泉州以其优良的港湾，成为当时名闻世界的贸易大港。宋人谢履《泉南歌》云："州南有海浩无穷，每岁造舟通异域。"宋代莆田人刘克庄描绘泉州人重商趋利的社会现象与民众心态：

闽人务本亦知书，若不耕樵必业儒。

惟有桐城南郭外，朝为原宪暮陶朱。

海贾归来富不赀，以身殉货绝堪悲。

似闻近日鸡林相，只博黄金不博诗。①

海洋文化造就了闽南人炫耀斗富的性格，清人赵翼《檐曝杂志》说："闽中漳泉风俗，多好名尚气。凡科第官阀及旌表节孝之类，必建石坊于通衢。泉州城外，至有数百坊，高下大小，骈列半里许，市街绰楔，更无论也。葬坟亦必有穹碑，或距孔道数里，则不立墓，而立道旁，欲使人见也。"② 明人王世懋《闽部疏》说："闽西诸郡，人皆食山自足，为举子业不求甚工。漳穷海徼，其人以业文为不赀，以舶海为恒产，故文则扬葩而吐藻，几埒三吴，武则轻生而健斗，雄于东南夷，无事不令人畏也。"不同的环境造就了不同的人文性格，也造就了不同的地域建筑风格。闽南建筑"扬葩而吐藻"，集石雕、木雕、彩画、剪粘于一身。《闽部疏》又说："泉漳间……民居皆僭似黄屋，鸱尾异状，官廨缙绅之居尤不可辨。"③ 文中感叹闽南民居有点像帝王的宫殿，官府衙门与士绅宅邸装饰怪异，不可辨认。道光《厦门志》也说厦门："富贵家率用兽头筒瓦。"④ 闽南物产富饶，生活富足，因而有余力将建筑内外大事装饰。明人张燮《清漳风俗考》说漳州风俗："城闉之内，百工鳞集，机杼炉锤，心手俱应。又或别市方物，贸易而时盈缩焉，四方环视，大有可观，前此未有也，此民风之盛也。甲第连云，朱甍画梁，负妍争丽。海滨饶石，门柱庭砌，备极广长，雕摩之工，倍于攻木。砖埴设色也，每见委巷

---

① ［宋］刘克庄：《后村先生大全集》卷一二《泉州南郭二首》，《四部丛刊初编》本，北京，商务印书馆，1919。

② ［清］赵翼：《檐曝杂记》卷四《闽俗好勇》，《续修四库全书》本，复旦大学图书馆藏清嘉庆湛贻堂刻本，338 页。

③ ［明］王世懋：《闽部疏》，《丛书集成初编》本，北京，商务印书馆，1936。

④ ［清］周凯：《厦门志》卷一五《风俗记》，厦门，鹭江出版社，1996，515 页。

穷间，矮墙败屋，转盼未几，合并作翚飞鸟革之观焉。"① 漳州明代以来海外贸易兴盛，百工技艺发达，财富累积之后，建筑也趋于宏敞，流行石雕、木雕、红砖及彩画等丰富多彩的装饰。

闽南盛产石材，质地均匀细腻的白石与青石十分适合雕刻。闽南石雕历史悠久，种类繁多，从石桥、石塔、石坊、石狮到建筑中的龙柱以及牌楼面中的柜台脚、裙堵、水车堵等，都是工匠施展各种石雕技艺的地方。保存至今的明代以前的石雕作品如石人、石狮及其他石兽，依然具有粗犷之风。清代以后，石雕技法渐趋成熟，石雕风格也向精致细腻转变。

闽南建筑中的装饰传统还间接地受到伊斯兰艺术的影响。伊斯兰艺术十分重视装饰。在清真寺等建筑中，伊斯兰艺术继承了古代巴比伦、亚述帝国的镶嵌饰板做法，经常以釉面砖或彩色瓷片构成图案，镶嵌在墙面上。这种装饰多用阿拉伯文字、几何图形、植物图形等元素创造出精致复杂的图形，组合变化，千姿百态。这种装饰构图，具有抽象性、延展性、连续性及反复性等特点，西方建筑师、美术家称之为"阿拉伯式"风格。在泉州，历史上曾有六七座清真寺，保存至今的虽然只有涂门街清真寺，但闽南建筑尤其是泉州民居中，以烟炙红砖拼砌的镜面墙，用特制的异形砖、印模砖组砌成"龟背壳"、"万字不断"、"古钱花"、"葫芦塞花"、"海棠花"等各式几何图案，用中国传统篆书体拼成对联的诗牌堵，都隐约可以看到伊斯兰装饰风格的影响。

---

① ［清］吴宜燮：《光绪龙溪县志》卷三三《艺文》，台北，成文出版社，1967。

图 1-3-1　长顺古厝

图 1-3-2　深井（晋江市内坑镇加塘村 105 号）

图 1-3-3　双楼阁（晋江市龙湖镇福林村西区 104 号）

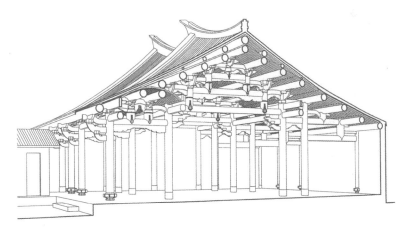

图 1-3-4　插梁坐梁式构架（泉州市涂门街东观西台吴氏大宗祠，引自东南
　　　　　大学建筑系、泉州市规划局，泉州民居测绘实习记录）

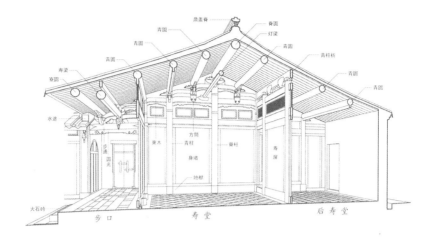

图 1-3-5 泉州市金鱼巷 114 号大厅剖视图（引自东南大学建筑系、泉州市规
划局，泉州民居测绘实习记录）

图 1-3-6 烟炙砖（晋江市永和镇钱仓村姚金策宅）

图 1-3-7　南安市官桥蔡资深宅

图 1-3-8　剪粘装饰（厦门南普陀寺天王殿）

第二章

闽南建筑类型

第一节　闽南民居建筑

一、泉州民居

闽南传统民居以泉州的最为典型。泉州地区以"三间张"、"五间张"称呼其传统住宅。三间张、五间张，即顶落为三开间、五开间。

住宅布局为，第一进为"下落"，乃门厅所在。第二进为"顶落"，也称"上落"、"大落"、"正身"、"厝身"、"大厝身"，是大厅及主要居住用房所在。两厢称"榉头"。下落、顶落与榉头围合成天井，称"深井"。下落前方有石坪，称"埕"。若增建第三进，则称"后落"，有的将后落建成二层的"后楼"（俗称"梳妆楼"），一般建单层的平房，称"后界"，作为附属用房。

一般而言，至少具备下落、顶落、榉头组成的两落大厝，才算作完整布局（图2-1-1）。具备两进以上的住宅，称为"大厝"、"官式大厝"，如"三间张两落大厝"、"三落大厝"等。

大厝前设石坪，称"埕"。环以围墙，以区隔埕与外界，称

"墙街"、"埕围"。埕围低矮，使下落的正面一览无余。埕围左右两侧设门，没有设在前面正中的。埕之一侧或两侧建独立的埕头间、埕头厝，多作为杂物间使用。石埕前建一列与厝身相对的房屋，称"回向"，作为附属用房。

下落明间设正大门，入口处内凹一至三个步架的空间，闽南将此凹形空间称为"塌寿"。塌寿有两种做法：一种是"孤塌"，入口处内凹一次。一种是"双塌"，在孤塌的基础上，大门处再向内凹一次，形成一个凸字状空间（图2-1-2）。

明代住宅的塌寿，如晋江市青阳镇大井口的明嘉靖年间的庄用宾故居，大门及看埕堵均为木构。晋江市龙湖镇衙口的清康熙年间的靖海侯府，塌寿门面除裙堵用白石外，其余部分也用木板壁。清代以后，塌寿门面皆以白石、青石砌成，称"牌楼面"，在组合上还是仿照木板壁的构成，分为裙堵、腰堵、身堵、顶堵等几个块面，门框也由石门竖、石户碇与石门楣构成。

下落的明间是门厅（下厅、下落厅、下照厅），两边次间是下房，五间张的住宅且有两边的角间。下房、角间多作为次要用房使用。

与下落、顶落围合成天井的东西向房屋称"榉头"、"崎头"或"角头"。榉，本来指丁头拱（拱仔），闽南住宅正厅明间的两根檐柱（步柱）必用两重以上的丁头拱承托檐口，因为在步柱的丁头拱之下，故称"榉头"。[①] 榉头只有一间，没有超过一间的例子。三间张的住宅，由于面阔较小，外檐下的空间狭小，榉头多作为走廊使用。当榉头进深较大时，可在后半部隔出房间；前半部留有檐下的空间，供行走之用，称"榉头口"（图2-1-3）。

顶落的明间是正厅及后轩，正厅与后轩之间设板壁（称"寿

---

① 林方明：《泉州古民居建筑名称源流》，《泉州师范学院学报》，2004年第5期，21页。

屏"、"界屏"、"晋屏"、"太师壁"），板壁两侧各有一门称"后轩门"。正厅是奉祀祖先、神明和接待客人的地方，也称"顶厅"、"公妈厅"。正厅面向天井，宽敞明亮（图2-1-4）。而卧室房门悬挂布帘或竹帘，房顶天窗甚小，房内幽暗。

　　顶落次间、尽间分隔成前、后房间。规模小者，只有两房。规模大者，以板壁或砖墙分隔成"前房"、"后房"，三间张者称"隔四房"，五间张者称"隔八房"。正厅、后轩的左右次间，各有前后房四间（俗称"大房"、"后房"），是住室和起居间。大房在顶厅两侧，面向天井，地位最尊。闽南以东为大，有时特指东边的大房为大房，西边的大房称"小厅"。① 后房在下房后方，由后轩门进入，深度较浅，采光略差，只作为次要用房使用。五间张的住宅尽间为"边房"，也称"五间"，位于大房的外侧。五间后面的房间称"五间后"。顶落面向天井的檐下空间称"步口"。有的大房门扇退后，在心间内柱后施槅扇，以保持大房的私密。大房门前的空间因此扩大，这个空间称为"屏步颜"。

　　闽南大厝较少超过四进的。闽南话启蒙读物《千金谱》曰："大厝九包五，三落百二门。"形容的是三进有一百二十扇门窗的大厝。规模再大的厝，只向横向发展，增加护厝的数量。有的双护厝住宅，房间极多，故又称"九十九间"。九十九间乃泛指，极言其多，不是指房间正好九十九间。九十九间不足一百，同时表示谦逊之意。横向增加护厝的做法，是泉州、漳州最普遍的布局扩充方式。

　　住宅左右加建朝向东西的长屋，称为"护厝"（图2-1-5）。一般为东西各一列护厝；三间张住宅左右增加护厝称"三间张双边护"，五间张称"五间张双边护"。住宅两边各有两列护厝者为

─────────────

　　① 林方明：《泉州古民居建筑名称源流》，《泉州师范学院学报》，2004年第5期，21页。

"重护"，即双重护厝，比较少见。也有的只在一侧设护厝，称"单护厝"。护厝，也称"护棱"、"护龙"。护厝相对于大厝而言，起着翼护作用，故名。护厝东西向，沿天井设走廊，护厝与大厝身之间以"过水廊"联系，过水廊将纵长形的天井（小深井）划分为几段，东边的前天井称"日井"，后天井称"龙井"；西边的前称"月井"，后称"虎井"（图2-1-6）。

护厝是东西向的房间，面向小天井。这一排房间之中，一般也设一至三个小厅，其余房间作为卧室、厨房（灶脚）、杂物间使用。清末以来，为了增加使用空间，也在"护厝尾"处建起二层的楼房，称"护厝角楼"、"角脚楼"（图2-1-7）。护厝角楼主要作为瞭望、防卫之用，故外观封闭；也有的建成亭子，称"梳妆楼"、"小姐楼"，一般较为开敞，装饰也较为华丽。近代以来，受二层番仔楼的影响，闽南沿海一带出现了护厝洋楼化的倾向，将护厝建成两层外廊式，面向主厝，使用西式券柱或梁柱式外廊。护厝式洋楼空间开敞，作为主要居住用房，传统大厝的大房、边房便闲置下来。

除护厝外，还有一种"突归"式布局，即附于大厝一边或两边的一排纵向房间。与护厝不同，突归与大厝之间不设小天井、过水廊。突归的屋顶也比大厝稍低，有的甚至用平屋面（砖坪屋顶），四面加西式葫芦形的压檐栏杆。

三间张两落大厝是泉州地区比较标准的住宅布局，比其略小的是"三间张榉头止"、"五间张榉头止"的三合院式住宅。榉头止的意思是建到榉头为止，只有顶落、榉头而没有下落，榉头山墙处建一道"墙街"——即面向大街的围墙，区分内外，并围成深井，因为只有一落，也称为"单落厝"。三间张榉头止、五间张榉头止的住宅，多分布于泉州市郊及晋江、惠安、南安等沿海地区，在厦门、漳州地区也可以见到（图2-1-8）。

二、安溪民居

安溪地区以"五间直"、"五间起"称呼当地典型的民居形式。

五间直的基本布局为两进的四合院。第一进为下落，五间，正中为下厅，两侧为角间，亦称"出尾间"。下落正面设塌寿。第二进为顶落，五间，两层，明间为"厅"，次间为"大房"，梢间为"落规"，厅高两层。东西厢称"落阶"或"过水"，两层。落阶与顶落之间设楼梯。

在形体上，顶落五间，称"五间直"。当地习俗，下落的屋脊不能高于落阶檐口，落阶屋脊不能高于五间直的檐口。落阶及下落角间的屋顶用原始的歇山顶，即山花落在外墙上，其下加一道披檐，形成山面屋顶的简单做法。由于落阶、角间以歇山的山花朝前，由正面看，落阶、角间屋顶犹如老虎的两只耳朵，故称这种错落有致的五间直民居为"虎头厝"。两层的落阶十分突出，当地称"龙虎塔楼"、"龙虎搭头"（图2-1-9）。

若经济条件有限，可以不建下厅，形成三合院的布局形式，犹如泉州地区的"榉头止"。再简单的则省去落阶，前、左、右三面用围墙围成小院，正中是三间或五间的厝身，称"丁排厝"。经济条件较差的住户才建丁排厝。单幢的"丁排厝"，中为厅堂，左右为边房，只有三间或五间，称为"三间"或"五间"，因其形状平直，又称为"竹篙厝"。

安溪民居的外墙多为夯土，屋顶用出规起，且多用歇山顶，以保护墙面。

三、厦门民居

厦门、漳州地区民居的规模比泉州地区要小些。

厦门地区以"四房四伸脚"、"四房二伸脚"称呼当地典型的民居形式。其基本布局为三合院，以住宅布局比拟人的身体，顶落称"大厝身"，三间，一厅四房，故以"四房"概括称呼；两厢称"伸脚"，也称"伸手"、"东厅"，按位置有"顶伸脚"、"下伸脚"之分（图 2-1-10）。

顶落大厝的前房、后房各两间，合称"四房"。正厅又称"后厅"、"顶厅"。正厅靠后作板壁或置公妈龛（称"寿堂"），其后的过道称"寿堂后"或"后寿堂"，即泉州地区所称的"后轩"。顶落的前檐下为走道，称"巷廊"、"子孙巷"，两端有侧门通户外，称"巷头门"、"后尾门"。大房由巷廊进出；后房较小，由后寿堂进出。

四房四伸脚也称为"一落四榉头"，四房二伸脚也称为"一落二榉头"；将一落四榉头之墙街楼改为门屋的形式，称为"三盖廊"。再大者则为两落大厝，由"前落"（下落）、"后落"（顶落）及榉头所组成，"前落"为"前厅"及左、右"前落房"，"后落"则包括"大厅"及"左前房"、"左后房"、"右前房"及"右后房"。前落正面三间，前檐墙一般退后一两个步架，称"透塌"。漳州、同安、安溪地区也多做"透塌"处理。

厦门地区以"四房四伸脚"的三合院民居居多，规模较泉州地区为小。道光《厦门志》说厦门房屋："房屋低小而多门，上用平屋，惧风也。人可行走。墙角则置碎瓷碗、碎瓦片，堆积高尺许，防穿窬也。富贵家率用兽头筒瓦。"[①] 沿海一带民居，多将四伸脚的顶伸脚或下伸脚做成平屋顶，上铺红砖，四周用花砖（近代用绿釉花瓶栏杆代替）砌成女儿墙。道光《厦门志》说用平屋顶是为了防风，沿海渔村多在平屋顶的砖坪上晾晒鱼虾等海产品。在厦门、同安地区，大厝身达五开间的较为少见。大厝身

---

① ［清］周凯：《厦门志》卷一五《风俗志》，厦门，鹭江出版社，1996，515 页。

面阔五开间者皆以墙体直接承檩，由于有六道平行的墙体分隔形成五间，每一道墙称为"墙路"，当地称这种大厝为"六路厝"、"大六路"。

四、漳州民居

漳州地区典型民居形式是"爬狮"与"四点金"。

爬狮，也称"抛狮"、"跑狮"、"下山虎"，是由三间或五间正房（当地称"三间起"、"五间起"）、单间的东西榉头（当地称"伸手"）及门墙组成的三合院。东、西榉头的山墙面向正前方。合院及东西榉头进深小者，又称"下山虎"。若只建一侧的伸手，正房与单伸手形成 L 形的布局，称为"单跑狮"。爬狮的正房，心间为厅，两旁为房。两房一厅的三间起又称"小三间"，因有四道隔墙，也称"小四壁"；四房一厅的三间起则称"大四壁"。若为五间起的八房一厅，则称"大六壁"，相当于厦门地区的"六路厝"。

四点金，是在爬狮的基础上加上前厅而组成的四合院。有时，也将榉头间敞开，加上前厅、正厅共有四厅，称"四厅相向"。四点金的正房达到五开间或七开间，又称"五间过"或"七间过"。

四点金向纵向发展，即形成"三座落"，也叫"三厅串"，即轴线上具有前厅、中厅、后厅，后厅是供祀祖先的厅堂，中厅是日常生活起居、接待客人的大厅。

漳州民居的前厅（下厅）多不设凹寿，只使前檐墙后退，形成一个檐下空间，由两山伸出挑檐石（称"石榉"）支承出檐。

在结构上，漳州民居以"硬山搁檩"体系为多，即使是明间的正厅也用硬山搁檩。檩条直接搁在山墙或分隔墙上，只在朝向天井的步口部位用立柱或丁头拱组成木构架，并以狮座、吊筒木雕等装饰。

五、手巾寮

中古汉语"寮"指"僧舍"。宋释道诚《释氏要览》下《住持》:"言寮者,《唐韵》:'同官曰寮。'今禅居,意取多人同居,共司一务,故称寮也。"宋陆游《剑南诗稿·贫居》:"囊空如客路,屋窄似僧寮。"后通称小屋为"寮"。泉州话中,"寮"指搭盖在田间休息、看护庄稼或收藏农具的小屋,也称为"草寮"、"寮仔",以后泛指小屋。

手巾寮,指平面狭长如手巾的独户式街屋住宅,以沿街巷密接联排的群体组合方式出现。手巾寮式店屋产生并成熟于商品经济发达的中国南方传统工商城镇之中,是明清时期在南方传统工商城镇中大量存在的一种规范而又有灵活变化的建筑形态,有着强烈的地域性。

手巾寮是一种传统的沿街住宅,平面呈长条状,进深甚至可达面宽的十数倍,沿街巷以密接联排的群体组合方式出现。成排的房舍由一道道共享的"公壁"(共同壁)联系,鳞次栉比,称之为"蜈蚣阵"。手巾寮面宽 1 间,4 米左右,进深一般在 20 米以上,现存实例进深有多至 50 米的。在空间布局上,手巾寮与大厝的组合方式是一致的,即沿纵深方向以房、天井为单元,由多个天井串联组织,纵向重复发展。因组合方式形如竹节,故岭南、漳州等地形象地称为"竹筒屋"、"竹竿厝"。

手巾寮第一落(进)房间临街开门,主要用房沿纵深串联,有单侧的面向天井的靠墙走廊连通各落房间,用天井、天窗解决采光问题,是在用地有限的条件下吸取传统大厝的布局构筑而成的。

手巾寮式住宅或店屋,面阔都是单开间,进深方向上由廊或天井串联(图 2-1-11)。廊子在方言中称为"巷路",天井则称为"埕"、"深井"。其基本布局,第一落是门口厅,厅前为檐廊空间，厅侧为巷路，厅后为深井。第二落为祖厅、大房，侧面为巷路，祖厅梁架高大，装饰华丽，室内空间较高，祖厅的前檐（厅口）也较宽敞；祖厅、大房后又为深井。第三落是大房、后房、后院、水井、厨房等。如进深再长时，还可用巷路、深井贯穿第四落、第五落。

手巾寮适合南方炎热的气候，但也存在底层潮湿、排水不畅等缺点，因为其平面布局以纵深很长的屋面相接，只能向天井排水。

闽南手巾寮的主体结构基本上也属于硬山搁檩体系。硬山搁檩是一种极其简单的民间建筑结构方式，即在两边山墙上搁置檩条（闽南称"楹"、"圆"），檩条上铺椽，椽上铺望板，望板上布设板瓦。因为檩条长度的限制，单开间的手巾寮的面阔一般在4米左右。

手巾寮的各房间通过巷路联系。巷路的形式有两种：一种作前后贯通的直线型，从入口即可看到后落，作为店宅时，笔直的巷路可以方便货物的搬运，但居住的私密性受到影响。另一种巷路作转折型，一般在祖厅后，巷路隔天井后即改换至另一侧。转折的巷路便阻断了前部的店铺与后部的生活用房之间的视线，不仅保持了后部住宅的私密性，也增加了空间的变化。有的居民认为，巷路的转折，是出于"门路不可相冲相对"的风水上的考虑，以免"漏财"。闽南古谚"前通后通，人财两空"，意即门不可与门对冲；又曰"长廊是穿心剑"，表明巷路不宜太长。转折的巷路实际上可能也有避免冬季过于猛烈的穿堂风或防卫方面的考虑。

闽南地区气候湿热，夏长冬短，住宅对隔热、通风的需求远比争取日照来得迫切。手巾寮自前落至后落，有数处天井贯穿，加之巷路，可以较好地解决通风问题。

手巾寮左右两侧均为高高的山墙，与邻近的手巾寮共用，所以不能开窗。在每落之间，设有天井，俗称"深井"。天井并不一定与店面等宽，大抵都利用三分之一左右的面积辟设"灶脚"（厨房）与水井。

单户连栋式手巾寮，由于每户左右两侧山墙是分户墙，居室只能通过天井前后采光。在双开间的手巾寮中，两座手巾寮将后部几落的天井错开，便可以借用对方的天井进行侧向采光与通风。

天井的尺度很小，在采光方面作用不大，因此房间主要靠天窗采光。

清末及民国时期，泉州城南地区兴建起二层的楼房式手巾寮。楼房式手巾寮的出现，主要是人口膨胀与用地局促的矛盾促使建筑向二层以上发展，手巾寮由原来的单层木构向上叠加为木构楼层；同时，海外带来的楼房建筑式样及新的建筑材料与技术，与传统的建筑工艺相结合，形成中西混合风格的楼房式手巾寮。在空间形态及布局上，二层的楼房式手巾寮，只是单层手巾寮的简单叠加，在连接各落的天井侧廊处设楼梯，也有的把楼梯改为封闭的梯井。

二三层的手巾寮，楼层与屋顶可以设计成不同的标高，前后开窗便不再受限制，同时利用高深的天井、开放的厅堂、通透的室内隔断、直通的廊道，使室内空气流畅、凉爽。

通常店面有二楼或三楼，为了增加底层的光度，多于二、三楼作"楼井"（图2-1-12）。

楼井相当于有屋盖的天井。楼井也称为"光井"，靠二、三层的门窗或屋顶上的天窗采光。在楼井上方的屋顶上，有的做开拉式气窗、撑开式气窗。这样，楼井与气窗一起，起到引风、采光、换气的作用。楼井有两种做法，一种在楼板上开洞口，洞口四周有栏杆。另一种是在正对天窗下的楼面保留楼面桁木，但撤去楼板，铺设木格栅或铁格栅以代替，上面可以行走。

六、闽南的土堡与土楼

(一) 土堡与土楼的历史背景

福建土堡与土楼的兴筑，虽然发轫甚早，但其兴盛发展，却在明代中叶以后。

根据族谱上的零星记载，自秦汉中土士民大规模入闽，至元代闽地的寨堡已时有兴筑。寨堡的起源，固然与中古时期部曲庄园经济为基础的坞壁有某些形式上的继承性，但明清时期福建民间的土堡与土楼，大都以乡族组织为基础兴建的。

明代中叶以后，福建民间以乡族为组织修筑堡寨土楼，最初的主要目的是防御倭患、抵抗山寇海盗。

倭患是明代社会的一大祸害。早在洪武年间，朱元璋为加强海防，曾派遣江夏侯周德兴到福建等地经略海疆，设置卫所，建筑城堡，使倭寇不敢轻犯。至正德、嘉靖时期，海防懈怠，而海上私人贸易又迅速繁荣起来，倭寇、海盗扰袭沿海日益频繁。而闽西、闽中山区，地处赣、粤交界之地，自正统、弘治以来，便是山寇活动的渊薮，至嘉靖、万历时期，倭夷、山寇、海盗活动也日趋猖獗。闽西、闽南沿海地区，纷纷利用乡族的力量与组织，筑堡自卫，在明中叶以后迅速形成一个高潮（图2-1-13）。

明嘉靖四十四年（1565年）进士、漳州云霄人林偕春在《兵防总论》叙述了明初设置卫所及中期卫所废残的情形：

> 国初以防倭之故，沿海埦棋置卫所，度屯所以供之，赋民粮以哺之。至于澳口厄塞之区，复有水寨哨船游织海上，候之以烽墩，逻之以把截，防至豫矣。顾久而浸懈，渐以无存。其存者则又苟且虚名，全无实用。甚至镇海为饶贼所袭，悬钟为倭奴所残，铜山水寨为海寇所焚毁，楼船战具，

荡然一空。①

林偕春主张利用乡族的力量建堡自卫：

> 坚守不拔之计在筑土堡，在练乡兵。何以效其然也？方倭奴初至时，挟浙、直之余威，恣焚戮之荼毒。于时村落楼寨望风委弃，而埔尾独以蕞尔之土堡，抗方张之丑虏，贼虽屯聚近郊，迭攻累日，竟不能下而去。……自是而后，民乃知城堡之足恃。凡数十家聚为一堡，寨垒相望，雉堞相连。每一警报，辄鼓铎喧闻，刁斗不绝。贼虽拥数万众，屡过其地，竟不能仰一堡而攻，则土堡足恃之明验也。②

当时的地方官吏与乡绅也提倡乡族筑堡自卫，万历三十一年（1603年），福建巡抚朱运昌陈备倭事宜时，就说：

> 欲保闽海，莫若清野，清野莫若筑堡，筑堡莫若星罗棋布，使贼左顾右盼而莫知所攻。……又先臣许逵治乐陵，令民间门各起墙，高过其檐，仍开墙窦如圭，仅可容人。家令二壮者执刀窦内以俟贼，贼相戒不敢入境，诚宜依仿此制而周密布之，其乡村建堡一如建屯法。③

万历四十一年（1613年），巡抚福建右佥都御史丁继嗣疏陈防海七事亦言：

> 建复土堡，泉州、安溪等处，居民自筑土堡，营垒坚固，无事可以储蓄，有警可以藏避。宜檄行各县，晓谕军民，多置土堡，倘有外侮，彼此相援，真闽海久长之计也。

---

① ［清］陈汝咸修，林登虎等纂：康熙《漳浦县志》卷一一《兵防志》，漳浦县政协文史资料征集研究委员会编，289页。
② 同上书，291页。
③ 《明神宗实录》卷三八七，万历三十一年八月戊申。

下部议，可，悉允行之。①

康熙《漳浦县志》记载了明中叶至清初的土堡，包括杜浔堡、赵家堡、湖西堡、西林堡、莆尾土堡、前涂土堡等 40 例，都是乡族组织建立的②。

万历《泉州府志》：

> 按泉郡西北负山，安（溪）、永（春）、德（化）三县与汀、漳、延平为邻，各处逃民，间作不靖。先年在在设有寨堡，或遏贼所必由，或守贼所必据，其建立防守，大抵出于民为多。东南濒海，接近岛夷，晋（江）、南（安）、同（安）、惠（安）诸寨，皆为备倭，如围头、乌浔、深沪、蚶江等澳，其土民惯战，海贼所畏，兵亦赖之。嘉靖季年，倭寇充斥，村落之民，多以寨坚人强得免者。③

闽南的同安地区，明代以前就建有土堡，但社会安定后，土堡废弃不用。明万历十七年（1589 年）进士、金门人蔡献臣即言：

> 宋、元之季，同安在在俱有堡寨，承平日久，遗址仅存。嘉（靖）、隆（庆）间，时有倭寇，监司复檄民自筑土堡。或合三四乡为一，或乡各为一，或有力者听其自筑。贼至则清野收堡，攻则掎角为势，彼既无所抄掠，将自去矣。④

林偕春在《莆美张氏先祖筑土城碑记》说：

---

① 《明神宗实录》卷五〇五，万历四十一年二月丁未。

② ［清］陈汝咸修，林登虎等纂：康熙《漳浦县志》卷一一《兵防志》，漳浦县政协文史资料征集研究委员会编，110～112 页。

③ ［明］阳思谦修，徐敏学、吴维新纂：万历《泉州府志》卷十《武卫志》上，万历四十年刊本，台北，学生书局，1987。

④ ［明］蔡献臣：《清白堂稿》卷一七，明崇祯间刻本。

莆美张氏之先有日举元者，从其祖得仁公自西林来居，期功强近之亲数人家焉。不逾载间，居安怀危，谋所自卫。乃咨诸其弟若俊元、若姓元等曰：古有设险守国之义，家与国一而已。吾宗宅于斯，殖于斯，育子姓于斯，冀衍无疆，储生聚而垒培缺焉，将何以为不虞？是豫窃欲以力之所能者，筑土城何如？佥曰：善！上其事于巡按御史简公，公义之。退仞广狭，量崇卑，鸠众课丁，计赀授备，于宏（弘）治乙丑（1505 年）十月经始，越数月造成。基址涂巩，巩然以坚，垣墉沟域，井然惟匹。未几，山寇流劫，聚七千余党来攻之，多方设御，经旬解去，时正德丁卯（1507 年）也。环云霄未有他城，远近赖以全活者甚众，罔不多举元之能，而予其城守为大有力。[①]

莆美张氏祖先在迁居云霄后就居安思危，建立土堡自卫，但当时的云霄"未有他城"，民间修筑土堡，尚不普遍。《莆美张氏先祖筑土城碑记》又说：

嘉靖丙午（1546 年），倭夷窥伺我隙，荐至荼毒。适四方升平之余，民不习兵革，猝尔内讧，远近骚绎，委村落而弃之。是城独死守数昼夜以存。无论其宗，即来依者，亦恃无畏。自是益增且葺，练于武事，四援咸兴，营堡相望，寇不敢逼而三。务成功然后知是城之风声峻以远，举元之功大以遐。[②]

---

① ［清］薛凝度修，吴文林纂：嘉庆《云霄厅志》卷一七《艺文》，清嘉庆二十一年原刊，民国二十四年重刊本，台北，成文出版社，1967，669 页。

② ［清］薛凝度修、吴文林纂：嘉庆《云霄厅志》卷一七《艺文》，清嘉庆二十一年原刊，民国二十四年重刊本，台北，成文出版社，1967，670 页。

嘉靖倭寇之乱后，云霄民众才增修土城土堡，"四援咸兴，营堡相望"。

顾炎武在《天下郡国利病书》中说："漳属土堡，旧时尚少。嘉靖辛酉以来，民间围筑土城、土楼日众，沿海地方尤多。"① 明嘉靖后期，由于倭患日益严重，利用家族力量修筑的土城土堡，遍及闽西南沿海。

明清时期，福建沿海民间防御性土堡有临时性的堡寨与围城式的堡寨两类。

临时性的堡寨，作为乡族临时避难之用，规模不大，但坚固险要。这类堡寨，一般都设有临时性的居住用房，乡人平日无事各自在家，一遇事发，则举族避入堡内，因而在战乱时期较为盛行，闽南沿海时有兴筑，如清人陈鸿、陈邦贤《清初莆变小乘》记顺治年间闽海骚动：

> 附海居民，难受海上不时拿人拷饷，抄掠财物，因构筑土寨，又名土楼，高七八尺，广十余丈，墙厚三四尺，中作三层，状如城楼，四方如瓮城，上用瓦盖。男女器物俱贮于内。日间依然在家种作，遥望贼至，则入寨登楼，夜间男妇俱入。……于是各乡皆设土寨、土楼。大乡设大寨，小乡设小楼。各楼设大小铳及各项军器。土楼尾层，四面有窗，如城垛一般，以便瞭望，及放炮射箭。②

这类临时性的大寨小楼，难于长期坚守，且战时只可保全性命，至于宗祠、室庐等便无法顾及了。

另一种是围城式的堡寨，是在村落四周建堡墙围护，乡族的

---

① ［清］顾炎武：《天下郡国利病书》卷九三《福建三·漳州府》，《四部丛刊初编》本。

② ［清］陈鸿、陈邦贤：《清初莆变小乘》，中国社会科学院历史研究所清史研究室：《清史资料（1）》，北京，中华书局，1980，79 页。

居住建筑均在土寨内。这种围城式土堡，实际上是一座小城，规模宏大，工程艰巨，只有巨乡大族才能构筑。

明正德十二年（1517 年），知府吴士典在《新建云霄土城碑文》中说："漳郡故号礼仪文献之地，而其界西北，皆高山绝壑，与江、广接壤。近数十年来，无赖负幽，啸聚村落，荒草断烟，天阴鬼啾，为政者患之。故民居鳞集之，去郡邑远者，辄各状闻于官，自设城堑为捍御。"① 可见，当时建筑土城土堡要经过官府的批准。《新建云霄土城碑文》又说："予惟城以保民，维郡邑有，盖古之制也，而村保之自立城，则昉见于今，然皆所以为民捍患也。权也，权而得宜，亦无不可者矣。"② 闽南漳浦县保存至今的赵家堡，其正门"硕高居胜"门瓮城内赵义所立石碑上云："漳州府漳浦县为恩准给示修堡捍卫……今赵义所呈给示筑堡防卫。"万历四十七年（1619 年），赵义扩建赵家堡外城时，就先得到漳浦县的恩准，并立石碑表明合法性。

家堡合一式的"土楼"，将临时性的堡寨和围城式的堡寨的优点有机地结合起来，既有围城式堡寨坚固易守的防御性，内部又具有长期生活的条件，因而在入清以后得到长足的发展，特别在闽西、闽南地区，今日所常见的"土楼"，便是在长期的探索中形成的一种设防性住宅。③

在安定的社会环境下，围城式土堡又具有严重的割据性，一方面威胁着官府的统治，另一方面成为乡族之间"强欺弱、众暴

① ［清］薛凝度修，吴文林纂：嘉庆《云霄厅志》卷一七《艺文》，清嘉庆二十一年原刊，民国二十四年重刊本，台北，成文出版社，1967，667 页。

② 同上书，668 页。

③ 杨国桢、陈支平：《明清时代福建的土堡》，台北，国学文献馆，1993，88 页。

寡"的工具。因此，许多地方官屡屡上言指出围城式堡寨和乡族武装的危害性，力主加以控制。① 如嘉庆年间福建的地方官姚莹，在谈及堡寨遍布的闽南平和县时指出：

> 平和地介闽广，从古为盗贼之薮……民皆依山阻水，家自为堡，人自为兵，聚族分疆……民则以户姓之大小、支派之富贫为强弱，一夫攘臂，和者千百，势甚汹汹。②

清代康熙年间，清王朝巩固了边疆沿海的统治，台湾也已纳入大清的版图，福建地区延续了百年之久的山寇海盗之乱已基本平息。各地土堡城寨的兴筑，也进入低潮。闽西南沿海地区，如民国《诏安县志》所说：

> 县治丛山阻海，寇盗出没……城堡旧惟巡简司及人烟凑集之处设有土城。自嘉靖辛酉以来，盗贼生发，民自为筑，在在有之。凡诸关堡，俱缘升平日久，今昔异宜，废圮者多。③

大体而言，闽南沿海地区防盗御倭的土堡、土楼，到清代康熙以后已日渐衰落，今日所见，只有为数不多、规模较小的土楼；在闽南山区，如诏安、云霄、平和、南靖、华安等地，土堡、土楼仍时有兴筑。康熙《平和县志》说："和邑环山而处，伏莽多虞，居民非土堡无以防卫，故土堡之多，不可胜记。""负山阻险，故村落多筑土堡，聚族而居，以自防卫，习于攻击，勇

---

① 杨国桢、陈支平：《明清福建土堡补论》，傅衣凌、杨国桢：《明清福建社会与乡村经济》，厦门，厦门大学出版社，1987，26 页。

② ［清］魏源：《皇朝经世文编》卷二三《上汪制军书》，长沙，岳麓出版社，2004，416 页。

③ ［民国］陈祖荫、吴名世：《诏安县志》卷八《武备志》，1942 年铅印本。

于赴斗。"① 《平和县志》卷二列举土堡130多个，绝大多数是以同姓血缘关系筑成的土堡。

清陈盛韶《问俗录》记道光时期诏安县民间防御倭寇、海盗，修筑土堡、土楼的情形：

> 四都之民，筑土为堡。雉堞四门如城制。聚族于斯，其中器械俱备。二都无城，广筑围楼。墙高数仞，直上数层，四面留空，可以望远。合族比栉而居，由一门出入。门坚如铁石，器械毕具。一夫疾呼，执械蜂拥。彼众我寡，则急入闭门，乞求别村，集弱为强。其始由倭寇为害，民间自制藤牌、短刀、尖挑、竹串自固；后缘海盗不靖，听民御侮，官不为禁。②

此时的土堡，其防御性已逐渐向民居的适用性转化，随着社会秩序的安定，旧有的临时性寨堡大多废弃。

（二）土堡

闽南山区的土堡，保存至今的有数十幢。

德化三班硕杰村的大兴堡，建于康熙六十一年（1722年），长64米、宽60米，四周有3.6米厚、10.2米高的堡墙环绕，下部石块砌筑，上部为夯土。堡设东西两个大门，东北、西南处各设方形角楼，与墙面呈45°角相接。其内院中心南北并列两幢一字形楼房，两楼之间形成东西向的干道，但干道轴线与东、西大门错开，以利于防卫（图2-1-14）。

永春五里街仰贤村的山尾土堡，建于清乾隆四十二年（1777年）。土堡平面近方形，四周是厚1米的夯土墙，墙内侧附建二层

---

① ［清］王相、昌天锦：康熙《平和县志》卷二《建置志·土堡》、卷一〇《风土志·民风》，台北，成文出版社，1967。

② ［清］陈盛韶：《问俗录》卷四《诏安县·土堡》，北京，书目文献出版社，1983，85页。

楼房，楼上外侧是环通一周的防卫通廊，土堡内院中是一组四合院，布局与风格接近于闽中一带的住宅（图 2-1-15）。

建于明代的土堡，保存至今的只有漳浦的赵家堡。

赵家堡位于福建省漳浦县以东 35 公里的湖西畲族乡硕高山西北麓。堡建于明代万历年间，是宋太祖之弟赵匡美的第十世孙、闽冲郡王赵若和的子孙聚族而居之地，又称"赵家城"。

康熙《漳浦县志》与堡中现存的《赵家族谱》及石碑中对堡内赵氏宗族及赵家堡的渊源有详细记载。

康熙《漳浦县志》记曰："赵若和，宋太祖弟魏王匡美九世孙宣亭侯时晞子也……受闽冲郡王，随少帝入粤。少帝溺海，同黄侍臣、许达甫等以十六舟夺港而出，抵（漳）浦，遂与侍臣晦居积美乡。侍臣以女妻之，若和亦冒黄姓。"① 明洪武十八年（1385 年）其曾孙才恢复赵姓。康熙《漳浦县志》说："赵家堡，在县东四十里，宋闽冲郡王之后居之，副使赵范重建。"②

赵家堡的赵氏源于宋宗室，赵若和于宋末避元兵而改姓，隐居积美乡（今漳浦县佛昙镇积美乡）。但赵家堡在明代中后期才开始兴筑，形成了今天的规模。佛昙积美的赵范祖居在清代曾被利用为海防哨所"积美汛"，后曾作为分县衙门，至今只留下"下赵"的地名。

明隆庆五年（1571 年）赵若和第十世孙赵范中进士，曾先后任无为州及磁州知州、浙江按察使司兵备道副使。赵范《硕高筑堡记》说："余祖宋闽冲郡王，南渡后从少帝，航海入广崖，避元晦居，积美滨海苦盗患，余筮仕赋，性疏拙，素有耽山林僻（癖），比家归遭剧寇凌侮，决意卜庐入山，屡经此地，熟目诸山

---

① ［清］陈汝咸修，林登虎等纂：康熙《漳浦县志》卷一六《人物下·侨寓》，漳浦县政协文史资料征集研究委员会编，516 页。

② ［清］陈汝咸修，林登虎等纂：康熙《漳浦县志》卷五《建置志·城池土堡附》，漳浦县政协文史资料征集研究委员会编，110 页。

谷盘密，不嚣冲途，不逼海寇，不杂城市纷华，可以逸老课子，田土腴沃，树木蕃茂，即难岁薪米恒裕，可以聚族蓄众。"赵范归休后，因积美祖居地处海滨，常受海寇骚扰，便屡次来到湖西官塘硕高山，"寻先王缔造故处"，见"昔构犹存"，乃于其地建楼筑堡，迁居此。《硕高筑堡记》又说："楼建于万历庚子（万历二十八年，1600 年）之冬，堡建于甲辰（万历三十二年）之夏。暨诸宅舍，次第经营就绪。拮据垂二十年。"可知现在赵家堡的格局及完璧楼等建筑是赵范时所建立的。赵范营建了"楼"（完璧楼）、"堡"（内城墙）及诸宅舍（今外城内府第建筑）。其中，赵范所建的城墙部分只是围绕完璧楼的内城。赵范于万历四十五年病死。万历四十七年，赵范之子赵义对赵家堡加以补充和完善，增建了外城，并建造园林、庙宇等其他建筑，使该堡最终形成了今天的规模（图 2-1-16）。

接下来我们看看赵家堡的内部空间布局。赵家堡平面略呈圆角方形，有内外两道城墙。

内城墙周长 222 米，高 6.2 米，上宽 0.8 米，夯土版筑，下宽 1.4 米。墙体两边条石，中填土。内城开西、北二门，北门为正门。内城中的主要建筑是土楼完璧楼。

外城墙周长 1200 米，城高 6 米，有垛口，墙基宽 4.3 米。墙体两边条石，中填土，此段房 4~5 米；其上是三合土夯筑的女墙，高 1 米，厚 0.4 米。外城有 4 门，东门"东方矩障"（图 2-1-17），西门"丹鼎钟祥"，北门"硕高居胜"。南门失名，门洞只有 1.2 米宽，由于门前是小山，建成后便用条石封死。除南门外各城门皆建城楼。北门是赵家堡的正门，前设瓮城，立有赵范"硕高筑堡记"碑；北门以内，有石条铺成的道路，道路一侧有关帝庙，隔路有戏台，跨道建有"父子大夫"石坊。外城东南遥对大海，故此处设马面 5 个。内城及完璧楼也位于东边。而外城西南是高地，不作居住之用。以上几点，反映了设计者在城堡选址与堡建筑布局上对防御体系有充分的考虑。

完璧楼（图 2-1-18）是赵家堡中最早兴建的建筑，建造于万历二十八年（1600 年）。如前所述，赵范曾多次来到湖西官塘硕高山，"寻先王缔造故处"，见"昔构犹存"，乃于其地建楼筑堡，今日的完璧楼可能沿袭元初故基。完璧楼 3 层，高 20 米，第一、二层每层 16 间；第三层连通，没有分间，作为战时集合壮丁，居高临下防御之用；楼内中间是天井，天井一隅设通道，宽 0.6 米，高 1.2 米，传为战时通城外的暗道，实为排水而设，不能通行，行 10 余米便为条石所阻，但也可作避难之用。

赵家堡正中是万历时建造的居住建筑，是族人居住之所，称"府第"、"官厅"。府第分为三组，中间由并列的三座四进（当地称"四落"）正宅组成，每座三间，第一进为门屋，第二进为正厅，其后为后厅及后楼。正宅两边有双护厝，前有石砌广场（当地称"石埕"），石埕前有倒座。这是闽南漳州地区典型的大宅布局。正宅左右，有东西两组住宅，西组是四落带单护厝，今仅存遗迹；西组住宅当时未建成，可能与东组对称布局。

府第前有半月形的风水池，称"内池"、"荷池"。内池东端有长 24 米、宽 2 米的石桥，中间隆起小型拱桥，桥身刻"汴派桥"三字。

崇祯末年，又在府第东北建造了 6 座规模较小的三落厝，有志堂、忠堂、嘉堂一区与守堂、史堂、孝堂一区，堡内第三代族人居住。堡内东北部还有关帝庙（武庙）、佛堂（已毁）、"父子大夫"石坊（半毁）等，一起构成北门"硕高踞胜"内的入口广场，地位十分显著。

万历年间建的府第与崇祯末期建的 6 座三落厝，两者之间有"辑卿小院"，院内天然巨石、古井、修竹及石刻小品犹存，是一处环境幽雅的小庭园。西门与府第之间，是一处既有山林野趣又有人文气息的景区，有汴派桥、垂珍楼、禹碑、禹庙（仅存遗迹）、摹自宋代书法家米芾手迹的"墨池"碑、土地庙、聚佛宝塔及众多诗文石刻。南门以内为丘岗高地，此处是硕高山延伸至堡内的余脉，因处在府第之后，可能是作为城堡的龙脉、父母山，丘岗上遍植林木，显然是保护堡内龙脉的风水林。这几处园林从三面环抱着府第，将堡中建筑群融入风景园林之中，不仅美化了堡中的居住环境，而且创造出符合士大夫审美情趣的人文景观。

赵家堡的城垣平面呈现不规整的方形，城门、道路的设计布局也不甚规则，但在空间设计上仍然存在轴线和对称关系。由外城的四个主要城门向堡内延伸的道路，在堡中形成一个中心区域。此中心区域正是堡内主要建筑群府第所在。府第前有池塘，以府第中间的最大建筑为中心，便形成一条由东南至西北的中轴线。中轴线越过荷池（荷池相当于风水池），向南延伸，以龟山为对景，向北则以硕高山为屏障。

赵范选择湖西硕高山下建堡安家，既有家族背景、性情偏好和当地社会风尚、风水等方面的制约，又有防御、经济等方面的考虑。元末，赵氏隐居积美，经济以渔、农为主。迁入湖西赵家堡后，其经济来源主要依赖农业生产。即使在今日，堡中的赵氏族人仍以农副产业为生。顾炎武《天下郡国利病书》说道："漳南负山阻海，介于闽粤之间，一都会也。地多冈阜林麓，杂以海堨斥卤，溪涧流潦，决塞靡常，其称沃野可田者，十之二三而已。"而赵家堡所在的湖西盆地属于冲积土与洪积土，加之亚热带海洋性湿润气候，还是比较适合农业及副业生产的。赵范选址时也首先考虑到湖西盆地的地利条件。

赵家堡有内城、外城。内城只是临时性的，其中只有一座土楼完璧楼与一座三合院建筑，平时并不作为居住之用，完璧楼实际上是堡内的临时性的土楼。完璧楼建成后，也从未正式居住过人。赵义建赵家堡的外城，便是嫌其父所建城堡太小，住宅又在城外，不利平时防守。赵家堡同时具有临时性的堡寨与围城式的堡寨的双重特点，在福建的土堡中也是不多见的。它的内城、外城与完璧楼，对研究土堡、土楼的形成与发展，也有重要的参考意义（图 2-1-19）。

据漳州文物管理委员会所藏赵氏族谱，其始祖宋闽冲郡王之封地在福州。元军攻占福州，其子孙即隐赵姓为黄姓，已无复国之力，遂筑堡以隐居。今日完璧楼的门匾上只有"完璧楼"三字，民间传为赵若和所书。赵若和在元初已改名隐居，惶惶如惊弓之鸟，是不可能彰显其居的。漳浦赵氏从宋末逃亡又隐姓更名的赵若和到明中叶出仕为官的赵范父子，前后历经三百余年。赵范、赵义所建硕高堡中的建筑上所题名额，如"完璧楼"、"汴派桥"、"辑卿小院"等，在立意上均有所寄托，用以抒发对祖先帝业的追念之情。今人说其仿宋东京城形制，在很大程度上属于流传附会。因为宋东京城的主要布局是三套方城，宫城居中，内苑艮岳、开宝寺塔之位置与赵家堡之布局并无联系；赵范父子筑城建堡之际，宋东京早已湮没于黄河之下，两人无缘得见，而民间土堡也绝不可能模仿都城布局的。赵范在《硕高筑堡记》中因此堡地势偏僻，故自比于西蜀眉山三苏、淳安商文毅公，并未言及仿宋汴京之立意。赵家堡的选址，考虑到经济、防御、风水等因素；它的布局，综合了临时性的堡寨与围城式的堡寨的双重特点。但赵家堡的形成和发展，有着独特的历史原因。它以宋代皇室后裔的隐姓避难为始，历经百余载又由明代朝廷复其原姓，继而兴城筑堡，体现着王朝更替和历史变迁给人们带来的复杂的情感变化。

离赵家堡仅数里之遥有诒安堡和新城堡，与赵家堡共称"五里三城"，均是民间防御性的围城式城堡。诒安堡是康熙二十七年（1688 年）湖西缙绅黄性震所筑，而黄氏即是当年保护闽冲郡王赵若和逃亡至此的侍臣黄材的后裔。诒安堡平面略呈椭圆形，周长 1200 米，设东西南北 4 座城门，2 座角楼，诒安堡有一条明确的中轴线，中轴线前部为大祠堂，左右有大房、二房等府第。轴线中部是矩形的广场（大埕），广场中心有戏台。轴线后部有诒燕堂及梳妆楼土楼等。堡内西部有小宗祠、风水池及民居等建筑。堡内东部以小学为中心，安排了 54 座民居，供族人居住读书。南门是诒安门；北门承庆门偏于一边，不在中轴线上。诒安堡布局主次分明，分区明确，是一处经过精心规划的围堡建筑，堡的石墙、城楼完整，堡内街道、宗祠、住宅仍存当初旧貌（图2-1-20）。新城堡内有清代康熙年间福建水师提督、台湾总兵蓝廷珍府邸，房舍 300 余间，堡墙已不存。

（三）土楼

闽西客家人的主要居所为土楼，其形态包括方、圆土楼及五凤楼。闽南地区，大部为闽南民系。自明代以来，闽南民间兴筑土楼之风日盛，也有许多土楼建筑保存至今。闽南土楼以圆楼、方楼为主，闽南诏安县北部的客家人则采用半月楼的形式。

圆楼是闽西南土楼中独具魅力的一种类型，客家人称之为"圆寨"。从目前的调查结果看，圆楼广泛分布于闽西永定客家地区，闽南地区则呈零星散布。圆楼的房间布置，与方楼相似，底层为厨房、餐厅，二楼为仓储，称"禾仓间"，储藏谷物及家什杂物，三层以上为卧室。

在圆楼的空间布局上，客家人与闽南人略有差别。

闽西客家人的圆楼，二层以上设置面向天井的回廊，公共楼梯均匀分布，每户只占一至二个开间，可以称之为"通廊式"圆楼。

闽南地区的圆楼，平面以两环居多，内环一层，外环除顶层外，各层不设回廊，一个或几个开间在垂直方向上为一个独立的单元，全楼分数个单元，每户占一个独立的单元，各设楼梯，标准单元平面呈窄长的扇形，其形态犹如西瓜的切片，可以称为

"单元式"圆楼。

通廊式圆楼主要分布在永定东南一带客家人的聚居区,单元式圆楼则主要分布在漳州市所属的华安、南靖、平和、云霄、诏安、漳浦等闽南人聚居区。在这两个民系的交界地带,如南靖西部的闽南人通常也住通廊式圆楼,而平和、诏安县的客家人也住在单元式圆楼内。但在纯客家人的永定地区,单元式圆楼极少。

通廊式与单元式圆楼,这两种不同的空间布局,表明在大家族聚居中,客家人有着强烈的公共性和群居性,闽南人严格的分户单元,更多地强调私密性与独立性。反映在圆楼内部的祖堂布置上,客家圆楼的祖祠在天井中心,形制宏大严整;闽南圆楼一般只设简单的祖堂,祖堂在中轴线上的外环末端,与入口相对。这种差异,表现出在祭祖仪式上,闽南人与客家人有着不同的族群性格。

1. 方形、圆形土楼

闽南地区的土楼以圆楼居多,方楼数量较少。规模最大的是平和县霞寨镇的西爽楼(图 2-1-21),建于康熙十八年(1679年),是一座方形抹角的单元式方楼。土楼面宽 86 米,纵深 94 米。周边三层,内环一层,两者之间形成小天井。全楼共有 65 个独立的单元。每个单元进深 14 米。单元由门厅、小天井、后厅及三层楼的卧室组成,各单元设独立的楼梯。土楼内院中是 6 个排列整齐的祠堂。楼前有晒谷坪和半月形风水池。

二宜楼(图 2-1-22)位于华安县仙都镇大地村,建于清乾隆三十五年(1770 年)。二宜楼是一座双环单元式圆楼,直径 73.4 米,高 16 米,外围墙基厚 2.5 米。外环楼四层,为主要居住用房,内环单层,设厨房。外环楼共 52 间,正门、祖堂及两个侧门各占 1 间,其余 48 间分成 12 单元——10 个 4 开间单元、1 个 3 开间单元和 1 个 5 开间单元。每单元均有独立门户,各设楼梯。第四层有通廊,连接各单元(图 2-1-23)。楼内设有"之"字形传声洞、暗道和防火设施。二宜楼楼名取"宜家宜室，宜山宜水"之意，轴线末端的祖堂有对联曰："倚杯石而为屏四峰拱峙集邃阁，对龟山以作案二水潆洄萃高楼"，描绘了四周的山川形胜。

龙见楼位于漳州市平和县九峰镇黄田村，是一座单元式圆楼。外环直径 82 米，环周 50 间。轴线上大门 1 间，祖堂 3 间。其余 46 间各为一个独立的小家庭居住单元。单元之间互不相通。内环是直径 35 米的墙垣，墙垣上设各户的入口，每户进深 21.6 米，入口处面阔仅有 2 米，靠外墙处面阔约 5 米。各单元墙垣入口处设门楼，入内依次为前天井、前厅、后天井和走廊、后厅及卧房（图 2-1-24）。后厅和卧房所在即楼之外环，三层，各户设独自的楼梯上下。因单元较多及入口面阔的限制，在环周的 46 个单元中，有 16 个单元两户合用共同的入口、前天井、前厅，至后厅处才完全隔开。内环围合成直径 35 米的巨大天井，是全楼的公共活动空间，天井中有水井三口。

2. 椭圆形土楼

根据现有的调查，椭圆形土楼只分布在闽南与闽西客家交界的华安、南靖等地。土楼的平面，并不是标准的椭圆，而近似于橄榄形。沿长轴方向上的房间进深较长，短轴上的房间进深较短，而且大部分房间呈平行四边形的形状。在房间分配和使用上，显然不如圆楼方便、合理。在设计和施工上，土墙的夯筑、夯筑模板的设定、木构架的架设及屋面处理等，也比圆楼复杂得多。椭圆式土楼的出现，可能与地形的限制或风水上的考虑有关。明代以后的土楼，已经很少采取这种形式。

椭圆式土楼以齐云楼最为典型（图 2-1-25）。齐云楼位于漳州市华安县沙建镇岱山村，筑在村中小丘上。当地族谱记录了齐云楼的建造历史：

> 升平皆山也，自西北甲子峰蜿蜒而来，过佛子岭至东北龙峰，延至石龟谷口，山川缭绕，有如城郭。惟东方一干，

逶迤行于中土，突起而生峰者，岱山也。吾祖文达公始入升时，择取而居之，嗣是子姓建楼（于）巅，榜其名曰齐云，世族环集于此，无复有他族错处其间，固自成一家也。公手植榕木，经五百载而挺然特立，是先人之手泽犹存也。①

齐云楼是岱山郭氏始祖郭文达（1285—1370 年）的子孙所建。楼门上石刻纪年："大明万历十八年，大清同治丁卯年吉旦"。

齐云楼是一座单元式椭圆形土楼，东西向长轴 22.6 米，南北向短轴 14.2 米。短轴上设一正门，长轴上设两个侧门。全楼共 28 个单元，大部分单元只占一间，进深 3 间。每单元各设楼梯。外环 2 层，内环一层，内外环之间有一方形小天井。外墙高 9 米、厚 1 米余，底层石砌，二层夯土，内部隔墙用土坯。

3. 方楼形土楼

闽南漳州地区有一类方楼，规模不大，四隅带有半圆形角楼。角楼上广设枪眼，因此称"铳楼"。土楼的平面呈卍字形，当地称"风吹葇"②。实例有漳浦旧镇的清晏楼、大南坂镇下楼村的永清楼、杜浔镇徐坎村的阜安楼、龙海区东泗乡渐山村的江山奠丽楼等。

清晏楼，乾隆二十一年（1756 年）当地乡绅潘建成所建。三层，底层为花岗石垒砌，二、三层夯筑，以红土、蛎壳灰、红糖水及细砂作为夯筑材料，极其坚硬，外观如粗糙的混凝土。楼 28 米见方，楼内房间布置并不呈风车形，有一条轴线，前楼、后楼各 5 间，左右楼各 2 间，仍如当地传统民居的布局形式（图 2-1-

---

① ［清］郭用之、郭从先修：《升平郭氏族谱·岱山记题跋》，道光十八年抄本，陈支平主编：《台湾文献汇刊》第 3 辑第 11 册，厦门，厦门大学出版社，2004，8 页。

② 风吹葇，一种纸做的随风转动的儿童玩具，即北方的"纸风车"。

26)。角楼呈风车形布置，有利于各个方向的防御。考虑到闽南地区长期与海外的文化交流背景，这种风车状的角楼形式，可能受西洋古城堡的影响。

4. 半月楼与八卦堡

漳州市诏安县秀篆镇的客家人，聚居在一种平面呈马蹄形的环形土楼群中，土楼群背山面水，环绕着中间的祖祠，俗称"半月楼"。

秀篆镇大坪村整个村落就是一座半月楼，它以正中的方形祖祠"云瑞堂"为核心，三边环绕着 5 圈马蹄形土楼——土楼未完全闭合，而向着祖祠敞开，内圈约 50 间，最外圈约 90 间，圈与圈之间有宽约 10 米的巷道。土楼最内环一层，以外各环皆两层，每个开间即一个独立的单元，各开间互不相通。每个单元面宽近 4 米，进深约 10 米，入口是单层门厅，兼作厨房，后部是两层的卧房，独自设楼梯上下。这种单元式布局与闽南常见的中、小型单元式圆楼相似。

大坪村半月楼，从清代开基到现代，共扩增至 5 圈，虽然没有一个精确的圆心，但历代扩建，皆以"云瑞堂"为核心，每增一圈，其直径即增加数十米，形成了直径达 100 多米的罕见规模。楼群依山而建，后圈沿山坡升起，蔚为壮观。半月楼围绕中心祖祠的扩建方式，与闽西、粤东的围龙屋的扩建方式相似。

半月式或弧形土楼由圆楼演变而来，出现的时代较晚，有的只是作为大型圆楼外围的附属建筑，多半是由于圆楼的居住面积不足以容纳新增的人口，而又未达到再建一座圆楼的程度，于是依就圆楼建造简单的弧形住宅，以取得整体的协调。有时便形成以一座圆楼为主体的、有规则的大型建筑群，如平和县芦溪镇的丰作厥宁楼，在四层的单元式圆楼之外，又环绕一圈 U 形的三层单元式土楼，当地称为之"楼包"。

半月形、马蹄形土楼，根据现有的调查，只分布在诏安县的秀篆镇、霞葛镇等地，土楼的规模差别甚大，小者散布于方、圆土楼群之中，大者则自成一个村落，但为数不多（图2-1-27）。

八卦堡位于漳州市漳浦县深土镇东平村，是村内的一组特殊的土楼群。

八卦堡是当地的俗称，其基本布局是三环同心圆，中心是一座单层圆形土楼，共14间，东北断开，作为出入口。围绕着它的是两环断断续续的弧形土楼，各环间隔3米左右，作为巷道。因弧长不一，远望如八卦图案中的阴、阳爻。外两环乃后世断断续续扩建而成。圆弧之外，后世又有增建，已成直线的形状，但仍基本保持着围合的形态。显然，所有的弧形既不对应八卦、十二卦或六十四卦之方位，其面阔亦无法合于卦之幅长。

八卦堡建于清代中晚期。乡人称之为"八卦堡"，只是这种形态隐含着一定的驱邪避煞的心理作用，并没有堡的守卫防护功能，虽然这种布局隐含着一种安全防卫的思想，但它也没有方圆土楼的封闭特征，其形态是向心、放射而开敞的。

堡中最早的建筑用石砌及三合土夯筑，以后扩建以石砌为主，间有土坯垒砌。建造八卦堡的林氏家族，是东平村的开基独姓。林氏先人使用传统的三合土夯筑技术，却并不建造两层以上的封闭圆楼，可能出于当时家族人口之限制，没有大家族的物质条件。后人的建造，遵循着向心与平等的原则，反映出客家民系强烈的群属心理和自我意识；而向心的发展，使聚落的生长显得完整而有秩序，这种可生长的聚落形态和独特的村落格局，在中国古代村落规划中是独一无二的。

与八卦堡布局思想相一致的是前文所述诏安县秀篆镇客家人的半月楼，建造时间较晚。这种村落形态虽然只见于漳浦县、诏安县的一些偏僻山村，但其渊源演进、对营造环境的独特理解、富有魅力的村落格局仍有研究价值和启发意义。

第二节　闽南宗祠建筑

　　福建是中国传统家族制度最为兴盛和完善的地区之一。福建地区开发较迟，从汉代开始，才成为北方汉人移民开发的区域。在渡江南迁的过程中，来自四面八方的移民统率宗族乡里的子弟们，举族、举乡地移徙，在兵荒马乱的恶劣环境和交通困难的条件下，为了站稳脚跟，发展壮大，往往需要聚族而居，这样一方面便于共同抵御外族的入侵，另一方面有利于家族自身的发展。闽南是聚族而居习俗保存比较长久的地区之一，家族祭祖习俗相对盛行，大宗豪族或小姓弱族大多建置祠堂祭祀列祖列宗，燃香点烛，缅怀祖先的恩德，祈求祖先神灵的保佑，并向他人显示光宗耀祖的自豪感。

　　魏晋以后，开始按照官职品秩确定庙制。"家庙"之称，亦始于魏晋，至唐代广泛使用。唐代依官品定家庙制度，而一般士大夫则常以舍宅内"厅事"、"客堂"作为祭祖的场所。宋代，由于司马光、朱熹等人的提倡，作为敬宗收族、祭祀祖先的祠堂建筑开始出现。由于福建地区的开发与北方汉人的迁入是联系在一起的，为了强调家族的作用，完善家族的制度，福建民间一些家族的祠堂建造，可以追溯到唐和五代时期。在福建一些较古老的姓氏，如林、陈、黄、方的族谱中，都可以见这种记载。当然，这些祠堂建筑仅局限于巨族大姓，一般庶民家族尚未普及。① 明清时期，随着经济的发展与家族制度的完善，闽南民间的宗祠建设，进入了繁荣的时期。即使一些偏僻山村，也建有祠堂，清人陈盛韶《问俗录》记载诏安县："居则容膝可安，而必有祖祠、

---

　　① 陈支平：《近500年来福建的家族社会与文化》，上海，生活·读书·新知三联书店上海分店，1991，35～36 页。

有宗祠、有支祠，画栋刻节，糜费不惜。"① 一般的家族，不但有一族合祀的宗祠（也称总祠），还有族内的各房、各支房的支祠，以奉祀各自的直系祖先。一些巨族大姓，还有联络府县合并而祀的大型宗祠。

宋元时的泉州是世界大商港，有许多外侨在此聚居。这些侨民与本地人融合，在闽南传下子孙。晋江陈埭丁姓，其祖先是来泉州的阿拉伯人，其后裔避居泉南，传播至今。泉州惠安燕山出氏一族，其祖纳哈出，仕元，后辗转至泉州，繁衍"出"氏，后代避居于惠安北部山区，以"燕山"为望，暗示出自蒙古族血脉之源。晋江粘氏，其先祖是女真族完颜粘没喝，裔孙仕于元，其后一支入闽，居于晋江，遂开粘氏一门。② 这些外族逐渐汉化，也采用宗祠建筑，祭祀祖先。

祠堂的布局模仿住宅，由于功能比较简单，在形制上没有住宅多样。在闽南，祠堂的布局形式有以下几类。

1. 单落式。一般用于小宗的祠堂，只有一进，正屋三间，正中厅堂。厅堂后部设神龛，前面就是祭拜空间。正屋前有小院，正中设门墙或门楼。

2. 双落式。这是完整的祠堂格局。前落是三间门厅，一般正中设塌寿，漳州地区多将两山墙伸出，形成三间塌的形式；大型宗祠，也有的前落做成五间，此时大门一般设于中柱柱缝上，设有三道门。祠堂的大门屋顶一般用三川脊形式。第二落是厅堂，大厅与大门之间左右围以两廊，称"榉头"（泉州地区）或"东厅"（漳州、厦门地区）。大厅后部设雕琢华丽的"公妈龛"（神龛），或者设板壁，大厅正中的空间称"寿堂"，是主要的祭祀空

---

① ［清］陈盛韶：《问俗录》卷四《诏安县·蒸尝田》，北京，书目文献出版社，1983，94 页。

② 福建省政协文史委员会：《福建名祠》，北京，台海出版社，1998，98 页。

间。大厅前设寮口，与榉头一起面向天井开敞。公妈龛后的空间称"寿堂后"或"后寿堂"。

3. 三落式。大型的祠堂可以再设置后寝，以应"前堂后寝"的古礼。后寝存放祖先牌位，此时前厅一般开敞，祭祀时将牌位移至大厅，祭毕后奉回后寝安置。有的祠堂还可再增设护龙，如晋江衙口施氏大宗祠，就在右侧设单护龙，作为辅助用房。

4. 番仔楼式。这是受到洋楼影响的祠堂形制，是将双落的前落或前后落改为二层楼房，在前落正面融入西洋的山头、拱券、柱式、栏杆等形制，构成中西合璧式的"五脚架"外廊。但在祠堂内部，又常用传统的木构架，设置精雕细琢的公妈龛。

祠堂是家族组织的中心。当家族兴旺发达后，往往倾资重兴祠堂，并留下记载兴建始末的碑记，成为建筑断代的重要参考。祠堂的建造，集中了工匠的木作、瓦作等成熟技艺，体现了一个地区的工匠技术水平。

东观西台吴氏大宗祠位于泉州市涂门街巷吴厝埕。此地原为明万历十一年（1583 年）进士、翰林院庶吉士、监察御史吴龙徵的宅第，因其官任东观侍读、西台御史，故其府第匾称"东观西台"，明、清沿袭为地名。光绪年间，泉州各地吴氏宗亲共议兴建泉州府五县吴氏大宗祠，吴龙徵的九世孙吴朝铨将"东观西台"宅第前三进献出，留后一进自居（图 2-2-1）。祠堂于光绪十二年（1886 年）动工，十七年落成。①

祠堂大门五间，中间设塌寿，分心柱，前后各施通梁。寿梁上施"排楼拱"——成组斗拱构成的铺作层，斗拱后尾用拱仔层层出挑，承托副圆（金檩）。这种构架形式在闽南祠堂中属于晚期的复杂形式。为了增加屋顶的陡峻，大厅及大门屋面均使用了"屋面暗厝"的结构。

---

① ［清］《温陵吴氏合族祠堂记》碑，嵌立在祠堂后寝的东山墙上。

大门后为大厅，是祭祀时的主要活动空间。大厅五间，室内没有分隔。大厅用料硕大，心间梁架属于典型的"架内三通五瓜"结构（图2-2-2），前大方设轩棚顶。大厅后为寝殿，是平时存放牌位之处，明间架内也用"三通五瓜"梁架，但尺度略逊（图2-2-3）。

第三节　闽南寺观建筑

一、泉州开元寺

开元寺，位于泉州市西街，寺内现存两座南宋石塔——镇国塔和仁寿塔，是国内最高最大的楼阁式石塔。开元寺始建于唐垂拱二年（686年），唐乾宁二年（895年），泉州刺史王审邽重建开元寺佛殿、钟楼、经楼，次年落成。黄滔《泉州开元寺佛殿碑记》形容殿宇："不期年而宝殿涌出，栋隆旧绮，梁修新虹，八表四隅，悉半乎丈。柱盛镜础，方珪丛斗，楣承蟠螭，飞云翼拱，文榱刻桷，镠辖权丫。"[1] 唐咸亨时，文偁禅师建开元寺东塔，凡五级，咸通六年（865年）塔成，赐名"镇国"。五代梁贞明二年（916年），王审知以材木浮海至泉州，建开元寺西塔，名无量寿塔，凡七级，因立塔院。这两座木塔在南宋时改建为石塔，保存至今。开元寺在唐代以后历经兴废，元末遭受战火，木结构全部被毁。明洪武年间重建山门、大殿、戒坛等建筑，以后也有几次的重建。现在开元寺中轴线上的主体建筑为照壁、山门（天王殿）、大殿和戒坛，都是明清时重建之物。

照壁隔西街与山门对立，明代建筑，又名"紫云屏"，1933

---

[1] ［唐］黄滔：《泉州开元寺佛殿碑记》，《莆阳黄御史集·碑铭》，《丛书集成初编》本，北京，商务印书馆，1936。

年重建。山门，面阔五间，进深四间十架椽，包规起（图 2-3-1）。山门明间、次间金柱间用插梁坐梁式构架二通三瓜形制（图 2-3-2）。纵架用斗座、大斗、弯枋，上承两层一斗六升与直枋。山门正脊曲线的凹曲度很大，两端可能使用了"暗厝"的构造做法。山门的木构架可能是明初遗物。山门后缀以拜亭一间，也称祝圣亭，面向大殿，为 20 世纪 60 年代惠安工匠重建。

山门之后是大殿。大殿殿身面阔七间，进深三间，四周副阶，是闽南地区体量最大、构架最复杂的建筑。明人释元贤《开元寺志》记曰：

> 紫云大殿，唐垂拱二年（686 年）僧匡护建，时有紫云盖地之瑞，因以得名。玄宗改额开元，仍赐佛像，后毁。乾宁四年（897 年），检校工部尚书王审邽重建，塑四佛像，……宋绍圣二年（1095 年）僧法殊新之，移千佛像于其中。绍兴二十四年乙亥（1155 年）灾，寻建。元僧契祖命僧伯福甃殿前大庭石。至正丁酉（1357 年）复灾。洪武己巳（1389 年）僧惠远重建。永乐戊子（1408 年）僧至昌复葺廊庑，增廊露台……万历二十二年（1594 年），檀越率寺众同修。崇祯丁丑（1637 年），大参曾公樱、总兵郑公芝龙重建，殿柱悉易以石，壮丽视昔有加矣。[1]

大殿前的月台（露台）永乐时增建，其东西南三面须弥座束腰上嵌着 72 块辉绿岩人面兽身石刻，这些石刻可能是明代重建时由废弃的元代印度教寺庙移来（图 2-3-3）。崇祯时大殿的柱子全部改成石柱，其后檐的 4 根 16 边形的石柱也是印度教寺庙之物。大殿经过明初洪武及明末崇祯年间的重建，其平面和柱础位置可能部分沿用了宋时的规制，但大木构架是明末之物。

---

① ［明］释元贤：《开元寺志·建置志·紫云大殿》，杜洁祥主编：《中国佛寺史志汇刊》第二辑第 8 册，台北，明文书局，1980，18 页。

　　大殿大木构架的构成方式是，殿身进深方向上用三间四柱，只有后金柱伸至檩下，其余三柱基本等高。在此三根柱（前后檐柱与前内柱）的柱头之上，层叠斗子七八层，直至天花或檐檩下，属于闽南典型的"叠斗"做法。天花以上，则纯为穿斗构架。殿内斗拱层叠，支承着平棋天花，反映了中国南方自宋代以后采用厅堂构架构成殿堂室内效果的特殊做法（图2-3-4）。

　　大殿殿身室内空间最大的特点是将前檐柱与内柱柱头上的华拱刻成飞天乐伎，使殿内气氛异于一般佛殿。这种手执乐器的飞天形象是经过海上丝绸之路在宋元时期传入泉州的，在泉州开元寺戒坛及闽南的许多祠堂、古厝中都可见到，变化很多。

　　副阶进深两间，大门不设于殿身檐柱处，而设在副阶内柱上，使大殿前的瞻拜空间十分宽敞；副阶深六架椽，但其上只用了五根椽子，所以搏脊位置高于殿身柱头栌斗，使上、下檐靠得很近，这种做法，也见于漳州文庙大成殿等建筑，是闽南特色的重檐做法。副阶前檐柱是八角形石柱，柱身蟠龙，柱头石雕四方形掐瓣高欹斗。此石斗上置方形木墩，木墩四隅雕胡人手托木墩上的大斗。木墩上置斗子四层，阑额在第二层斗的位置。阑额不在柱头之间而位于柱头上的斗拱之间，是南北朝时流行的做法，唐代以后就不再使用。副阶内柱的阑额，下一半位于柱头处，上一半位于栌斗间。这种做法，与苏州罗汉院宋代双塔的阑额处理如出一辙。

　　戒坛在大殿之后，始建于北宋天禧三年（1019年）。"建炎二年（1128年），僧敦炤以坛制不尽师古，特考图经更筑之，为坛五级，其间高下广狭之度，俱有表法。"[①] 敦炤所筑戒坛虽然"特考图经更筑之，为坛五级"，却与道宣所撰《关中创立戒坛图经》

---

　　① ［明］释元贤：《开元寺志·建置志·甘露戒坛》，杜洁祥主编：《中国佛寺史志汇刊》第二辑第8册，台北，明文书局，1980，19页。

的"戒坛高下广狭"定制戒坛三重有异。"至正丁酉（1357 年）坛灾。洪武三十三年（1400 年）僧正映重构，虽壮丽如昔，而制度非复敦炤之旧矣。永乐辛卯（1411 年），僧至昌增建四廊。"①现在的戒坛建筑是清康熙五年（1666 年）重建的。②戒坛平面方形，四重檐八角攒尖顶。顶层内有网目藻井，斗拱复杂精巧（图2-3-5）。戒坛内柱间也雕饰飞天乐伎，但均从梁尾伸出，其下有替木与飞天刻成同一体，整体构成飞天状。

戒坛之后是法堂与藏经阁，民国时期重建。法堂左侧有檀越祠，是一座小巧的祠堂。开元寺东路还有准提禅院，其中有方形殿堂，三重檐，顶层用"蜘蛛结网"藻井（图 2-3-6）。

二、厦门南普陀寺

南普陀寺位于厦门五老峰南麓。清道光《厦门志》记曰："五老山，在城南六里。山如五老形，故名。五峰并列，而无尽岩居其中。大石嵌空，其下虚厂，宋僧文翠建普照寺……国朝康熙间，靖海将军施琅重建，改名南普陀。"③相传，此寺观音辄祷辄应，故改称普陀；又因在浙江普陀山观音道场之南，故称"南普陀寺"。④南普陀寺的格局在清康熙年间大致形成。现在中轴线上的建筑是：放生池、天王殿、大雄宝殿、大悲殿、藏经殿（图2-3-7）。

天王殿建于 1926 年，供奉弥勒佛像，左右供四大天王像。天

---

①　［明］释元贤：《开元寺志·建置志·甘露戒坛》，杜洁祥主编：《中国佛寺史志汇刊》第二辑第 8 册，台北，明文书局，1980，19 页。

②　见寺内康熙五年《重建甘露戒坛碑记》。

③　［清］周凯：《厦门志》（道光十九年版）卷二《山川》，厦门，鹭江出版社，1996，18 页。

④　虞愚、释寄尘：《厦门南普陀寺志·寺考》，民国二十二年（1933年）厦门南普陀寺排印本，25 页。

王殿面阔五间，重檐歇山顶，上檐梁架为典型的三通五瓜五架坐
梁式栋架，外檐出二抄丁头拱，下檐南面用弯桷做出"轩亭"
（步口暗厝），檐口出吊筒，这几点都是闽南清代以来祠庙寺观的
通行做法。天王殿殿身山面梁架落在山面檐柱上，仅以插入檐柱
的多重丁头拱支承寮圆、山面屋檐，属于南方地区歇山顶构造的
流行做法（图 2-3-8）。

　　道光《厦门志》卷二说南普陀寺门有御制平台纪功碑亭四。
据《厦门旧影》所收南普陀寺照片，四座碑亭一字排列于旧山门
前。[①] 碑亭作单檐八角。乾隆五十六年（1791 年）《重修南普陀寺
记》说："乾隆己酉（1789 年），余以观察泉南驻厦，展谒之余，
见其踞山环海，气势壮扩，而殿宇颇多颓圮。维时我皇上涤荡东
瀛，泐勋海上，因于寺前建竖御碑亭四座，覆以黄瓦，绕以丹
垣，望之翼然宏丽。"[②] 碑亭早已不存，四座石碑也缺失趺座，今
已移于天王殿前右侧的碑廊内。碑亭之后为旧山门，即今天王殿
的位置。旧山门五间，三川脊。

　　大雄宝殿在天王殿后，1925 年重建，五间，重檐歇山顶，供
奉释迦、弥陀、药师三世佛（图 2-3-9）。大殿下檐亦出吊筒，前
面做出"轩亭"暗厝。殿身的构架是，内青柱将"架内"分为
前、后架。"前架"用大通插入前青柱与内青柱间，大通长六架
椽，大通上立瓜筒再承二通、三通；"后架"用大通插入内青柱
与檐柱间，上立瓜筒承圆仔（图 2-3-10）。闽南建筑的插梁坐梁式
构架，大通长度不超过六架椽。若空间再大时，只能增加内柱，
将通梁插入柱身上，反映了插梁坐梁式构架的基本特点。泉州开
元寺大殿、天后宫大殿、承天寺大殿等，都是这样的处理。2006
年至 2007 年间，南普陀寺天王殿、大雄宝殿相继落架大修，其内

---

　　①　洪卜仁主编：《厦门旧影》，北京，人民美术出版社，1999，22 页。
　　②　何丙仲编著：《厦门碑志汇编》，北京，中国广播电视出版社，2004，
214 页。

部构架暴露出来的圆仔生起、翼角风吹嘴、正脊两端暗厝等，都属于溪底派典型的技术特征（图 2-3-11）。

大悲殿位于大雄宝殿后的高台上，殿内祀观音像。大悲殿重建于清道光时期，道光《厦门志》说："（南普陀）寺祀观音大士，道光十三年（1833 年）僧省己醵金重修。"① 大悲殿平面八边形，三重檐，顶层屋顶作歇山顶，但平面仍为八角，因此它的脊多至 11 条，体型丰富。殿内用"蜘蛛结网"藻井（图 2-3-12）。英国人约翰·汤姆森（John Thomson，1837～1921 年），1862 年至 1872 年间遍游中国和远东地区，他所拍摄的南普陀寺大悲殿，是此殿最早的照片之一。大悲殿 1928 年秋毁于大火，1928 年至 1933 年由惠安溪底派著名匠师王益顺主持重建。大悲殿重建时按照道光原样，但形体加大，以与前面的大雄宝殿、天王殿相称。② 20 世纪 60 年代又局部改为钢筋混凝土结构，保存至今。汤姆森所摄，是大悲殿火灾前的状况，底层用石雕龙柱，每面补间铺作三朵，可能是双抄双下昂，转角铺作还出吊筒（垂莲柱）；二、三层斗拱也出下昂，斗拱做法十分奇特。顶层屋顶作平面八角形的歇山顶，与现在的形式一致，可知这种形式的屋顶很早就有了。当时的大悲殿，屋顶脊饰简单，仅角脊末端施卷草，正脊两端施倒立状的鳌鱼，正中施塔饰，不像现在的大悲殿屋顶布满了剪粘装饰。③ 厦门太平岩风景区也有使用这种特殊歇山顶的小亭子，今已不存。④ 在台湾的闽南系建筑中，台南奎楼书院魁星堂

①　［清］周凯：《厦门志》（道光十九年版）卷二《山川》，厦门，鹭江出版社，1996，18 页。

②　太虚：《南普陀寺重建大悲殿记》，虞愚、释寄尘：《厦门南普陀寺志·文艺》，民国二十二年（1933 年）厦门南普陀寺排印本，128 页。

③　［英］约翰·汤姆森著，杨博仁、陈宪平译：《镜头前的旧中国：约翰·汤姆森游记》，北京，中国摄影出版社，2001，90 页。

④　洪卜仁主编：《厦门旧影》，北京，人民美术出版社，1999，27 页。

（建于 1936 年）、台南海东书院魁星楼（建于乾隆三十年，即
1765 年，日本殖民统治时被拆除）、圆山剑潭寺正殿（1924 年重
修）都使用了这种特殊形式的歇山顶。①

　　大悲殿后的藏经阁、大雄宝殿前左右两侧的钟鼓楼，均是民
国时期重建之物。藏经殿后为五老峰，五峰并列，为寺之龙脉。
"五老凌霄"为旧时"厦门八景"之一。五老峰南坡在民国时曾
经兴建兜率陀院、"阿耨达"水池、"须摩提国"洞窟、"阿兰若
处"禅室、太虚台等景点建筑。南普陀寺内原有二层外廊式洋楼
建筑，作为佛经流通处。1924 年，南普陀寺改为十方丛林，次年
创建闽南佛学院于寺之右侧。自此以后，寺院东西两侧兴建多处
建筑。

　　厦门南普陀寺内的建筑，建设时间虽然较晚，但中轴线上的
建筑都是闽南惠安溪底派匠师的作品，大悲殿是著名匠师王益顺
的遗作，对于研究闽南建筑溪底派的技术发展具有重要价值。

第四节　闽南文教建筑

　　文庙的建造是随着尊孔活动的升级而发展起来的。文庙之制
始于唐代，唐代以后除京师孔庙外，各府、州、县学皆立孔庙一
所。宋、明以科举取士，尤重学校的建设。宋代范仲淹任苏州知
府时，首先将府学与文庙并列一处，学宫为习文之所，文庙为行
礼、演习礼仪的场所。

　　文庙中多建有儒家学校——学宫，学宫或在庙后或在庙侧，
一般由大门、仪门、讲堂（明伦堂）、斋舍等组成。各地文庙均
仿曲阜孔庙而建，一般皆有万仞宫墙、棂星门、泮池、大成门、

---

　　① 李乾朗：《台湾建筑史》，台北，雄狮图书股份有限公司，1995，109、
215 页。

月台及大成殿等建筑。此外尚有照壁、各式牌坊、仪门、碑亭、钟鼓楼、魁星阁、乡贤祠之类。

闽南文庙中，泉州府文庙、漳州府文庙、惠安县文庙、同安县文庙、永春县文庙均保留至今。其中，安溪县文庙最为完整，中轴线上自南而北依次为泮池、照壁、棂星门、戟门、大成殿、崇圣殿，附属建筑有明伦堂、教谕衙、训导廨等建筑。

一、泉州文庙

泉州文庙位于泉州市鲤城区中山路。文庙始建于唐代，原址在衙城右侧，宋太平兴国初迁于今址，后来移址于他处，大观三年（1109 年）又复于故址。"绍兴七年（1137 年），守刘子羽重建左学右庙，增旧基高二尺余，庙之中为先师殿，前为东西庑。学之中为明伦堂，后为议道堂，明伦堂前为东西十二斋。殿、堂之南各有方池，池前为藏书阁，廨宇庖廪悉备。"① 至此，庙学规模逐步完善。宋代以后，屡有修建。现在的文庙只有大成门、大成殿一区比较完整，前有棂星门遗址。

大成门面阔三间，进深分心用三柱，中柱前后各用大通、二通、三通构架。前檐寿梁之上，用斗拱组成牌楼拱（图 2-4-1）。

大成门后有略呈半月形的泮池，池中有石桥，泮池建于宋绍兴七年（1137 年），桥建于元至正九年（1349 年）。大成门左右连接金声、玉振门，再向北为东西两庑，与大成殿组成一个规模庞大的庭院。东、西两庑供奉孔子七十二弟子及后世圣贤牌位。

大成殿是文庙的主体建筑（图 2-4-2）。大成殿前有宽广的月台，为祭祀时举行仪式及乐舞生演乐舞蹈之处。月台台基为青石须弥座。须弥座下为圭脚，其上仰莲，再上束腰，束腰由竹节状

---

① [清] 怀荫布、黄任、郭赓武纂修：乾隆《泉州府志》，同治九年补刻本，上海，上海书店出版社，2000，268 页。

的隔身版柱分成数十间，这是闽南宋式须弥座的做法，开元寺镇国塔、仁寿塔的须弥座的形制与之相近。在正面束腰每间内，剔地起突写生花卉，两端且有如意头纹饰框住。

大成殿七间，重檐庑殿顶，是闽南唯一的一座庑殿顶建筑。殿身五间，副阶一间。殿身的构架形式是，横向上用四柱十架椽，中间的内柱用"三通五瓜"五架坐梁式构架，以叠斗代替瓜筒（图2-4-3）。大通之下，有三层丁头拱承托。明间的脊圆（脊槫、脊檩）之下施副脊圆一根，尺度与脊圆相当。次间的二通之上施丁栿。构架的圆（檩）下用鸡舌，其下有二三跳丁拱仔（丁头拱）承托。殿身的构架形式属于闽南典型的叠斗三通五瓜五架坐梁式构架，但尺度巨大，用料粗壮。

大成殿在纵向上，内柱间施内额（闽南明清建筑中称作"寿梁"），内额上施两枚斗抱（斗抱类似于北方建筑中的驼峰）承托大斗，斗之间施弯枋，其上又施一斗六升重拱，再施直枋一层，又上施三星拱（三星拱即一斗三升）承托"楹引"（相当于随檩枋），上承青圆（金檩）。纵向构架的构成与闽南明清建筑中的"弯枋连拱"相似，只是未用连拱，属于早期的形式（图2-4-4）。

大成殿的殿身屋顶，正脊生起很大，外观呈一凹曲极大的弧线，脊两端可能采用了"暗厝"的做法。殿身与副阶屋顶的翼角部分，皆在封檐板上再斜置三角形封檐板，即采用了"风吹嘴"的做法。

殿身的斗拱做法是，柱头铺作外跳出单抄三下昂，但最上两昂不出跳，昂头皆雕饰三弯曲线，昂之上不施令拱、耍头。明间、次间施补间铺作二朵，尽间施补间一朵。补间铺作外跳与柱头铺作相同，内跳出华拱一层，其上华头子也伸出作华拱承托下昂，下昂长一架椽。

大成殿殿身斗拱做法特殊。在福建建筑中，最上一昂不出跳的做法见于福州华林寺大殿（五代）、莆田玄妙观三清殿（宋代），但一些明清建筑也保留这种特征，如漳州文庙大成殿（明代）、漳州振成巷林氏宗祠（清代）、漳州东山铜陵关帝庙牌坊（明清）、同安文庙大成殿（清代）、龙海角美流传村清宝殿（明清）等。

副阶正面有 6 根龙柱，龙柱上的浮雕蟠龙，首在下而尾在上，龙身较细，龙足四爪。龙柱间施槅扇。两尽间下施白石裙堵，裙堵上雕麒麟，其上红砖组砌太极八卦图案。副阶的东、西、北三面用砖墙封住。副阶龙柱正面雕龙，有的柱心且作梭柱，而柱间的槅扇与龙身浮雕相抵，因此槅扇疑为后来所加，并非原状。

副阶斗拱的布置是，正面龙柱上施莲花栌斗，莲花栌斗上向外施"瓜串"，栌斗上施阑额，其上又施方形栌斗，自此方形栌斗向外施华拱，拱头施横拱、罗汉枋，华拱上施下昂两重，最上一昂不出跳，其上施耍头、橑檐枋（图 2-4-5）。副阶阑额，侧面琴面饱满，两端有鱼尾叉卷杀，叉内凹入。阑额下皮正好位于莲花形栌斗的正中，与开元寺大殿副阶阑额处理相似，是中原地区南北朝时才有的做法。

副阶南面，明间、次间用补间铺作二朵，梢间、尽间用补间一朵。副阶补间铺作里跳出华拱一层，其上华头子伸出作华拱承托下昂，下昂上施令拱、素枋承下平槫。

副阶东西两个侧面，只有最南一间施补间铺作，其余只用柱头铺作。侧面补间铺作的做法与正面的相同。副阶北面也未施补间铺作。东、西侧面及北面的柱子，直抵槫下。副阶柱与殿身对应的柱子之间施步通，步通三架椽，其上置两个斗抱，各承叠斗、副圆（平槫、金檩），其间以束木联系。

副阶的步通长三架椽，但其上只施两步架的椽子，因此搏脊（围脊）不是位于殿身柱子的外侧，而是处于殿身橑檐枋以下的位置，且搏脊过高，挡住了殿身的华拱、下昂。在外观上，上下檐靠得很近，是闽南、岭南重檐建筑的特色之一。

殿身、副阶斗拱的样式相同，细部装饰一致，当建于同一时期。

自宋代以后，大殿屡经重建与重修。从大成殿的梁架结构、斗拱的做法与样式、屋顶暗厝、翼角风吹嘴等特点来看，大成殿的主体构架不大可能是宋代所建，而应是明代或清初的重建之物。

文庙东侧为泉州府学，现在只剩下明伦堂一区。最前为育英门，面阔三间，门外为大石埕，与大成门前石埕相连。育英门后有方形泮池，东西宽 12 米，南北长 44 米。泮池后为明伦堂，面阔七间，进深六柱十七檩，明间架内施"三通五瓜"插梁坐梁式构架，脊瓜柱以叠斗代替。育英门与明伦堂屋顶皆用包规起。

府学东侧，原有尊经阁（俗称"文昌阁"、"魁星楼"），据乾隆《泉州府志》，尊经阁建于明嘉靖三十五年（1556 年），清乾隆二十六年（1761 年）重建。尊经阁三层，平面方形，第三层转为八角形，上覆重檐八角形攒尖顶，是闽南较具特色的楼阁建筑。尊经阁后来拆除，于原地建华侨大厦（今华侨酒店），阁的第三层被重新拼合成一座亭子，移建于华侨大厦对面的百源川池中（图 2-4-6）。

二、漳州文庙

漳州文庙位于漳州市修文西路，据万历《漳州府志》记载："在府治东南，宋为州学，庆历四年（1044 年）建于州治巽隅，水自丁入。崇宁中，行三舍法，改讲堂为二斋，以学东偏贡院为讲堂。大观中，增广生员，以迎恩驿为四斋。政和二年（1112 年）移学于州左。绍兴九年（1139 年），州人士以科第不兴，乃请李守弥逊复庆历故址。前建棂星门，次建仪门，中列戟门，东西出入左右为两庑，庑上为阁，东曰御书，西曰经史。中建大成殿，奉先圣像。……（成化）十年（1474 年）洪潦，庙学倾坏，

十八年知府姜谅区划修葺，提学佥事任彦常复注意更新之。"① 可
知漳州府学始建于宋，宋代以后屡有重建。文庙建于州治东南，
是宋代以来形成的传统，泉州、漳州文庙皆如此。漳州府学与文
庙的明伦堂、泮池、棂星门等已不存，仅余戟门、东西两庑与大
成殿一区，虽经清代重修，但主体结构还是明成化时重建的
原物。

　　戟门九间，两尽间设为房间，中间七间用分心柱，柱间设
门。戟门宏大宽敞，保存了古代仪门制度的特点。戟门梁架简
洁，前后各三架椽，即在檐柱与中柱之间用大通，大通上置叠
斗，再承二通，二通之上再用叠斗承三通；通梁之间用束木联系
（图 2-4-7）。通梁、束木断面作矩形，反映了明代时梁架特点。檐
柱不用斗拱，大通出榫承吊筒。

　　两庑各八间，平面上前半部为廊道，后半部隔出房间，结构
方式与戟门相似，只不过将通梁上的叠斗改为瓜筒。

　　大成殿（图 2-4-8）面阔五间，进深七间。殿身三间，副阶一
间，副阶的东、西、北三面不用檐柱，改用砖墙承重。副阶构架
与戟门相似，其中大通达三架椽，使前廊显得十分开敞。副阶的
前檐有五根白石龙柱。副阶的搏脊设于殿身外檐斗拱之下，不与
殿身檐柱相邻，搏脊抵于斗拱下昂下，在外观上上下檐距离很
近，泉州开元寺大雄宝殿等亦做这种处理，是闽南地区重檐建筑
的习惯做法。

　　大成殿的结构由下而上分三个层次：柱网层、斗拱层、草架
层（图 2-4-9）。殿身的柱子是石雕梭柱。殿身内外柱等高，外柱
间施狭而高的阑额，外柱与内柱、内柱与内柱之间施内额。阑
额、内额与副阶大通皆挖去底部，略呈弓形，属于流行于广东一

　　① ［明］谢彬编纂：万历《漳州府志》卷二《规制志·学校》，台北，
学生书局，1965。

带的梁架式样。柱网层之上有斗拱层，与天花板形成类似于唐宋殿堂建筑中的槽状空间。草架层是典型的穿斗结构。宋代以来，殿堂结构形式逐渐消失，同时出现了在厅堂建筑使用铺作层形成类似于殿堂的室内效果的做法，最早见于苏州玄妙观三清殿，南方一些明清建筑也偶尔使用，漳州文庙大成殿就是福建不多的实例之一。

大成殿斗拱布置疏朗。殿身正面明、次间各施补间铺作两朵；侧面中间两间施补间一朵，两个边间各施两朵（图 2-4-9）。柱头铺作外出两跳，第一跳出华拱，偷心，上承华头子，其上出插昂两重，第一昂昂首作云形曲线，第二昂不出跳；再上要头亦做成下昂形，衬枋头也伸出橑檐枋之外。铺作里跳的做法是，第一跳华拱后尾斫成云形，其上华头子后尾出华拱承靴楔，再上为挑斡三重承平棋枋。补间铺作，华拱上承华头子，其上出下昂三重，最上两昂皆不出跳，昂之上不施要头、衬枋头等构件，昂之后尾承平棋枋。转角铺作的角斗皆不扭转 45 度；大角梁尺度与昂相同，梁首也做成下昂形。

大成殿外檐斗拱做法，带有福建宋元建筑的特点，如最上几昂不出跳，不施要头、衬枋头，扶壁拱用弯枋，角缝散斗不扭转等，而下昂昂首样式与橑檐枋样式等，又反映了漳州的地方特点。

内檐斗拱施于内额之上，出两跳，但用叠斗六重，自栌斗至平棋方共有七材六栔高。内檐斗拱施上昂三重，承平棋方（图2-4-10）。上昂的制度，记载于宋《营造法式》卷四《大木作制度》之中，江苏苏州玄妙观三清殿是唯一使用上昂的宋代建筑。宋代以后，使用上昂的明代建筑只有漳州文庙大成殿。殿内使用上昂的做法，还见于漳州市振成巷林氏宗祠，是宋代做法的遗留。

大成殿殿身山面，山花处的柱子骑于两山斗拱上，山面的椽子未达到一步架，这是早期歇山顶梁架的一种简便做法，流行于南方的苏、浙、闽、粤等地区。

第五节 闽南祠庙建筑

闽南民间社会的诸神崇拜十分庞杂，所奉神祇为数众多。民间所奉一般以本地创造的神明为主。

信仰开漳圣王陈元光的，以云霄、漳浦两地为多。云霄是陈元光屯兵与战死之地，他奏置的漳州，州治就在云霄。漳浦于开元四年（716年）成为继云霄之后的漳州州治，对开漳圣王的信仰也很兴盛。云霄、漳浦西北的平和县，则流行对三平祖师的信仰。

奉祀保生大帝的慈济宫分布于漳州、海澄、厦门、同安等地，以白礁慈济宫（俗称西宫，原属泉州府同安县，今属漳州市龙海区）、青礁慈济宫（俗称东宫，原属漳州府龙溪县，今属厦门市海沧区）为祖庙。保生大帝又称吴真人、大道公，原名吴夲，北宋时人，生前以善于治病闻名，死后乡民立庙祀之。南宋嘉定二年（1209年）龙溪（今龙海）人杨志《慈济宫碑》、嘉定十二年左右漳州太守庄夏《慈济宫碑》分别记载了吴夲生平与青礁祖庙、白礁祖庙的建造经过[①]，两庙均始建于南宋绍兴年间。现在的青礁祖庙、白礁祖庙都是近几十年重建的。白礁慈济宫大殿之前的庭院中，保存一方灰白色花岗石须弥座台基，须弥座叠涩简洁，束腰极高，每面用竹节形的隔身版柱将束腰分为5间，其内剔地起突狮子、飞天、花卉等图形，这方须弥座可能是宋代建庙时的遗物（图2-5-1）。

起源于南安的广泽尊王崇拜流行于以南安为中心的泉州地

---

① 何丙仲编著：《厦门碑志汇编》，北京，中国广播电视出版社，2004，279～282页。

区。广泽尊王又称保安尊王、郭圣王，本名郭忠福，少时即神异，后于古藤上坐化，乡民立庙祀之，据说屡有灵验。广泽尊王祖庙，位于南安市诗山镇境内西北郭山上，因山形如凤，也称凤山，庙名凤山寺，始建于五代闽国王昶通文年间。现在的祖庙是1978年重建的。

清水祖师是泉州人特别是安溪人信奉的神祇。清水祖师俗姓陈，名应，从小出家，法名普足。元丰六年（1083年），清水祖师应邀到安溪县蓬莱祈雨，雨随而至，乡民在张岩山（今蓬莱山清水岩）建屋数架，奉普足于此，清水岩就成为供奉清水祖师的祖庙。清水岩在宋代以后屡有修建，现存建筑也是近几十年重建之物，但仍然保留了宋元时期确立的依山势而构筑殿宇的布局（图2-5-2）。

闽南沿海地区还有海上保护神的信仰。在宋代，妈祖的地位尚不十分突出。南安九日山通远王庙、泉州法石真武庙都有祈风祭海的传统。宋代以后，妈祖的地位日益尊崇，信仰也普及起来。明清时期，泉州、漳州人民移居台湾，除了信仰各自的区域性神明以外，闽南方言区共同的信仰神——妈祖的地位也相应提高，直至近代，妈祖几乎成为海外福建人的信仰标志。

一、泉州城南天后宫

天后宫崇祀海神妈祖。妈祖，姓林名默娘，莆田湄洲屿人，生于北宋建隆元年（960年），生前常救人于海上，雍熙四年（987年）遇海难，"羽化升仙"，死后屡有灵验。宋、元以后，朝廷对妈祖累加褒封。随着航海贸易的兴盛，妈祖信仰遍布闽南沿海及东南亚华人地区。

泉州天后宫在泉州城南，面对旧城镇南门。乾隆《泉州府志》卷一六引隆庆《泉州府志》云：

神居莆阳之湄洲屿，都巡检愿之季女也。生有祥光异香，资慧颖悟，能知休咎。长能乘席渡海，常乘云游于岛屿，人呼曰神女，又曰龙女，以其变化尤著于江海中也。宋太宗雍熙四年（987 年）九月二十九日升化，是后常朱衣翩旋飞行水上，累著灵验。宋庆元二年（1196 年），泉州浯浦海潮庵僧觉全，梦神命作宫，乃推里人徐世昌倡建。实当笋江、巽水二流之汇，番舶客航聚集之地。时罗城尚在镇南桥内，而是宫适临浯浦之上。自是水旱盗贼，有祷辄应，历代遣官斋香诣庙致祭。明永乐五年（1407 年），以出使西洋太监郑和，奏令福建守镇官重新其庙。自是节遣内官及给事中行人等官，出使琉球、暹罗、爪哇、满剌加等国，率以祭告祈祷为常。①

泉州天后宫始建于宋时，元、明、清三代屡有扩建。元至元十五年（1278 年），元朝廷为了发展海上贸易，下诏"制封泉州神女号护国明著灵惠协正善庆显济天妃"。妈祖成为"泉州海神"，顺济宫改称天妃宫，列入国家祀典。泉州天后宫是闽南地区最大的天后宫，宋代以后，朝廷多次遣官重修，与莆田湄洲祖庙及福建其他府县的天后宫不同，具有官方庙宇的性质，其建筑形式虽为闽南地方风格，但布局严整，寝殿、梳妆楼、轩亭、斋馆等一应俱全，殿庭开阔，大殿宏敞，屋顶重檐，等级很高，都是其他府县天后宫所无法比拟的。

天后宫现在的布局，中轴线上为山门、大殿、寝殿与梳妆楼，其中只有寝殿为明代建筑，大殿为清代建筑。原山门、戏台因筑公路被拆毁，现在的山门、戏台及东西阙都是 1990 年所重建。山门后为大殿，殿前有宽广的庭院（图 2-5-3）。大殿五间重檐，下檐副阶斗拱外出两跳，但拱、枋由下而上重叠四层（图 2-

---

①　［清］怀荫布、黄任、郭赓武纂修：乾隆《泉州府志》，同治九年补刻本，上海书店出版社，2000，382 页。

5-4）；里转四跳，承托"承椽枋"。副阶搏脊超出上檐阑额很多，并挡住上檐斗拱，使上下檐靠得很近，这是闽南的习惯做法。副阶正面之前缀以轩棚五间，以扩大祭拜空间，轩棚构架是通梁上置叠斗承双脊圆，前出吊筒。轩棚挡住副阶斗拱，使副阶斗拱只有里跳，外跳悉被砍去，这部分显系后来增建，使大殿的正面呈现三重檐的外观。

殿身进深十架椽，明间两缝梁架仅施一根内柱，内柱在脊檩之后的一架椽位置上，使殿内瞻拜空间十分宽敞。在结构上，内柱与前檐柱间施大通，大通长六架椽，大通之上施瓜筒承二通，二通长四架椽，二通之上再施瓜筒承三通，三通中间施脊瓜筒承脊檩。内柱与后檐柱之间也施长达四架椽的大通，上置瓜筒承二通。由于屋面举高很多，各通梁之间的垂直距离较大，与闽南一般的做法稍异。在纵向上，内柱之间施"看架"。看架的构成是，大眉上施斗抱与坐斗，两侧施弯枋，坐斗之上施一斗六升承直枋，依此再重叠二层一斗六升，形成空透的看架，反映出南方地区室内的特殊做法（图2-5-5）。

大殿之后为寝殿。寝殿前庭院内有水池一方，两侧各设一座小亭，塑造出寝殿所应有的生活气息。寝殿七间，包规起，结构是闽南典型的三通五瓜梁架。寝殿前檐有两根古印度教寺庙的青石石柱，断面呈十六边形，上中下三段各凸出正方形块面，其内浮雕花卉、卷草图案。其构成、风格与泉州开元寺大殿后檐下的古印度教石柱相同，可能来自同一寺庙。寝殿后有梳妆楼，楼早圮，现在的梳妆楼是20世纪90年代重建的。

二、泉州法石真武庙

法石真武庙在泉州市丰泽区东海街道法石村的石头山南麓。真武庙宋时已有，作为官方望祭海神的地方，《闽书》说："（石头山）上有真武殿，宋时望祭海神之所。下为石头市，民居鳞次。"①

真武庙依山而建，由山门、拜亭、门殿组成（图 2-5-6）。

山门在石头山脚下，作牌楼式，两侧有八字墙，墙内侧用红砖雕刻老君、瑶池王母、八仙人物等。山门三间，包规起，中间一间屋顶升起，用歇山顶，屋顶出檐很大（图 2-5-7）。门左侧有万历四十四年（1616 年）所凿古井一口，名曰"三蟹龙泉"。入山门后登 22 级石阶，尽端有巨石，石上立碑一方，树"吞海"二字，是明嘉靖十二年（1533 年）晋江知县韩岳所立，在此可望见晋江流入泉州湾入海口。绕巨石左行，路中有拜亭。拜亭单间方形，屋顶重檐，下檐方形，上檐改为八角形。上檐屋架由亭子中的 4 根内柱支撑，中有八角形的藻井。拜亭平面简洁，造型富于变化（图 2-5-8）。拜亭位于山门、台阶轴线尽端，是联系山门与大殿的转折点，其位置设计与外观形式独具匠心。

真武庙的主体部分是双落的合院，左右有护厝，这种平面是闽南小型祠庙典型布局形式（图 2-5-9）。庙外观与民居无异。大门三间，塌寿两边的对看堵用剪粘制成龙虎壁。门厅、大殿石柱立于道光二十二年（1842 年），但木构架经过 1985 年重修。真武庙内奉祀真武大帝。

庙后有山，称"石头山"，是真武庙的后靠山。清同治四年（1865 年）地方官曾立碑保护，禁止取土、樵采。碑曰："庙后余地，土色紫赤，乃龙脉发祥之处，为一乡风水所关。"

---

① 何乔远：《闽书》卷七《方域志·泉州府·晋江县》一，福州，福建人民出版社，1994，167 页。

图 2-1-1　两落大厝

图 2-1-2　塌寿（晋江市龙湖镇衙口村靖海侯府）

图 2-1-3　榉头口（晋江市龙湖镇衙口村靖海侯府）

图 2-1-4　顶落大厅（晋江市灵源吴从宪宅）

图 2-1-5　护厝（晋江市龙湖镇衙口村靖海侯府）

图 2-1-6　护厝天井（厦门市海沧区新坡村邱振祥宅）

图 2-1-7　角脚楼（晋江市磁灶镇车厝村王起教故宅）

图 2-1-8　三间张榉头止（晋江市梧林）

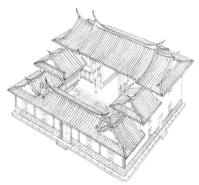

图 2-1-9　五间起虎头厝鸟瞰图

图 2-1-10　四房四伸脚（厦门市集美区马銮村）

图 2-1-11 天井（泉州市聚宝   图 2-1-12 楼井（漳州市台湾路天益寿药店）
街 138 号）

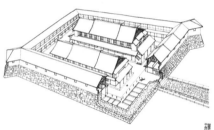

图 2-1-13 大田县均溪镇许思坑村   图 2-1-14 德化县三班镇硕杰村大兴堡
土堡   剖视图

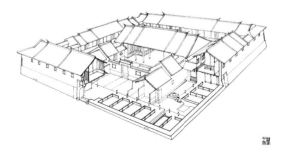

图 2-1-15 永春县五里街仰贤村山尾土堡剖视图

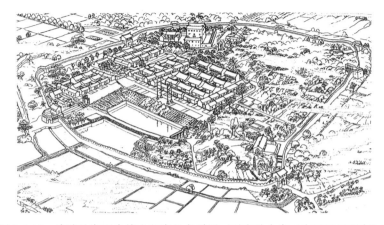

图 2-1-16 漳浦县湖西畲族乡赵家堡鸟瞰图（引自孙大章《中国民居研究》）

图 2-1-17 漳浦县湖西畲族乡赵家堡
"东方矩障"门

图 2-1-18 漳浦县湖西畲族乡赵家
堡完璧楼

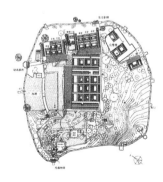

图 2-1-19 漳浦县湖西畲族
乡赵家堡平面图

图 2-1-20 漳浦县诒安堡内的住宅

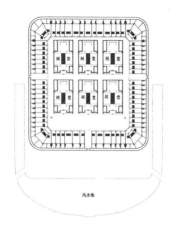

图 2-1-21　平和县霞寨镇西
　　　　　爽楼平面图

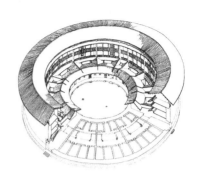

图 2-1-22　华安县仙都镇大地村
　　　　　二宜楼剖视图

图 2-1-23　二宜楼通廊

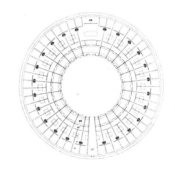

图 2-1-24　漳州市平和县九峰镇黄田村
　　　　　龙见楼平面图

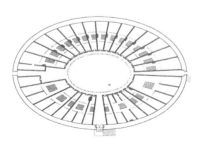

图 2-1-25　华安县沙建镇岱山村
　　　　　齐云楼平面图

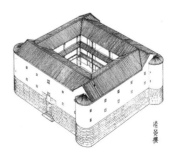

图 2-1-26　漳浦旧镇清晏楼

图 2-1-27 诏安县秀篆镇土楼（右下图为大坪村半月楼）

图 2-2-1 泉州市涂门街吴厝埕吴氏大宗祠（引自东南大学建筑系、泉州市规划局，泉州民居测绘实习记录）

图 2-2-2 心间架内三通五瓜梁架（泉州市涂门街吴厝埕吴氏大宗祠大厅）

图 2-2-3　心间架内三通五瓜梁架（泉
　　　　　州市涂门街吴厝埕吴氏大宗
　　　　　祠寝殿）

图 2-3-1　泉州开元寺天王殿

图 2-3-2　泉州开元寺天王殿梁架

图 2-3-3　泉州开元寺大殿月台须弥座

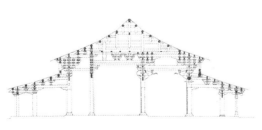

图 2-3-4　泉州开元寺大殿剖面图

图 2-3-5　泉州开元寺戒坛

图 2-3-6 泉州开元寺小戒坛

图 2-3-7 厦门南普陀寺

图 2-3-8 厦门南普陀寺天王殿剖面图
（引自厦门大学建筑系、厦门
市城市规划管理局《厦门市寺
庙、民居建筑测绘图集》）

图 2-3-9 厦门南普陀寺大雄宝殿

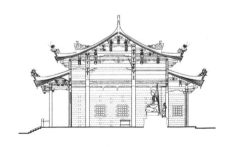

图 2-3-10 厦门南普陀寺大雄宝殿剖面图
（引自厦门大学建筑系、厦门市
城市规划管理局《厦门市寺庙、
民居建筑测绘图集》）

图 2-3-11 厦门南普陀寺天王殿
下檐东南角翼角暗厝

图 2-3-12　厦门南普陀寺大悲殿

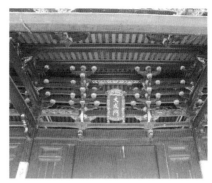

图 2-4-1　泉州文庙大成门

图 2-4-2　泉州文庙大成殿

图 2-4-3　泉州文庙大成殿横架

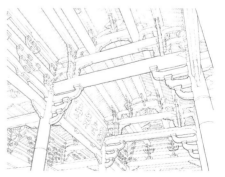

图 2-4-4　泉州文庙大成殿纵架

图 2-4-5　泉州文庙大成殿斗拱

图 2-4-6　泉州文庙尊经阁结网

图 2-4-7　漳州文庙戟门

图 2-4-8　漳州文庙大成殿

图 2-4-9　漳州文庙大成殿上檐斗拱

图 2-4-10　漳州文庙大成殿内檐斗拱

图 2-5-1　龙海白礁慈济宫大殿前的须弥座

图 2-5-2　安溪清水岩

图 2-5-3　泉州天后宫大殿

图 2-5-4　泉州天后宫大殿下檐东北角

图 2-5-5　泉州天后宫大殿梁架

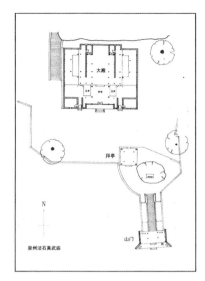

图 2-5-6 法石真武庙平面图

图 2-5-7 法石真武庙山门

图 2-5-8 法石真武庙拜亭

图 2-5-9 法石真武庙

第三章

闽南建筑技术

第一节　闽南建筑木构技术

中国古建筑的结构体系，可以分解为承重结构、屋面结构、围护结构以及地基与基础几个部分。其中以木结构为主的承重结构最为重要。大体而言，中国古代主要有两种木结构体系，即北方流行的抬梁式构架与南方流行的穿斗式构架。北方抬梁式构架的特点是以柱抬梁、梁上立短柱，短柱上再抬梁、梁头承托檩槫。穿斗式构架的特点是以柱直接承檩、柱间设穿枋联系。中国地域辽阔，历史悠久，各地匠师师承不同，技术的传播与交融比较复杂，木结构形制变化各异。中国南方浙、闽、粤等地民间一些重要的建筑或一座建筑中主要的构架，常使用一种介于抬梁式与穿斗式构架之间的混合构架，因为它的梁，尤其是最下面一根的大梁插入柱中，有人称之为"插梁式构架"。[①]

插梁式构架的特点是承重梁的两端插入柱身（两端或一端插入），与抬梁式构架的承重梁压在柱头上不同，与穿斗式构架的

---

① 孙大章：《中国民居研究》，北京，中国建筑工业出版社，2004，307页。

以柱直接承檩、柱间无承重梁、仅有拉接用的穿枋的形式也不同。具体地讲，即组成屋面的每根檩条下皆有一柱（前后檐柱、金柱、瓜柱或中柱），每一瓜柱骑在下面的梁上，而梁端则插入临近两端瓜柱柱身，依此类推，最下端（外端）的两瓜柱骑在最下面的大梁上，大梁两端插入前后金柱柱身。这种结构一般都有前廊步或后廊步，前廊步做成轩顶，轩梁前端插入檐柱，后端插入金柱，前檐并用多重丁头拱的方式加大出檐。在纵向上，也以插入柱身的联系梁（寿梁或楣、枋）相连。这种构架与抬梁式一样，在文献、工艺及匠师中并没有专门的称谓。

插梁式构架多用于南方大型住宅的厅堂及祠堂中，空间开敞。为了增加艺术效果，显示财力与地位，这类构架的雕饰较为繁复，梁端、随梁枋、瓜柱等皆是装饰的重点。重要建筑的梁柱、柱檩交接处保留了斗拱的节点构造，形式变化较多，这一点是抬梁式及穿斗式无法相比的。

一、闽南的五架坐梁式栋架

插梁坐梁式构架在闽南称"五架坐梁式栋架"。

闽南称木构架为"栋架"、"栋路"、"大栋架"、"大屋架"。心间的横向构架称为"中路栋"、"正路栋"，次间的为"四路栋"，有东四路、西四路之分；若为五开间的房屋，尽间的梁架称"六路栋"。两山梁架为"壁路栋"。四导水（歇山顶、庑殿顶）两山的梁架称"边路栋"、"边掩"、"掩路栋"、"掩栋路"。重檐的前后下檐梁架为"前廊半架"、"后轩半架"等。在一些民居建筑中，栋架仅用在厝身明间的中路栋（中档壁）及寮口（面向天井的檐廊、轩棚构架），其余部分采用搁檩造（砖墙、石墙或土墙承重）。

栋架之中，前后青柱（即金柱）之间大通范围内称为"架内"；架内以外的左右区域称为"大方"，有前大方、后大方之称；若为六柱式栋架，则将步柱（即檐柱）与前青柱（外金柱）的区域称为"外大方"；前青柱与青柱（内金柱）之间的区域称为"内大方"。栋架前后出跳的部位称为"寮"、"外寮"、"寮口"。

架内的构架小者用二通三瓜三架坐梁，大者使用三通五瓜五架坐梁，没有再大的。若空间不敷使用，只在前后增设"大方"，以扩大进深。若山面有木构架，一般都设中柱（称脊柱），以增加稳定性。

明间的中栋路的"架内"使用插梁坐梁式构架，在闽南工匠称之为"五架坐梁"、"三架坐梁"。闽南庙宇、祠堂明次间前后金柱（青柱）之间经常使用这种梁架，一些住宅中也偶尔使用。其结构是以大通、二通、三通承五架梁的"三通五瓜"梁架（图3-1-1）。大通长六步架，相当于清式构架中的七架梁；二通长四步架，相当于五架梁；三通长三步架，相当于三架梁。比之稍小的是"二通三瓜"的三架坐梁，是用于门厅等次要厅堂的构架（图3-1-2）。

从结构与构造上看，"五架坐梁"以步柱（檐柱）、青柱（金柱）直接承托檩条，或者将柱子上段改成数个或十数个层叠的斗，斗上承托檩条，通梁两头不直接承檩；通梁、束木等构件穿入或穿过柱身，无疑都是穿斗式构架最本质的特点。但在明间，因为室内空间的需要，为获得较大的梁架跨度，前后青柱之间设跨度达六步架的大通梁，大通虽然插入柱身，大通以上的梁架，以"三通五瓜"或"二通三瓜"的构成法则，瓜筒坐于大通上，以瓜头斗承托二通、三通，则受抬梁式构架构成思想的影响（图3-1-3）。

五架坐梁式构架，起源于宋代以来南方地区的厅堂式构架，并融入了南方的穿斗技术。江南宋元殿堂的基本构架形式是"八架椽屋前后乳栿用四柱"，江南的江浙及福建地区现存的方三间大殿的构架基本上都是这种形式（只有上海真如寺大殿是特例）。

因此可以认为《营造法式》所总结的"八架椽屋前后乳栿用四柱"的构架形式,应是来自江南典型的地域做法,与北方同时的层叠式殿阁造构架有很大的区别。[①] 在福州市华林寺大殿、莆田市玄妙观三清殿明间左右两缝梁架都属于《营造法式》厅堂图中的"八架椽屋前后乳栿用四柱"形式,前后内柱之间以四椽栿上承平梁。[②] 从结构逻辑上看,前后内柱间的四椽栿上承平梁,可以说就是"二通三瓜"的原始形态(图3-1-4)。明末计成《园冶》卷一"屋宇"所列的梁架形式有"五架过梁式"、"七架列式"、"七架酱架式"、"九架梁式"、"小五架梁式"等六种,只有"五架过梁式"基本属于抬梁式构架,其余五种皆为穿斗式构架。[③]"五架过梁式"构架的大梁跨度也是所有构架中最大的,而且用贡式梁,是明末江浙地区民间厅堂的流行构架形式。"五架过梁式"以大驼梁插入内柱(现柱)中,大驼梁上承童柱,小驼梁再插入童柱中,小驼梁正中又立童柱承脊檩。它的构架逻辑与闽南的"二通三瓜"相似。

"五架坐梁"的另一个特点是以叠斗抬梁,岭南地区称这种构架为"叠斗铰打",即构架以层层叠置的斗代替瓜筒(蜀柱),斗上直接承托檩槫。在纵向上,叠斗间用二三跳丁头拱承鸡舌,稳定檩槫;在横向上,以相当于宋式的"劄牵"——一种称为"束木"的构件,来联系前后、扶持步架。

以叠斗代替瓜筒的构架,今人称为叠斗式木构架,是闽、粤、台寺庙、祠堂、大宅最典型的木构架。叠斗式构架的产生,

---

① 张十庆:《中国江南禅宗寺院建筑》,武汉,湖北教育出版社,2002,119页。

② 杨秉纶、王贵祥、钟晓青:《福州华林寺大殿》,《建筑史论文集》(第九辑),北京,清华大学出版社,1988;陈文忠:《莆田元妙观三清殿建筑初探》,《文物》,1996年第7期,83页。

③ [明]计成:《园冶》,北京,中国建筑工业出版社,1988。

一是结构上的要求，即在原来金柱、瓜柱上段部位以层叠的斗代替，或者全用叠斗代替瓜筒，斗与斗之间再穿插层层枋木（横向的束木、束随，纵向的丁头拱、横枋等），可以防止柱头上榫卯过于集中而开裂；同时，也利于现场施工，叠斗由下而上层叠，可以现场组装。二是美观上的要求，叠斗式构架只用于明间两缝，次间、梢间的相同位置则改用童柱，代替叠斗（图 3-1-5）；或者只用于明间前檐轩下，装饰成分较多。

叠斗之中，最下面的斗称一云斗，依次而上，称二云斗、三云斗、四云斗等。叠斗通常叠三斗或四斗，二通以上叠斗数目渐少。一组叠斗之中，通常最下面的坐斗（一云斗）较大，以上（二云斗、三云斗等）则逐层减小，各斗的边长或直径相差一寸左右。云是层、叠之意，若瓜筒上只施一只瓜头斗，特称"孤云斗"。

在纵向上，叠斗之间穿插层层丁头拱承托鸡舌及圆仔。若叠斗较多，这些丁头拱便不能逐层出跳，其最下面的改为不出跳的"瓜串"与"灿拱"。潮州开元寺天王殿使用瓜串达十层之多（图3-1-6）。

五架坐梁式栋架，广泛流行于闽南地区的寺观、祠堂、大厝之中，在邻近的莆仙与潮汕地区也广泛使用。广东潮汕地区称这种构架为"五脏"、"五脏内"、"五脏腑"、"三（木载）五瓜"，三（木载）即大通、二通、三通，也称"大梁"、"二梁"、"三梁"，五脏内最典型的构成法则是"五脏内三梁五木瓜一二三十二块坯"和"五脏内三梁五木瓜二三四十八块坯"。[1] "块坯"即通梁前后联系檩条的束木和束随，其上经常布满雕刻，称"花坯"。

---

① 吴国智：《民居侧样之排列构成——侧样系列之一·六柱式》，李先逵主编《中国传统民居与文化——中国民居第五次学术会议论文集》，北京，中国建筑工业出版社，1997；林凯龙：《潮汕老屋》，汕头，汕头大学出版社，2004，214 页。

二、五架坐梁式的构件

（一）柱

对于不同位置上的柱子，闽南工匠有以下几种称呼。

1. 位于前后檐的檐柱，称为"步柱"、"部柱"、"步口柱"，即通称的檐柱。

2. 步柱以内的金柱称"青柱"，有"小青柱"、"青柱"之分。

3. 庙宇、祠堂明间的四根内柱，称为"四点金柱"。在四点金柱前后的柱子都称为"付点"或"副点"柱，意为次要的柱子。

4. 被门窗夹住的柱子称为"封柱"，封柱较简单，不施花鸟或人物等雕刻。

5. 与山墙结合的柱子为"平柱"，又称"附壁柱"。

6. 支承脊檩的中柱称"脊柱"，民居之中较多使用。祠堂、庙宇之中，除明间外，其他几缝尤其是山面的梁架多用脊柱，以保持构架的整体稳定。

柱子的断面多为圆形、正方形。圆形的等级高于方形，方形柱多用于走廊、榉头间、护厝之中。泉州承天寺应庚塔中的瓜楞柱（宋代）、泉州灵山圣墓中的梭柱（元代），都是早期的柱式在闽南的遗存。瓜楞柱，也称"束竹柱"，闽南俗称"梅花柱"；梭柱，闽南俗称"凸肚柱"，而且两端均作卷杀。这两种柱式在闽南的明清建筑上还经常使用。

一般情况下，柱子都不直接承檩，柱头上有一只斗，即使穿斗成分较多的民居也这样。简单的做法是将柱头雕成大斗的形状。

闽南气候炎热、潮湿，柱脚处的地栿多离地面3～5厘米，以防潮、通风；石地栿的使用也较为普遍，多以石柱代替木柱。因为石材开榫不易，早期只是将柱子分作两段，下石而上木。大体而言，时代愈晚，下段的石柱所占比例愈高。石柱一般只做到栌斗或通梁之下（图3-1-7）。石柱上的木柱，称为"柱节"。

（二）通梁、圆光

闽南称梁为"通"、"通梁"。通梁之中，最长最大、位置最低的一根，称为"大通"，大约即唐宋时期的"通栿"。[①] 大通一般长达6个或4个步架。大通插在前后金柱间，这个位置称为"架内"，其上立瓜筒（或叠斗、狮座等）承托二通，二通较大通短两个步架，断面尺寸亦略小些。二通之上再立瓜筒（或叠斗）承托三通。三通中央置瓜筒（或叠斗）承托脊檩。这是前后金柱之间的架内的通梁，架内前后的"大方"位置的通梁称"步通"。步通位于檐柱（步柱）与金柱（青柱）之间，内端插入青柱，外端穿过步柱或叠斗承托寮圆，长度通常只有两三个步架（图3-1-8）。

通梁之中，大通用料最大，与中脊檩（脊檩）直径相当；二通小于大通约一寸；三通又略小于二通；步通与二通相当。通梁上瓜筒的直径又略大于通梁，以便使瓜脚骑于通梁上。

通梁的断面一般呈卵蛋形，但上下面刨平；有的通梁断面作高狭的六角形，漳州地区多用之，此时梁的侧面中间有一条水平棱线，可以减少梁架的笨拙之感。断面高狭的六角形梁栿，江南地区的厅堂建筑中也经常使用。[②] 通梁侧面两端入柱处有卷杀，以便过渡成矩形榫头插入柱身或叠斗之中，并且顺势在侧面刻出呈侧卧状的"人"字或"八"字形的曲线，闽南工匠称这种曲线为"鱼尾叉"，鱼尾叉线内的三角形块面又向内凹入。鱼尾叉的做法，最早见于泉州开元寺南宋双石塔中。明代建筑之中，鱼尾叉的卷杀较小。清代以后，卷杀力度加大，鱼尾叉曲线以内凹

---

① ［宋］王溥：《唐会要》卷三一《舆服上·杂录》载文宗太和六年（832年）六月敕书："准《营缮令》：……非常参官，不得造轴心舍，及施悬鱼、对凤、瓦兽、通栿、乳梁装饰。"

② 潘谷西：《江南理景艺术》，南京，东南大学出版社，2001，436页。

入。长度较小的步通，前后鱼尾叉连在一起，便在步通侧面形成一道凹槽，虽然打破梁身的单调感，却也破坏了构件的完整性。

梁的做法也有如江南明清建筑的"扁作"与"圆作"之分。大型宅第、宗祠寺庙的主要梁架之中，梁的断面为圆形、卵蛋形或侧面作琴面的圆作梁，梁尾做成鱼尾叉卷杀；与之相应，瓜筒及束木等穿枋构件也用圆作。次间或一般民宅的梁架则用断面呈矩形的扁作梁，瓜筒也做成方筒，束木断面矩形且弯曲度较小，雕饰也较少，这种构架称为"扁柴栋"（图 3-1-9）。

祠庙的大殿、大门皆在檐柱与金柱间设有廊，称"步廊"、"步口"。步廊上架于檐柱与金柱之间的梁称"步通"。步通以上，经常做成"轩棚"、"轩亭"的形式，以增加空间层次及装饰效果。当榉头不做成房间而当作走廊使用时，其梁架也多做成"轩棚"。轩棚有两根脊圆，脊圆上施"弯桷"。弯桷即北方清式所称的"罗锅椽"。典型的轩棚做法有"双脊坐狮子"、"双脊坐莲花"、"双脊坐斗"等几种，即步通上置两枚狮子、莲花或坐斗，再承脊圆。

通梁之下施随梁枋，常雕刻为雕花板，称"梁引"、"梁巾"、"圆光"、"圆光枋"，也称"通随"、"通巾"。从结构上看，通随是"枋"的一种，是"随梁枋"的变化形式。

（三）寿梁

寿梁，指明间步口柱（檐柱）或青柱（金柱）之间的与檩条平行的"阑额"、"内额"，也写作"受梁"（图 3-1-10）。

寿梁是前檐的额枋，位置显著。在江南地区的苏、皖、浙诸省，民间大宅和祠堂的前檐檐柱上的阑额多做成称为"骑门梁"的月梁形式，梁体为虹形月梁，梁身饱满，两端刻出称为"虾须"的曲线，装饰华丽。月梁形的"骑门梁"，流行于宋代的南方地区，四川安岳华严洞第一窟（北宋）、四川泸县宋墓、福州龙瑞寺大殿台基石刻殿堂（宋），都可以见到这种月梁形阑额。

在岭南建筑中，前檐的这根阑额多做成如江南苏州地区贡式厅所用的挖底削肩的弓形阑额，称作"看梁"，犹如一些广式家具中的横梁（罗锅枨），弓形阑额不唯明间使用，左右次间亦用之，是岭南传统建筑的特色。弓形阑额最早见于宋画《滕王阁图》中的盝顶式门廊之中，日本唐样建筑中也经常见到。弓形阑额流行于广东及与广东相近的闽南的诏安、云霄、漳浦等地区。厦门鼓浪屿晃岩莲花庵，明代万历十四年（1586 年）所凿洞窟的大门门楣，就雕刻成这种弓形阑额，是闽南地区较早的例子。

寿梁与柱头相交处设置三角形的木雕构件，称"托木"、"套目"或"插角"、"塞桷"，相当于北方的雀替。清官式的雀替在江南也称为"角替"，即梁柱交角处的替木的意思。闽南的托木不但施于寿梁之下，也可施于步通、大通之下。

（四）瓜筒

立于通梁上的童柱，闽南称为"瓜筒"、"木瓜筒"。瓜筒立在通梁上承托二通、三通及楹仔。位于脊圆下的称"脊瓜筒"，其余的称为"副瓜筒"。瓜筒断面呈圆形、椭圆形（椭圆长轴与通梁垂直）或瓜瓣形。早期的瓜筒，多用瓜瓣柱。晋江市青阳镇明代庄用宾宅、漳州市台湾路西段明末所建的"两台秉宪、六代承恩"石牌坊、漳州市角美镇龙土村嘉庆九年（1804 年）建的万寿宫中，瓜筒均使用了断面如南瓜般的瓜棱柱。

瓜筒下端可以做成鹰爪状，或分叉如叶状，或如鸭蹼状，咬住其下的大梁，即通梁穿过瓜筒，通梁与瓜筒间不做榫卯，这种瓜筒称"尖峰筒"、"趄瓜筒"、"趖瓜筒"、"挫瓜筒"。[①] 一般瓜筒的瓜脚只伸到通梁侧面一半处，瓜筒底做榫卯与通梁固定，称"坐瓜筒"。

---

① 趖，见《说文》，谓走，引申为太阳跌落；"趖"字，闽南工匠读"受"音。"趖瓜筒"的"趖"，是爬坐之意。

趄瓜筒是大木构架中最为费工、费料的构件；施工或拆卸时，瓜筒也比一般的童柱费工。瓜筒的长轴直径比通梁的直径还大，否则瓜脚就无法包住通梁。趄瓜筒下面掏空，两侧伸出三爪或五爪蹼掌，包住通梁，因此上架时必须先将趄瓜筒套进通梁，然后才可将通梁架于青柱上（图 3-1-11）。

趄瓜筒筒身常分成四至六瓣，并在每瓣上用"化色"的手法绘出明暗，外观犹如上了彩的南瓜，凹凸感、立体感很强。

瓜筒并不直接承托圆（楹仔、檩条），其上至少有一只斗承托鸡舌。瓜筒上用一斗时多在瓜筒头直接雕出。在明间的栋架中，瓜筒上一般有两三个叠斗。第一层向左右伸出灿拱，灿拱位于瓜筒栌斗之下，实际上属于丁头拱。第二层伸出生拱，第三层伸出拱仔（关刀拱），再上为鸡舌，承托檩条。

漳州地区的木瓜筒较为粗矮，当地称"瓜墩"。

瓜筒的部位也常以狮子代替，称"狮座"，或者雕刻成大象、花篮等形式，且多用在步口，并在表面贴金。

民居中的瓜筒断面多用方形，称"方筒"。有些将面向明间的一面刨平，另一面仍为圆形，以节约用工。方筒下端也可做出尖叶状骑于通梁上，称"尖方筒"。

（五）束仔、束随

位于梁架之上、相邻的两根檩条之间起联系作用的弯月形的弯枋构件，闽南称"束木"、"束仔"、"弯弓"、"弯插"、"虾尾插"。

束木由宋式的"劄牵"演化而来。浙江武义延福寺大殿中的联系前后槫的曲形月梁式劄牵，是江南地区已知最早的实例。福建莆田玄妙观三清殿平梁之上也使用这种弯弓状劄牵。日本及韩国古建筑中也有类似的束木构件。日本唐样建筑中普遍使用的曲形劄牵，日本称为"海老虹梁"，海老在日文是"虾"的意思。日本古建筑中的这种束木，长度达一步架，可能源于古代的"斜栿"。浙江宁波天一阁、保国寺大殿副阶及一些浙江民居中，也有这种跨度达一架椽的弯状梁栿。

　　在梁架中不同位置的束木有其相应的名称。脊圆以下两侧左右的第一道束仔,称为"一字束"或"八字束";其下依次类推,称为"二束"、"三束"等。也有的匠师将脊圆下的花饰称为"头巾"、"脊束"、"眷束"或"水束";脊圆以下的束称为"付束",有"上付束"、"下付束"、"大方付束"等称呼;前后挑檐区域下的束称为"橑束"。

　　束仔下通常施一雕花板,称"束随"、"束巾"。明清建筑的束木,穿插于叠斗、蜀柱(闽南将蜀柱做成筒状,称"瓜筒")之间,以联系前后步架并扶持、稳定叠斗拱枋(图3-1-12)。

　　泉州、惠安、南安地区的束木比较扁平,束头与束尾高差较小,侧面不施卷杀,称"扁束"。漳州、同安、厦门地区的束木,弯度较大,呈弓形,侧面下半部且凹入,有的后端做出螺旋曲线,当地这种束木称为"肥束"、"肥弯"、"肥屐";肥屐下的雕花板则称为"肥屐随",因图案多雕刻螭虎,又称"螭虎带"。肥束与瓜筒一样,因呈弓曲状且断面变化,制作时费工费料。但在一座重要的建筑中,除边墙路(山墙)、板壁路(梁架之下有木板壁分隔房间)外,显露的梁架尤其是明间的都会制成肥束的形式。

　　由于制作弯形束木费料费工,一种变通的办法是将一根直木料挖其下而补其上,即把下端挖去一块弧形,背上再补上一块弧形木料,形成弯形束木。牌楼面中的弯枋,有时也使用这种拼帮的做法。漳州地区的古建筑,还有使用多重束木的传统,即在垂直方向上重叠数重束木。

　　束木是一根联系构件,在中国南方苏、浙、闽、粤诸省民间建筑的祠堂、大宅中也广泛应用。江浙一带称这种束木为"水梁"、"猫梁"、"猫拱背"、"泥鳅梁"、"大头梁",其外形如一卷波浪纹,紧张而饱满,又极具动感。闽东一带称为"付",有

"猫付"（相当于闽南的橑束）、"川栋付"等称呼。

（六）灯梁

灯梁，也称"灯杆"，一般安置在正厅明间脊檩（脊圆）与下金檩（下付圆）之间的通梁背上，两端或有雕花灯座承托，灯座即置于通梁背上；若为"搁檩造"，灯座则嵌于墙壁上。灯梁没有结构上的作用，仅作大厝、祠堂、庙宇悬挂灯笼之用。闽南话"灯"与"丁"同音，道光《厦门志》记厦门风俗："上元，……妇女艳服入庙献莲花灯（闽语呼灯，曰丁，祈嗣之意，向神丐），红柑或烛或钱。"① 因而悬挂灯笼于灯梁，有祈求人丁兴旺的一层含义（图3-1-13）。灯梁在房屋施工完成后架设，架设时还要举行仪式。

灯梁之上绘满以红色调为主的彩画，是屋架之中最为华丽的构件。即使房屋不施彩画，灯梁也必须绘满彩画。

（七）吊筒、竖材

闽南古建筑中祠堂、庙宇、住宅的外檐下，经常使用"吊筒"作为檐下的装饰。吊筒是位于寮圆（挑檐桁）下悬空的短柱，由步通或圆光、通随等伸出步柱以外悬挑。根据吊筒端头的莲花、花篮或绣球等装饰，也有"吊篮"、"垂花"、"倒吊莲"等称谓（图3-1-14）。有的寺庙在明间、次间、梢间设置形状各异的吊筒，以增加华丽的效果。住宅、祠堂塌寿之中，一般用四只吊筒，两边的吊筒一半嵌在对看堵中，一半露出在外。

漳州市香港路北段的两座明代石坊——"尚书、探花"坊与"三世宰贰、两京扬历"坊，檐下均有方形筒身、圆形莲花头组成的吊筒。木构吊筒以泉州文庙明构大成殿为最早，但用在下檐山面铺作后尾，悬在金檩之下。

---

① ［清］周凯：《厦门志》（道光十九年版）卷一五《风俗记·岁时》，厦门，鹭江出版社，1996，509页。

因吊筒通常伸出步柱以外悬挑，为了遮掩吊筒外缘的榫眼接缝，吊筒正面多斜置一块雕花木，称"竖材"、"竖柴"、"拉木"，多做成神仙人物或动物等透雕形式。

（八）鸡舌

鸡舌是圆仔两端与瓜筒、柱子相交处的一个构件，也称为"古鸡"、"鸡舌拱"。它承托圆仔，其下一般有一二跳丁头拱承托。鸡舌由宋代的替木演化而来，端头常雕作尖舌状，并有反钩，底面中间雕出一条凸棱（图3-1-15）。脊圆下的鸡舌称"脊鸡"，寮圆下的鸡舌称"寮鸡"。这种构件，也流行于江南明清建筑中，江南一带称为"机"，有"脊机"、"金机"、"花机"等名称；① 鸡舌状替木，最早见于莆田玄妙观宋代三清殿的内檐斗拱上，莆田匠师称之为"古鸡"。②

在祠堂、寺庙的栋架上，多采用多层丁头拱（拱仔）承鸡舌，再由鸡舌承托脊圆（脊桁）、青圆（金桁）。最下面的拱子经常做成螭虎、卷草、力士、飞天等形状。民居中的鸡舌，其下一般只用一只拱仔。

（九）帅杆

闽南明清建筑起翘平缓，大多只使用一层角梁，没有子角梁，檐椽之上也很少用飞椽。这根角梁称"帅杆梁"、"笑杆"、"岁杆"、"秀杆"、"龙须通"。帅杆末端弯起、截面变细，其形似牛角。帅杆上面斜杀，以便铺椽（图3-1-16）。

（十）弯枋、连拱

闽南古建筑中，联系左右两缝梁架的纵架称为"看架"、"排架"。看架是在门楣、寿梁、枋之上施斗拱及弯枋、素枋等，形成纵向的稳定系统，是由宋代以来的扶壁拱、襻间、串等发展而

---

① 姚承祖：《营造法原》，北京，中国建筑工业出版社，1986，22页。
② 林钊：《莆田元妙观三清殿调查记》，《文物参考资料》，1957年第11期，53页。

来的构架形式。看架用在前檐门柱缝、内柱金里缝等处，使纵向构架十分空透。泉州开元寺山门与大殿、天后宫大殿、文庙大成殿，漳州文庙大成殿等，殿内的弯枋连拱看架多重层叠，层次丰富，规模宏大。泉州开元寺天王殿看架的构成是，在左右金柱（闽南称"青柱"）间施"内额"（闽南称"眉"），其上施坐斗、斗抱两枚，上承弯枋，再上为一斗六升（坐斗上承两个三星拱）承素枋，再重叠一层一斗六升与素枋，直抵金檩（青圆）之下（图3-1-17）。

　　在民居、宗祠与庙宇中，看架用斗拱及弯枋、素枋等层叠组合。一般的做法是在门楣、寿梁或枋之上，置二、四或六个坐斗，斗之上施左右相连的弯枋，其上再承托一斗三升（三星拱）、素枋等，再上为圆引，直至圆仔下。

　　弯枋也称"楣板"，左右相连，有"三弯枋"、"五弯枋"、"七弯枋"之称。弯枋在闽南明代的石坊中已经见到，没有再早的例子。

　　看架中的一斗三升多连续成组，多做成"连拱"的形式，相连的横拱共享一斗。连拱最早出现在四川汉代石阙上。

（十一）圆、桷

　　闽南称檩条为圆、圆仔、楹木、楹丁、桁木。

　　"脊檩"又称"中脊"、"脊圆"、"中脊梁"、"太极桁"等，是屋架中位置最高的檩木，直径也最大。其上多绘有太极八卦图，安放时举行上梁典礼。

　　脊檩以下，上金檩称为"前（后）一架楹"，中金檩称为"二架楹"，下金檩称为"三架楹"。也可以按其下的柱子或所处位置称呼，脊部的称"脊圆"，前后檐口的称"寮圆"，步柱上的称"步柱圆"，青柱上的称"青柱圆"，大方上方的称"大方圆"。

　　除硬山搁檩外，以通梁、瓜筒或叠斗组成的木结构即所谓"架筒起"的构架中，檩两端均有称为"鸡舌"的替木承托。檩条多为光溜溜的一根，没有明清北方建筑中的檩板及随檩枋。但在金柱下设置门扇、板壁或弯枋连拱看架时，也在檩下增设枋木，称"楹引"、"圆引"。

闽南一些地方尚有"副楹"、"副檩"的做法，即在檩条（主要是脊檩）下加设一檩，作为辅助承重与联系构件。副檩的做法，漳州地区多见之，尤其是在东山地区。

承托檐口的挑檐桁称"寮圆"。次要建筑的寮圆兼做封檐板，称"捧箭桁"、"捧箭楹"、"捧前檐"等。

相邻两根檩条之间的水平距离为一步架。闽南古建筑中，屋顶的前、后坡的长度经常不相等，前坡短而后坡长，前坡的步架也比后坡小。而且靠近脊圆处的步架长度要略小些，称"步步紧"、"步步进"。

闽南称椽为"桷"、"桷仔"、"桷枝"。"桷"是椽子的古称。闽南桷木的断面为高宽比 1 比 4 左右的扁方形，故又称"桷仔板"、"板条"，与宋、清官式中的方椽、圆椽不同。泉州开元寺南宋双石塔、清源山元代弥陀岩石殿的椽子均雕成这种扁方形。闽南明清建筑中的椽子也是这种形状。闽南传统建筑中用椽都是方椽，没有用圆椽的（图 3-1-18）。有的屋顶满铺桷仔，兼作望板。岭南建筑也多用扁方椽。

只用檐椽不用飞椽的单椽做法还见于福建泰宁甘露庵、浙江宁波保国寺大殿下檐、武义延福寺大殿、金华天宁寺大殿等宋元建筑中。南方宋元建筑椽头多用封檐板封住，明清建筑更是如此。

闽南传统建筑的步架较小，檩条多而密。传统的布椽方法，通常一根椽子可以连续跨两三个步架，小的建筑自寮圆（挑檐檩）至脊圆（脊檩）仅用一根通长椽。在丁本《营造法式》卷三十一殿堂侧样中就有长达两步架的椽子。在日本的一些相当于中国唐宋时的古建筑及朝鲜半岛高丽时代的古建筑（如韩国忠清南道礼山郡的修德寺大雄殿）也有长达两步架的椽子。浙江金华元代建筑天宁寺大殿的檐椽就长达两步架。中国北方的明代官式建筑中，也有长达几个步架的椽，但一般只用于檐步，实例不多。清官式建筑经过简化，长达几个步架的通椽不再使用。唯中国南方尤其是闽南的传统建筑中仍保持着通椽的古法。

三、闽南的斗拱

（一）斗

闽南明清建筑中的斗（称"斗仔"），依外形区分，有以下几种。

1. 方斗，平面方形，又称为"四方斗"。

2. 圆斗，平面圆形，立面不作斗欹，形如一只碗，又称为"碗仔斗"、"碗公斗"。

3. 八角斗，平面八角形，又称为"八阁斗"。

4. 六角斗，平面六角形，又称为"六阁斗"。

5. 海棠斗，平面方形掐角成曲线，凹入的部位称为"桃弯凤眼"，也称为"桃弯斗"或"桃圆斗"。方筒上的瓜头斗多用之。

6. 梅花斗，平面圆形并分成数瓣，如梅花形。瓜筒上的瓜头斗多用之。

7. 莲斗，平面圆形，做成仰莲形，表面一般都施彩画，用花色分出莲瓣的层次。莲斗的实例，以石狮市金钗山六胜塔为最早，用于每层角柱的栌斗。泉州开元寺大殿、泉州文庙大成殿中都使用莲形栌斗。

其中，方斗、圆斗、莲斗是宋元建筑中常用的斗形，其余的斗都是明清时的变化形式（图3-1-19）。

依位置区分，斗有以下诸式。

1. 柱头斗，用于柱头上的斗，直径与柱子相等。

2. 瓜头斗，用于瓜筒之上的方斗或圆斗，边长或直径与瓜筒相等。瓜头斗斗底四隅或正中有卯洞，以便套住瓜头上的凸榫。有的瓜头斗直接从瓜筒上雕出。

3. 拱尾斗，拱端的散斗或交互斗。

4. 鸡舌斗，用于鸡舌拱之下。

5. 连拱尾斗，用于连拱（鸳鸯交首拱）之上。

　　闽南古建筑中的斗，斗欹至斗底处向外突出一两道线脚，称为"倒棱"。倒棱是古代皿板的遗迹。斗底用皿板之制，在战国、两汉的建筑中经常可以见到，但北方唐代以后已基本消失，《营造法式》中也未见记载。这种与皿板连成一体的斗，日本古语称"皿斗"。[①] 皿斗在汉魏、南朝时传入日本，是飞鸟时期建筑的特有式样。中国北魏云冈石窟中的屋形龛、塔柱上的皿斗，皿板已蜕化成斗底突出的斜棱。福州华林寺大殿、泉州开元寺双石塔（图 3-1-20）、福清水南塔等几处福建宋代建筑中，皿斗斜棱尚较宽厚。日本镰仓时代，斗底带斜棱的皿斗又用于"天竺样"建筑中，这是由宋代福建传入的地方做法。明代以后，闽南建筑中的斗底斜棱逐渐消失，仅在斗欹下端做出外张的曲线，这是皿板仅存的最后一点痕迹。

　　在日本"大佛样"的遗构中，奈良东大寺南大门出跳的丁头拱除跳头用散斗外，拱身与下跳跳头相对的位置上都放斗，第几跳拱上就有几只斗。兵库县净土寺净土堂在转角铺作的外跳和各铺作里跳也受此影响，增加了斗数。这种拱上多加斗的做法在日本奈良、平安时期就有，而不见于唐宋以来的中原建筑中。日本建筑在镰仓时期和室町时期分别从中国浙江和福建引入了新的形式，又出现了这种拱身上用多斗的做法。拱上多加斗的做法在福建、广东、台湾的明清建筑及韩国古建筑中也偶尔见到，如福建

---

　　① 刘敦桢：《〈"玉虫厨子"之建筑价值〉并补注》，《刘敦桢文集》（一），北京，中国建筑工业出版社，1982，49 页。

泰宁城关尚书第、泉州杨阿苗宅过水亭、广州怀圣寺看月楼、台湾彰化鹿港龙山寺五门殿戏台藻井斗拱，就有增加一斗或两斗的做法（图3-1-21）。鹿港龙山寺五门殿在1938年重修过，可能混入了一些日本的做法。韩国庆尚北道荣丰郡浮石寺的西配殿横拱，也在拱身中间增加一斗。拱身上用多斗的做法，目的是使上下拱之间有所联系，也是中国古典的斗拱在边缘地带演变的结果，例如西藏喇嘛庙建筑中的斗拱就经常有这种做法。

闽南的斗，其形扁平而底极宽，加之拱宽极狭，外观组成如T形，在比例上与宋式及清式的斗拱权衡相去较远。晋江东石镇岱峰山南麓的南天寺中，南宋嘉定年间浮雕龙柱上，栌斗高宽比近于1比3，栌斗下的丁头拱的宽度只有栌斗宽度的1/3，栌斗外观扁平，与拱组成T字形。闽南明清建筑中的斗拱，都呈现这种比例形式。

坐斗两侧装饰卷草形饰物，称"斗抱"、"斗座"。斗抱可能由人字拱（叉手斗子）或驼峰演变而来。斗抱最早见于福州华林寺大殿上，其形如蝴蝶，抱住坐斗及横拱，但仅施于屋内。莆田玄妙观三清殿、泉州开元寺双石塔上也使用斗抱，已用于外檐补间斗拱上。泉州开元寺大殿及文庙大成殿等明代建筑上已广泛使用。

（二）拱

在斗拱发展史上，丁头拱是由柱身而不是由栌斗出跳的拱，这是一种较为原始的结构方法。在中国南方地区，丁头拱用于内檐梁架，江苏苏州玄妙观三清殿、福州华林寺大殿、浙江宁波保国寺大殿、莆田玄妙观三清殿、泉州开元寺仁寿塔与镇国塔等宋代建筑中都可以见到。丁头拱起源于南方穿斗构架的做法，地域特征十分显著。

福建出土的一些宋代明器建筑，也有丁头拱用于外檐铺作的做法，而且很多是栌斗下出一抄及二抄丁头拱，反映出栌斗下出丁头拱在福建的流行情况。丁头拱与华拱组合出跳的做法，在明清建筑上也可以见到，如泉州开元寺大殿后下檐斗拱所见（图3-1-22）。

闽南的丁头拱用于外檐柱头上，多为偷心的形式；若出跳较多，则隔几跳施横拱或横枋横向联系。角柱柱身上多向施丁头拱，一般上下相错，以免榫卯打通，削弱柱子的断面。由于多重丁头拱插入柱身，柱子榫卯开口过多，容易开裂，便出现了多层叠斗的做法，如清代重建的漳州南山寺山门的外檐用三重华拱承托，其上又为三重穿枋承托橑檐枋，柱头上的叠斗便多至八层，而阑额却在第三跳华拱以上的位置，三重华拱均为偷心（图3-1-23）。瓜筒上用多重丁头拱承鸡舌，此时瓜筒上也多使用叠斗。

闽南传统建筑中的拱形变化，有以下几种形式。

关刀拱，外缘卷杀成S曲线，拱眼内砍杀成尖嘴形缺口，形如半个葫芦，闽南又称作"葫芦拱"。葫芦拱的最早实例，见于泉州开元寺南宋初的石塔上。在明代的泉州开元寺大殿、甘露戒坛及小戒坛上，这种葫芦拱广泛使用。在台湾的闽南系建筑中，也很常见。

"螭虎拱"，也称"夔龙拱"、"草龙拱"，是拱头的变化形式之一。螭虎拱的拱头雕成曲线如螭虎状，一般不出跳。还有一种"草尾拱"，拱头雕成卷草状曲线，亦不出跳。螭虎拱流行于漳州地区。漳州文庙大成殿、振成巷林氏宗祠大殿的下昂昂头，也做成螭虎的形式。

清末民初的传统建筑中，工匠醉心于繁缛的装饰，发展出龙头、象鼻等拱头形式。

灿拱，在五架坐梁、三架坐梁的栋架中，瓜柱上叠斗与圆之间的纵向（平行于檩条的方向）用一二层丁头拱承托鸡舌，第一层丁头拱由瓜头斗出跳，丁头拱之下，经常附加一拱，称为"灿拱"。灿拱不出跳，经常雕成卷草状，或者力士、憨番、飞天的形象。

（三）昂

昂在闽南明清建筑中很少使用。福建宋代建筑使用昂，如福州华林寺大殿、莆田玄妙观三清殿、泉州开元寺双石塔等，昂嘴多雕成前段两个连续内弯与后段两个连续外弯的曲线。闽南明清建筑中的要头、角梁头也多雕成这种曲线。漳州文庙大成殿、漳州振成巷林氏宗祠、同安文庙大成殿、龙海角美流传村天宝殿、东山铜陵关帝庙牌楼等明清建筑中，使用双抄三下昂的铺作，最上面的两昂皆不出跳，昂上也不使用要头、衬方头等构件（图3-1-24）。昂不出跳及不施要头、衬方头的做法，在福州的华林寺大殿中就可以见到。

在闽粤一带，还可以见到"侧昂"的做法。广东佛山祖庙大殿、广州光孝寺大殿都将泥道拱头部延伸出下昂，使斗拱的造型有了变化，其外轮廓线更为秀美，这种昂可以称为"侧昂"。① 在福建漳州市长泰区中山南路的"秋水鱼龙"石坊、角美镇白礁村的节孝坊中也有这种侧昂。侧昂是将泥道拱或瓜子拱做成假昂或插昂，纯粹是为了外观，使斗拱轮廓峥嵘秀美，北方建筑中如陕西韩城司马迁祠、山西洪洞水神庙大殿、山西平阳金墓中也可以见到。

在拱、昂组合上，闽南自宋代以来尚有一些极具地域特征的做法。

泉州开元寺镇国塔斗拱中，栌斗及散斗前附以尖状物，形制十分特殊。它从斗口伸出、垫于华拱之下（因石材材质关系，附于斗的正面），应当是华拱状的端头作蝉肚曲线的替木。

陕西西安出土隋李静训墓石椁，转角栌斗口正、侧方向出替

---

① 程建军：《岭南古代大式殿堂建筑构架研究》，北京，中国建筑工业出版社，2002，50 页。

木，其上又置替木。① 河北易县开元寺辽代建筑观音殿，其铺作泥道拱及里跳华拱下，均在栌斗口内出替木。② 山西应县辽构佛宫寺释迦塔顶层斗拱、大同华严寺辽构海会殿外檐柱头铺作、平遥元构利应侯庙大殿外檐柱头及补间铺作，也于栌斗口内纵横各施替木一层。在这几个例子中，替木的高度等于栌斗口之深（斗耳高度），外端未施交互斗，从形状及位置上看，替木端部仍具卷杀，但出跳及高度均较华拱稍小，相当于截去上部的单材拱。可见华拱状替木用于栌斗口中，是早期的古法，福建元明以后就未见使用。泉州开元寺镇国塔不但在两跳华拱下皆施替木，而且端部作蝉肚曲线。在泉州清源山老君岩发现的石构件，可能是宋代北斗殿或真君殿的遗物，也有几个华拱下施替木蝉肚的例子。从形制比较来看，老君岩发现的这批石构件，其时代属性与开元寺双石塔大致相当，同时也间接地表明，现在的老君岩的石雕老子像，与开元寺双石塔的时代大致相当。

第二节　闽南建筑砖石技术

砖的制作与使用在中国有悠久的历史。由于制砖技术与黏结材料的限制，直至明代，砖才开始大量用于民居等一般性建筑。中国传统的砖依颜色区分有青砖和红砖两种。砖颜色的不同源于其烧制时工艺的差异，在烧制过程中转釉，便形成青砖。我国常见的黏土砖是青砖，只有闽南沿海地区大量使用红砖，并向北延伸至莆田、仙游地区，向南影响至粤东的潮州、汕头地区。今天人们将以闽南建筑为代表的地域建筑称为"红砖文化区"，红砖

①　傅熹年：《中国古代建筑史》（第二卷），北京，中国建筑工业出版社，2001，607 页。

②　［宋］李诫编修，梁思成注释：《营造法式注释》（卷上），北京，中国建筑工业出版社，1983，103 页。

是闽南建筑美丽的外衣，其特点是色彩鲜艳、装饰丰富、风格华丽。

一、闽南的红砖

在闽南地区，红砖与红瓦统称"红料"。闽南的隋唐古墓及宋代水井中已经使用了红砖。[①] 据记载，1924 年，李功藏重修泉州文庙时，拆下的红砖瓦上都印有"政和三年"等字。[②] 在惠安、厦门明代墓葬中也经常使用这种烟炙砖，墓室牢固致密。明人张燮《清漳风俗考》说漳州建筑"砖埴设色也，每见委巷穷间，矮墙败屋，转盼未几，合并作翚飞鸟革之观矣"，王世懋《闽部疏》说泉州、漳州地区"民居皆俨似黄屋"，表明闽南明代建筑使用红砖已较为普遍（图 3-2-1）。

闽南话启蒙读物《千金谱》说："石条油面砖，石珠石柱雁子砖，瓦壁瓦筒六角砖，六角砖下好花园。"油面砖、雁子砖等是闽南最常见的红砖。根据泉州砖窑工匠的记述，烧制红砖的土要比青砖的质量要求高，"土质好的可烧成红色砖瓦；土质差的，会呈重灰色；如要烧成红色，土质差的须以好土盖砖面或二个边，以便成品有光面和红色。好的盖面土价为普通土的五倍"[③]。《千金谱》中所谓的"油面砖"，就是这种光面的红砖；而"雁子砖"则是表面有黑色斑纹的红砖。雁子砖又称为"烟炙砖"，是闽南传统建筑中使用最广泛的一种红砖。

---

① 黄炳元：《泉州河市公社发现唐墓》，《考古》，1984 年第 12 期，1138 页。张仲淳、郑东：《福建厦门郊区发现北宋水井》，《考古》，1989 年第 3 期，285 页。

② 阮道汀、王立礼：《泉州瓦窑业调查纪要》，中国人民政治协商会议福建省泉州市委员会文史资料研究委员会编《泉州文史资料》第八辑，1963，27 页。

③ 同上书，29 页。

烟炙砖在砖坯入窑烧制时斜向堆码，松枝灰烬落在砖坯相叠露空部位，熏成黑色斜斑纹，红砖表面有两三道紫黑色纹理，故称"烟炙砖"，俗称"雁只砖"、"胭脂砖"、"颜只砖"、"颜紫砖"。在焙烧过程中，砖坯中所含的铁元素被充分氧化，成品的红砖外观呈现鲜亮的红色。成品砖刚出窑时，颜色较为紫暗，经过日晒风吹雨淋，会脱去表面薄薄的白灰，称为"脱硝"，颜色开始"返红"，色泽更加艳丽夺目。烧制红砖红瓦时，砖瓦装窑后，即以小火烧三天左右，以便去除水汽及烘干；再以大火烧四五天左右，此阶段用马尾松烧火，因为马尾松含有松脂，火力大，烧出的成品颜色鲜艳，又有斑纹。[①]

闽南建筑外墙以烟炙砖为主要建筑材料，通常用空斗砌法，当地称"封砖壁"，内填瓦砾、土料，外墙转角处则用砖叠砌（图3-2-2）。西洋建筑之中，转角常用"隅石"正交搭砌成齿状，以保护、美化墙角。受西洋及南洋建筑的影响，闽南传统建筑在转角处也用隅石砌筑，白石与红砖相嵌，称为"蜈蚣脚"，这种做法出现较晚，在小洋楼中尤其流行，嘉庚建筑中也普遍使用。

与闽南南部邻近的岭南潮州地区也使用红砖，但不如闽南普遍，当地也有"雁子砖"、"红砖"等称谓。[②]与闽南北部相近的莆仙地区也有使用红砖的传统，莆田大宗伯第、凤凰山石室岩寺明代砖塔上都使用了红砖。

二、镜面墙

民居墙身的正面，闽南称"镜面墙"、"镜面壁"。下落明间

---

① 阮道汀、王立礼：《泉州瓦窑业调查纪要》，中国人民政治协商会议福建省泉州市委员会文史资料研究委员会编《泉州文史资料》第八辑，1963，29页。

② 饶宗颐总纂：《潮州志·实业志·工业》第五章《建屋·砖瓦窑》，潮州市地方志办公室编印，2004，3370页。

的塌寿正面称"牌楼面"。镜面墙由下而上为数个块面，每一块称为一"堵"，以白石、青石、红砖砌成。牌楼面，仿照木槅扇的构成，也以白石、青石砌成。

　　镜面墙的裙堵、墙基用白色花岗石，间用深绿色的青草石，裙堵以上是红砖组砌的身堵。冷色调的白石裙堵与暖色调的红砖身堵形成了丰富的色彩对比与耀眼的视觉效果，具有一种活泼外向的华丽风格。镜面墙、牌楼面分成数个块面，每一个块面称为"堵"、"垛"，广东一带称为"肚"（图 3-2-3）。

　　镜面墙的构成由下而上依次是：柜台脚、裙堵、腰堵、顶堵、水车堵。

　　台基以下，与地面相齐平或者略微露出的石块称"地牛"。地牛以上，是灰白花岗石砌成的台基，称"柜台脚"、"大座"、"琴脚"、"香炉脚"、"虎脚"、"螭虎脚"、"子午脚"。

　　柜台脚以上，是高及人腰的裙墙，称"裙堵"、"粉堵"、"马季堵"。裙堵用数块灰白色花岗石竖立砌成，打磨光滑，表面不作雕刻。这种花岗石板材面积很大，只用来砌筑外墙面，称"堵石"。

　　裙堵以上的狭长状的块面称为"腰堵"。腰堵用白石或青石制成，一般用线雕的手法阴刻花草图案。

　　腰堵以上、檐口以下，是红砖砌成的身堵（也称为"大方堵"、"心堵"），身堵四周用砖砌成数道凹凸线脚，作为堵框，称"香线框"。香线框以内，简单砌成空斗墙（闽南称"斗仔砌"、"封砖壁"），大多用特制的花砖组砌成各种式样图案，称"拼花"。拼花图案有万字堵、古钱花堵、人字堵、工字堵、葫芦塞花堵、龟背堵、蟹壳堵、海棠花堵等。近代窑厂还烧制模印红砖，砖上印上各式图案，拼合组成画面（图 3-2-4）。近代也有用日本、南洋进口的花彩瓷砖贴面的做法。身堵正中，是白石或青石雕成的窗户。塌寿两侧的壁堵东西相向，所以也称"对看堵"。民居之中，对看堵的身堵多镶嵌以彩陶或砖雕。

身堵以上，若再用一块狭长的块面，称"顶堵"。

位于墙身最上方、屋檐之下的起出檐作用的一条狭长的装饰带，称"水车堵"，也称"水车垛"。水车堵以砖叠涩出跳，正面做出线脚边框。边框内常用泥塑、剪粘或彩陶构成装饰带，作为红瓦屋顶与红色砖墙之间的过渡。

在横向上，镜面壁的每间分隔处的竖向墙垛多用红色花砖组砌成篆体对联，如"四世同居"、"吉祥如意"等佳句，所以称"鎏砖堵"、"诗碑堵"；转角处则称为"角牌"。角牌也可用白石与红砖相间隔而砌的称为"蜈蚣脚"的砌法，多见于近代小洋楼中。

安溪、南安等近山地区，房屋墙体的身堵经常用"画假砖"的做法，在红色或青色抹灰上用白灰画出砖缝，远看犹如砖砌一般。近代洋楼也经常用水刷石模仿传统的红砖构成，反映出以红砖组砌为正宗的思想。

三、大壁

闽南建筑的山墙称"大壁"、"大栋壁"、"大规（归）壁"。在结构上，等级较高的做法是以木结构承重，大壁只作为围护与辅助承重。将檩条搁在大壁上，由大壁直接承重，即中国北方的"硬山搁檩"、"悬山搁檩"的山墙承重做法，在闽南称为"搁檩造"，是民居山墙普遍使用的墙壁做法。

大栋壁的做法，有封砖壁、出砖入石、夯土墙、牡蛎壳墙、穿瓦衫等几种。

泉州、晋江地区盛产红砖，品质上乘，民居普遍用红砖砌大壁，称"封砖壁"（即斗子砌，内填瓦砾、土块）；转角处则以砖叠砌，称"搭勾砌"，即五六层砖为一组，上下顺丁搭砌，以保护、美化墙角。永春、德化、安溪等山区则多用外观青色、黑色的青砖、黑砖。

在泉州地区，一些民居外墙采用块石与红砖片混筑墙体，石竖立，砖横置，上下间隔相砌，石块略退后，当地称"出砖入石"。根据闽南民间传说，明代万历时泉州发生大地震，人们利用倒塌的残砖剩石，混合砌筑，不但美观，而且坚固，遂流传至今。[①]砖石混砌，石块大而砖片小，石块间的空档正好用砖填满，可以物尽其用，且使墙体更为稳定牢固，这一点很早就为古希腊、古罗马人所认识。古希腊的雅典卫城中就有这种砖石混砌的遗迹；印度次大陆西北部的塔奇希拉（Taxila）的西尔卡普城（Sirkap）至今仍有这类红砖白石混砌的墙体。[②]直到现在，欧洲的许多砖石建筑中仍然使用这种砖石混砌的做法，外观与闽南的"出砖入石"有着惊人的相似。"出砖入石"的墙体，成功地发挥了材料的本性，体现了材料的质感对比、色泽对比、纹理的大小粗细对比（图 3-2-5）。出砖入石流行于泉州地区，漳州地区较少见到，而且只用于山墙或围墙，没有用于正面的镜面墙的。

闽南的夯土墙与闽西土楼的夯筑技术相似，俗称"舂墙"。夯土所用的三合土以黄土、沙、大壳灰（牡蛎壳烧制成灰）配制，也有的混合以石灰、糯米、红糖、稻草、碎砖瓦片等其他材料。

牡蛎壳用来砌筑外墙，多见于闽南沿海一带，砌筑时用灰泥浆黏结。有的牡蛎壳墙用铜丝穿过蛎壳，使之成为整体。牡蛎壳一般只用于外围，其内多以土坯承重。整个墙体的转角处还以砖石叠砌。

在泉州市区、永春、惠安等地，民居的外壁经常采用红色或黑色的板瓦、瓦养饰面，瓦用竹钉钉在木墙、土坯墙或夯土墙

---

① 福建省泉州市建设委员会编：《泉州民居》，福州，海风出版社，1996，156 页。

② ［英］丹·克鲁克香克主编：《弗莱彻建筑史》，北京，知识产权出版社，1996，664 页。

上，瓦四周以蛎壳灰勾缝，谓之"穿瓦衫"。板瓦、瓦养排列整齐，形成方格状；也可以如鱼鳞般上下搭接，整个墙面犹如鳞甲披身，可以有效地防止雨水冲刷、侵蚀，很有地方特色。穿瓦衫的做法，在莆仙、福州地区也很常见。在英国传统建筑中，用平瓦贴在垂直的墙壁上以防水，称为"挂瓦墙"，与闽南的穿瓦衫做法相似，都是瓦片的另一种妙用。①

下落大壁的前檐檐口下的墙体，北方清式称为"墀头"、"腿子"，江南称为"墙垛头"，即下落两边的鏊砖堵，闽南称为"角牌"。在漳州地区的古厝、祠堂中，多在山墙上施挑檐石，称为"石举"。石举用白石做成，前端下方雕出枭混曲线。石举以上的山墙称为"墙头牌"，多用砖雕、灰塑、剪粘等进行装饰。

鸟踏是在上下落山墙外面以砖砌成凸出约三寸的水平线条，其位置约略与樨头的檐口同高。有的鸟踏线两端再垂直砌一段，呈"弓"字形，其头尾并嵌有片砖砍成的半个葫芦形状，作为收边装饰。

闽南一些歇山顶建筑如泉州开元寺大殿、天后宫大殿的山花上，也做出鸟踏线。

漳州、同安、厦门、金门地区民居的鸟踏线位置，多改做成水车堵，堵内泥塑彩绘。

闽南称垂脊为"规带"、"规脊"。闽南话称山墙最高处为"规"、"规尾"、"归尖"。规也写作"圭"、"归"。圭是上尖下方的礼器。古厝的山墙外形与圭相似，故称之为"圭"。山墙边线呈曲线，故名之为"规"。

闽南地区称硬山顶为"包规起"，即屋顶不伸出山墙之外而为山墙所包。山墙上作数道线脚，再以砖瓦砌成垂脊，称为

---

① ［英］罗伯特·菲尔德编著，谈祥柏译：《造房贴砖中的几何图案》，上海，上海教育出版社，2005，52 页。

"规"、"规带"、"归带"、"归尾"。硬山、悬山、歇山顶的脊，除了正脊外，其他脊皆称为"归带"、"规带"、"边带"。硬山顶的归带，其位置在山墙之上，造型有多种式样，如马鞍规（归带中央隆起）、人字规（归带作人字形）、椭圆规（归带以三个弧形相连）等（图 3-2-6）。漳州建筑较多地使用马鞍规，人字规、椭圆规多见于泉州地区。

根据泉州一带的民间说法，规尾呈圆弧是明代遗风，圆弧不露尖，且燕尾脊不伸出规尾之外，以防"冲"着他人宅第。

山墙规带突起处部位称为"鹅头"，侧面的山尖称"脊坠"、"规尖"、"规尾"、"规悬"。脊坠用泥塑、剪粘装饰。泉州地区多用狮子、虎首、飘带等装饰；同安、厦门、金门等地以灰泥雕塑，立体感很强，经常在规尾处塑出"包袱"，包袱尖有直线形的尖角（称"硬折"）与弧形梅花形的圆角（称"软折"）之分，包袱正中设一窗（称为"财神洞"，多为盲窗），窗四周塑出卷草、飘带、花篮、八宝、琴棋书画等饰物。规尾处常做一个或两个通风用的小窗，称"规尾窗"、"栋尾窗"。规尾窗用绿瓷花砖砌成。

硬山顶（双导水）的四条垂脊，称"规"、"规带"、"归带"。因垂脊在山面形成拱起状如马背的山墙，故近来也有人称"马背"。马背原称"马脊"、"归头"、"栋头"、"脊头"。闽南匠师多称"归头"、"栋头"、"箍头"，或称"圆脊"。马背的形状很多，广东民居的马背有人归纳为象征五行中的金、木、水、火、土五类，[①] 也有人认为马背的形状与五行无关。[②] 在闽南地区，有的根

---

① 陆元鼎、马秀之、邓其生：《广东民居》，《建筑学报》，1981 年第 9 期，35 页。陆元鼎、魏彦钧：《广东潮汕民居》，《建筑师》，1982 年第 13 期，155 页。

② 高灿荣：《"马背"的尊主与五行》，《艺术学》（台北），1989 年第 3 期，79～90 页。

据房屋的性质、用途从金、木、水、火、土中选择一种，马背因此也俗称为"星头"。

砖石是人们熟悉的普通而古老的建筑材料。与钢材、混凝土、玻璃等现代材料相比，砖取之自然，外观温润，具有浓厚的历史人文气息。而闽南的烟炙红砖更具有鲜明的地域特征，从特定的角度反映出闽南建筑文化的特征与风格。

四、石作技法

福建省的花岗石保有储量居全国第三位，其中露出面积占全省的1/3，闽南沿海分布尤多。[①] 从色泽看，建筑用石材有白石、青石、黑石之分，其中白石最多，青石次之。

白石是白色花岗石，闽南有丰富的优良白色花岗石资源。白色花岗石的产地主要集中在泉州、厦门等地，较为有名的就达 10 余种之多。

白石以南安市的石砻石最为著名。石砻山原名铺德山，清时改今名。石砻石，又称"石砻白"、"泉州白"。石砻石色泽洁白，质地坚硬，在宋代就在大型建筑工程中被广泛使用。建于宋皇祐五年（1053 年）至嘉祐四年（1059 年）的洛阳万安桥，始建于宋绍定元年（1228 年）历时 22 年建成的泉州开元寺双塔，建于宋嘉熙元年（1237 年）的漳州虎渡桥，建于宋重修于元的泉州涂门街清真寺，建于南宋绍兴年间的石狮宝盖山姑嫂塔等，都使用了白石。

呈脉状产出的辉绿岩，习称"青石"。青石以惠安的青石最为著名，称"青草石"、"青斗石"。青草石主要产于晋、惠交界的惠西仙林山（一名玉昌湖），所以也称为"玉昌湖石"。青草石外观草青色，质地坚实，纹理细密，非常适宜表现细部的雕刻。

---

①　福建省地方志编纂委员会：《福建省自然地图集》，福州，福建科学技术出版社，1998，62 页。

泉州涂门街清真寺、泉州开元寺大殿月台须弥座上，都使用了青石雕刻。

闽南建筑中石作的雕刻技法，大致有以下几种（图3-2-7）：

1. 素平，是将石材表面雕琢平滑而不施图案的加工技法。两石相接，加水磨平，石材表面有如镜面般光亮，称"过水磨"。

2. 平花，也称"线雕"，即线刻，是将石料打平、磨光后，以所刻线条的深浅来表现各种文字、图案，并将图案以外的底子很浅地打凹一层的石雕工艺。平花，大多用于建筑外墙的局部装饰处理，如窗框、腰线石等部位。

3. 水磨沉花，也称"沉雕"，即浅浮雕。雕刻图案的表面也可以磨平，地子上则凿出点子。在青斗石上，磨平的图案呈深青色，打点的底子呈浅绿色，外观层次分明。

4. 剔地雕，即半立体的高浮雕，主要用于建筑中的门额、窗棂、对看堵、水车堵等。

5. 透雕，是将石材镂空的技法，多用于龙柱、螭虎窗中。

6. 四面雕，即立体的圆雕，将构件的前后左右四面雕出，也称为"四面见光"。在古建筑中的"四面雕"有石狮、龙柱、石将军等。

7. 影雕，又称"尖黑白"、"针黑白"，是从传统的"錾凿"工艺发展而来的新技法，至20世纪70年代达到成熟。其做法是，将经过水磨后的青斗石的表面用"金刚针"錾点，根据錾点的疏密、大小、深浅，表现花卉、人物等形象。

据石工相传，被崇武石工视为祖师的李周，最先把绘画图案与用笔技法运用于青石雕刻之中，以后进一步发展形成称为"影雕"的技术。李周的生平仅有工匠传说，未见文字记载。他的名字也写成李州，有的认为活动于明嘉靖时期；[1] 也有的认为活动

---

① 黄天柱：《漫谈惠安石雕艺术》，《泉州文史资料》（第5辑），1989，81页。

于康熙、乾隆时期。① 以錾点来表现图案的影雕作品，在清末民初的民居中可以见到，不过技法还较为稚拙。

闽南的石雕技法经常与彩绘技法一起使用。石雕表面施以彩绘，是东西方古代艺术的传统做法。古希腊石雕的表面经常随类赋彩，因为日久剥落，才露出石材本色，今人多误以为原物便是如此。中国汉代的画像砖石表面，也多敷以彩绘。明十三陵起点处的石牌坊，当时曾施以彩画，今虽剥落，凹处仍有渍痕可寻。在闽南建筑中，有的石材颜色较浅、颗粒较粗，为了表现石雕的层次和装饰效果，便用墨色勾勒石雕边线，在块面上用彩画上色，以颜色的深浅变化表现石雕的高低凹凸，称为"墨骨画"（图3-2-8）。龙柱、螭虎窗等雕刻作品，经常配合局部彩绘的手法。灰白色的花岗石，雕成祠堂、庙宇的龙柱或对看堵、看埕堵、麒麟堵时，经常附以彩绘（图3-2-9）。

五、石作构件

闽南建筑的台基多用灰白花岗石砌成。在台基正面多浮雕双足矮案，两端的足外撇成八字形脚，称"柜台脚"、"螭虎脚"、"圭脚石"。柜台脚的造型从家具、石碑中借鉴而来。柜台脚在转角处作口中吐出兽脚状，便是模仿家具的做法。在传统闽式及广式家具中，桌椅脚腿经常雕成狮首口吞腿爪的奇怪造型，民间称为"螭虎吞脚"、"狮吞"。据传说，狮吞性贪食，最后竟然把自己也吃掉了，只露出一只脚爪来（图3-2-10）。用于家具腿的狮吞式样，在宋代就已经出现。

台基边缘的石条，安放在堵石上，即北方所称的"阶条石"，闽南称"石砛"。砛是"廉"的俗写。段玉裁《说文解字注》

---

① 泉州市建委修志办公室编：《泉州市建筑志》，北京，中国城市出版社，1995，310页。

"廉"下曰："廉之言敛也。堂之边曰廉……堂边有隅有棱，故曰廉。廉，隅也。又曰：廉，棱也。引伸之为清也，俭也，严利也。"廉指堂之边缘。"廉洁"、"廉正"是廉的引申义。在闽南传统建筑中，顶厅边的条石叫作"大廉"或"顶廉"，下厅边的叫作"下廉"。

从天井至正厅，置一踏步，跨踏步而上即明间的石砛，称"大石砛"。大石砛两端须超过明间面阔，不得拼接，因而大石砛长度很长，是一座建筑中最大的石料。大石砛也不能正好与明间面阔相等，对着柱子正中，称"砛目不可对中"。

裙墙，中国北方称"群肩"，位于柜台脚之上，闽南称"裙堵"。大型宅第的裙堵，尤其是镜面墙与牌楼面的裙堵，多用凿成板状的白石，表面打磨，竖砌作为群肩，且有的每堵只用一块整石，不拼接。一般房屋的裙堵则用礴石，即条状石材，闽南也称为"方仔石墙"，表面多不打磨，平置叠砌。次要的房屋用石确，即呈不规则的方形块状石材，以人字砌、方石砌、乱石砌等方式砌成。还可以用卵石，即溪中的鹅卵石砌成裙堵，多用于临溪的民居。

南方地区多雨、潮湿，木材易遭腐蚀，且多白蚁之患，常以石柱代替木柱。室内的木柱，也有以石柱代替的趋势。石柱础本来为防潮而设，当使用石柱时，多省去柱础，石柱柱脚直接置于柱顶石上，与西洋建筑的处理手法相似。石柱一般只做到通梁以下，因为石材开榫卯不易。通梁以上，仍然使用木柱，石柱以上的这段木柱称为"柱节"、"柱尾"（图 3-2-11）。石柱与木柱之间以馒头榫、管脚榫联系；若石柱直径较大，木柱可以直接置于石柱上，不用榫卯，靠屋架的重压及石柱的自重保持稳定。次要建筑的石柱，经常不做柱础，柱子直接落于柱顶石上。

闽南明代以前的建筑中，石柱的形式有很多变化。如瓜楞柱，平面如南瓜状，泉州涂门街清真寺奉天坛、泉州崇福寺应庚石塔、石狮市宝盖山姑嫂塔皆用之。还有梭柱，泉州灵山圣墓、开元寺天王殿等皆用之。

方石柱比圆石柱节约工料。闽南近代民居之中，经常使用一种下方而上圆的石柱，下段 1/3 的断面为正方形，其上过渡为圆形，柱头又为正方形，外观稳重而又富于变化。

闽南庙宇大门、大殿的明间外檐柱，必用白石或青石雕成龙柱。龙柱，民间称"雕龙柱"。晋江市东石镇岱峰山南麓的南天寺崖壁上，浮雕一对蟠龙柱，两龙分别绕柱心盘旋而上，龙首相向，护卫着中间的阿弥陀佛。这对浮雕龙柱，镌于南宋嘉定年间。[①] 泉州开元寺明代的大雄宝殿、泉州文庙明代的大成殿、漳州文庙明代的大成殿，前檐皆有明代雕琢的白石龙柱。泉州开元寺小戒坛大门，是原来泉州府文庙的棂星门，门前 4 根青石龙柱，雕刻细腻而简洁有力，云水衬托恰到好处，龙骨嶙峋，是青石龙柱的优秀例子。清代以来，寺观的山门、正殿的龙柱，多用透雕的形式。近代以来，一些寺庙的青石龙柱，由于工匠过分炫耀技术，云水虾蟹，布满柱身，龙身几乎被淹没；或者龙身雕满，柱心消失，失去古代"缠柱龙"的本意；或者雕工太过细腻，易于碰损，不得不以玻璃罩或不锈钢栏杆罩住保护，反而破坏了建筑的整体效果。

闽南多石材，建筑朝外的门窗框均以石材制成。下落明间的塌寿正面称"牌楼面"。明代及清初的建筑，牌楼面用木柱、木枋、木板壁构成，如晋江青阳大井口庄用宾故居、晋江龙湖镇衙口村靖海侯府所见。清代以后，牌楼面以石块砌成，在构成上仿照木槅扇的做法。

对外的大门由竖向的门框（称"门竖"、"门柱"）与水平向

---

① ［明］何乔远：《闽书》卷七《方域志·泉州府·晋江县》，福州，福建人民出版社，1994，175 页。

的门楣、地栿（门槛，又称"户定"）构成。对外的窗户亦以石制窗框与窗棂，主要有条枳窗（即直棂窗、石条窗）、竹节枳窗（竹节窗）、螭虎窗等形式（图3-2-12）。条枳窗的窗棂用竖向的直棂，由古代的直棂窗演化而来。条枳窗的窗棂断面正方形或扁方形。有的在棂身正面正中刻出凸出的线脚，以打破直棂单调的平面，反映出由古代"破子棂"演化而来的痕迹。窗棂数一般为奇数。竹节枳窗将直棂雕成竹节状，寓意步步高升，竹节上附着花卉、人物等，且多为透雕形式。螭虎窗，窗框圆形、八角形或六角形，通常用在宗祠及庙宇大门两侧的对窗。框内雕出螭虎、香炉等形状。这种石雕的螭虎窗，多用整石透雕而成。泉州法石真武庙下落大门的青石螭虎窗，背后有"道光壬寅"款识，螭虎口中衔着卷草，这四只螭虎形象比较写实，且置于四正面，不同于常见的将螭虎置于四隅的做法。

图 3-1-1　插梁式构架（厦门市海沧区
　　　　　新坡村邱氏祠堂）

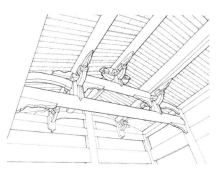

图 3-1-2　二通三瓜梁架（晋江青阳大
　　　　　井口明代庄用宾宅大厅）

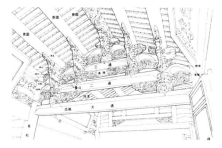

图 3-1-3　三通五瓜梁架（龙海区角
　　　　　美镇白礁村慈济宫前殿）

图 3-1-4　莆田市玄妙观三清殿

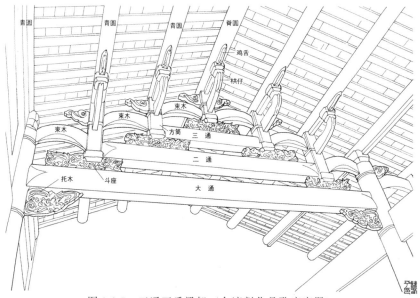

图 3-1-5　三通五瓜梁架（台湾彰化县孔庙寝殿）

图 3-1-6　叠斗铰打（广东省潮州市开元寺天王殿）

图 3-1-7　石柱、石梁与石斗拱（龙海区角美镇龙士村祠堂）

图 3-1-8　步通（泉州市涂门街吴厝埕吴氏大宗祠）

图 3-1-9　扁柴栋（南安市官桥镇蔡资深宅）

图 3-1-10　寿梁（泉州市开元寺大殿前檐）

图 3-1-12　束仔（龙海区角美镇白礁村慈济宫）

图 3-1-11　瓜筒（泉州市文庙大成门）

图 3-1-13　灯梁

图 3-1-14　吊筒（同安孔庙）

图 3-1-15　鸡舌（南安市官桥镇蔡资深宅）

图 3-1-16　帅杆（厦门市南普陀寺天王殿）

图 3-1-17　看架（泉州市开元寺天王殿）

图 3-1-18　圆、桷（龙海区角美镇龙士村）

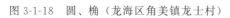

图 3-1-19 斗

图 3-1-20 大斗（泉州市开元寺镇国塔）

图 3-1-21 斗拱（台湾彰化鹿港龙山寺五门殿）

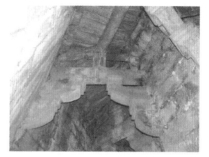

图 3-1-22 二重丁头拱（泉州开元寺仁寿塔第五层）

图 3-1-23 斗拱（漳州南山寺山门）

图 3-1-24 铺作［漳州振成巷林氏宗祠（比干庙）］

图 3-2-1　红砖墙（晋江青阳大井口
　　　　　庄用宾宅）

图 3-2-2　红砖外墙（南安市官桥镇
　　　　　蔡资深宅）

图 3-2-3　闽南民居镜面墙

图 3-2-5　出砖入石（晋江市金井镇福全古城）

图 3-2-4　镜面墙拼花图案

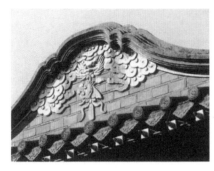

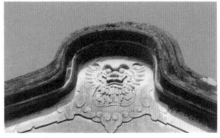

图 3-2-6 规带式样

平花

剔地雕

水磨沉花

透雕

四面雕

图 3-2-7 雕刻技法

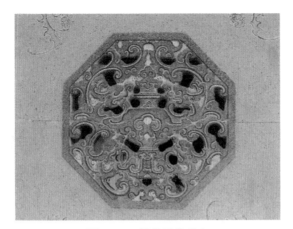

图 3-2-8　墨骨画螭虎窗

图 3-2-9　龙虎堵彩绘（龙海区角美镇万寿宫）

图 3-2-10　螭虎吞脚

图 3-2-11　石柱（同安孔庙大成门）

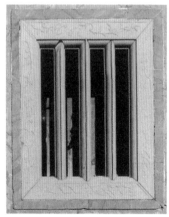

图 3-2-12　条枳窗、竹节枳窗

第四章

闽南建筑材料与装饰

第一节　闽南建筑的屋顶装饰

一、红瓦

闽南古建筑中用瓦有两种：红瓦与黑瓦。

红瓦包括筒瓦和板瓦。筒瓦等级较高，庙宇、祠堂、官署、官宅使用，但泉州、晋江民居亦普遍使用。漳州地区则使用红色的板瓦。永春、德化、安溪等山区则用黑瓦，黑瓦外观青黑色，重量较红瓦轻。

闽南古建筑所用的板瓦，较为扁平，有时也用很薄的望砖代替板瓦。滴水，闽南称"雨帘"、"垂珠"。滴水下端外撇。勾头，闽南称"花头"。勾头正面作圆形，但其下也如滴水一样伸出圆舌形。花头即瓦当头，与半圆形筒瓦是分开的，与北方宋代以来的做法不同。施工时用灰泥将花头贴于最末一只筒瓦上（图4-1-1）。简单的筒瓦屋面不施瓦当，只用灰泥封住。闽南古建筑中的筒瓦、板瓦，外观橙红色，有的并不施釉。闽南建筑中只有筒瓦、板瓦、勾头、滴水四种构件，当沟瓦、屋脊等则用砖瓦砌成。

　　中国南方的苏、浙、闽、粤等地，唯有泉州民居使用筒瓦，而且是红色的筒瓦，其他地区屋面皆用板瓦（即蝴蝶瓦、小青瓦）。明人王世懋《闽部疏》说：

　　　　泉漳间烧山土为瓦，皆黄色，郡人以为海风能飞瓦，奏请用筒瓦，民居皆俨似黄屋，鸱吻异状，官廨缙绅之居尤不可辨。[①]

　　方以智《物理小识》中也说：

　　　　泉漳间以海风能飞瓦，奏请用筒瓦，然皆淡黄白色。凡闭窑而水荫其顶，即成青色。广东瓦色亦其土色也。北琉璃窑坯皆黄色。[②]

　　闽南沿海民居用红色的筒瓦，而闽南山区则用黑色的板瓦。可知闽南沿海民居使用筒瓦，是为了抵抗台风，南方其他地区也有相似的说法。[③] 乾隆《晋江县志》说："（晋江）东南滨海，大风时为鼓荡，盖风者海气之所吹扇也。西北负山，暴雨不时淋漓，盖雨者山云之所流沛也。"[④] 沿海多大风而山区多暴雨，可以说是闽南的重要气候特征。闽南沿海多用筒瓦包规起屋顶，山区

---

　　① ［明］王世懋：《闽部疏》，《丛书集成初编》本，北京，商务印书馆，1936。

　　② ［明］方以智：《物理小识》卷八《器用类·瓦色》，文渊阁四库全书本。

　　③ ［清］李鼎元《使琉球记》，系作者于嘉庆五年（1800 年）充册封琉球副使出使琉球的记录，卷五："香垤归自集中，谓余曰：'此邦屋俱不高，瓦必筒，何也？'曰：'以避飓风也。'"（［清］李鼎元：《使琉球记》，西安，陕西师范大学出版社，1992，143 页）刘致平在《云南一颗印》中说："云南风大，明初特敕许用筒瓦。"（刘致平：《中国居住建筑简史——城市、住宅、园林》，北京，中国建筑工业出版社，2000，371 页）

　　④ ［清］方鼎、朱升元：乾隆《晋江县志》卷一《舆地志气候》，乾隆三十年刊本，台北，成文出版社，1967，20 页。

则用板瓦出规起屋顶，除了经济条件外，环境气候是非常重要的原因。闽南沿海使用红瓦，至迟在明代就很普遍。明代人王世懋感叹闽南民居有点像帝王的宫殿，官府衙门与士绅宅邸装饰怪异，不可辨认，反映出闽南远离政治中心，在相对封闭的区域中发展出独特的文化风格（图4-1-2）。

南安一带有板瓦屋面、筒瓦作边的做法，即屋顶只在靠近垂脊处铺设三至五道筒瓦，其余则为板瓦屋面。按照泉州一带"皇宫起"的传说，泉州百姓因误传皇帝"赐汝府皇宫起"而大兴土木，皇帝获悉，急忙下令停止，此时晋江屋顶已全部换成筒瓦，而南安因建造不及，故只做出三道筒瓦，这是晋江与南安屋瓦不同的原因。[①] 在晋江地区，屋瓦确实以筒瓦为多；而南安一带大多只在屋顶靠近两山处做出筒瓦，但不一定正好三道，有三、五、七道等实例。垂脊处做几道筒瓦，有的居民指出，是因为在屋顶上行走时板瓦易碎，故做几道筒瓦以便维修。金门一带的说法是，只有官宅才可在垂脊处留有三至五道筒瓦。板瓦屋面、筒瓦作边的做法，使屋面富于变化。由于闽南建筑中尽间的檩条生起，脊檩（脊圆）生起值大，以下的金檩（青圆）、挑檐檩（寮圆）生起值渐小，故屋面近垂脊处及正脊两端的部位比较陡峭，此处铺上筒瓦是利于稳定的。

有的板瓦屋面，在檐口处也全部铺设勾头、滴水。屋面用板瓦而檐口处用瓦当的做法，在南宋赵伯驹《汉宫图》团幅中的楼阁中可以见到。

钉在檐椽端头的木板，中国北方谓之"封檐板"，但不用于官式建筑中；南方苏、浙、闽一带，次要建筑不用飞椽，用封檐板封护，《营造法原》也称"摘檐板"。[②] 为了保护木制的封檐

---

① 福建省泉州市建设委员会编：《泉州民居》，福州，海风出版社，1996，18页。

② 姚承祖：《营造法原》，北京，中国建筑工业出版社，1986，111页。

板，闽南晚近的民宅中有的在封檐板上贴上瓦养或彩色瓷砖。闽南地区次要的建筑，封檐板与寮圆（挑檐檩）合为一起，称"捧前檐"。

闽南传统建筑歇山顶的檐角，在封檐板转角相交处，用"角叶"装饰。角叶由两块雕花板垂直相接，以掩饰正、侧面封檐板相接处的接缝。角叶又称"角鱼"、"角眉"，即明《鲁般营造正式》中的"掩角"。封檐板转角悬挂角叶，在河南陕县出土的汉代陶楼中就已经见到，可知汉时已有这种做法。唐宋以后的官式建筑不使用封檐板，也就没有角叶来装饰。在南宋绘画中，可以见到角叶用于楼阁平座雁翅板转角处。四川江油窦圌山云岩寺西配殿南宋淳熙七年（1180 年）建造的飞天藏、大足北山佛湾第 136 号窟内南宋绍兴年间石雕转轮藏、上海宋构龙华寺塔，都在平座雁翅板转角处做成如意头。南宋李嵩《仙筹增寿图》中所绘楼阁的平坐雁翅板及屋面封檐板转角，都使用了这种角叶饰件。角叶，在闽西、闽北、闽东及浙南的古建筑中更为常见，是一种具有地方特色的屋角装饰。

闽南建筑有"光厅暗房"的传统，大厅面向天井，多不设门扇。大房、边房等房间对外不便开窗，以保持私密。为了增加房内光照度，屋面上经常设置天窗。天窗宽度占一至二个椽档，用砖砌成方框，上覆玻璃。窗框一侧设排气孔，以防雾气凝结。闽南气候炎热，低凹处的民居，还在屋顶上设"捕风窗"（图 4-1-3）。捕风窗平面方形，占三至四个椽档，高出屋面 40 厘米左右，迎风一面设捕风口，上置斜顶，可以捕捉午后的微风。闽南捕风窗的外形、捕风原理与巴基斯坦西部 Hyderabad 的称为 badgir 的采风器很相似，是一种最原始的空调设备。①

---

① ［美］Bernard Rudofsky：《被历史遗忘的建筑》，台北，大佳出版社，1987，98 页。

二、屋脊

闽南庙宇、祠堂大门的屋脊多分作三段，称"三川脊"、"三胎脊"。三间张、五间张的头厝，多在每间分隔处做出垂脊，这些垂脊下端至檐口尚有一定距离，这样整个屋顶有四、六条垂脊，总称为"四脊"、"六脊"厝顶，使屋面主次分明而又富于变化。

屋顶正脊，也称"中脊"。正脊由砖瓦砌成，两端起翘生起，生起处一般靠近屋脊中央，使正脊整体上呈一弧线，俗称"虾蛄脊"（图4-1-4）。庙宇大殿、住宅厅堂等主要建筑的正脊，称"大脊"，一般不分段，称"一条龙"。正脊两端线脚向外延伸并分叉，称"燕尾脊"、"燕仔尾"。庙宇、祠堂及大厝中多使用燕尾脊。按照闽南民间的说法，只有举人以上的官宅才可使用。但实际上并非如此。官绅大厝及宫庙、祠堂在燕尾脊上再加吻兽作为装饰。吻兽陶制，呈灰黑色，立在脊端，称"龙吻"、"龙隐"、"龙引"，俗称"泥虎"。祠庙等则在燕尾脊上安置脊龙（图4-1-5）。

闽南传统的庙宇多用歇山顶，称"四垂顶"、"四导水"。歇山顶的四条垂脊称"牌头后"，垂脊末端常用"盘子"托住各种剪粘装饰，称"牌头"、"牌仔头"（图4-1-6）。牌头前的归带是戗脊，牌头后的归带是垂脊。牌头恰好在屋顶正面的显要位置，漳州、潮汕地区的祠堂、庙宇通常在此砌一个称为"盘子"的平台，平台上再塑出屏风状的背景，背景多为人物坐骑的武场题材，或山水楼阁的文场题材，非常精致细巧。盘子、牌头的做法，多见于漳州、厦门地区。垂脊下端的盘子、牌头，在潮汕地区称为"厝头脚"。

歇山顶的四条角脊（戗脊），称"串角"、"帅杆脊"，脊端有卷草装饰，使脊线增加弯曲变化，称帅杆"草花"或"凤尾"。厦门市博物馆收藏的吕厝出土的宋淳祐八年（1248年）制的青釉罐上，刻有殿堂建筑形象，它的屋顶角脊上就有 4 条卷草。泉州清源山明代石殿瑞像岩上，也雕出串角卷草。民居建筑中的串角草尾多用灰塑，祠堂、寺庙则贴上彩瓷。

第二节　闽南建筑的装饰材料

一、琉璃、彩色瓷砖

闽南建筑中使用的琉璃，其颜色有翠绿、海蓝及白色等几种。琉璃制品一般用作花窗和栏杆。琉璃花窗规格约 30 厘米见方，可以数块拼成一组。在山墙山尖处常用圆形或方形的老虎窗，也称"阴阳窗"，以通风散热。清代以后，自南洋引进的琉璃花瓶栏杆、鱼形琉璃排水口也很普及，在传统民居及洋楼中广泛使用。在闽南，有许多窑厂烧制这种琉璃构件（图 4-2-1）。

19 世纪二三十年代，闽南沿海传统民居镜面墙的身堵也装饰以日本或中国台湾制造的彩色瓷砖，来代替传统的红砖组砌（图 4-2-2）。彩色瓷砖约 20 厘米见方，以白色为底，其上绘制花卉或几何图案，釉彩鲜艳夺目。这种装饰彩绘瓷砖，都属于当时流行的马约利卡瓷砖（Majolica Tile）。瓷砖多为 4 片或 6 片组合成一幅图案，图案以抽象的几何纹与程序化的花草为主（图 4-2-3）。日本殖民统治台湾期间，民居之中流行这种彩色瓷砖。闽南沿海传统民居及近代小洋楼中的马约利卡彩色瓷砖，多用于护厝头及塌寿的对看堵、看埕堵，下落镜面壁上很少使用。

二、牡蛎壳、蛎壳灰

闽南人也向大海索取建筑材料，牡蛎就是其中的一种。牡蛎，闽南也称海蛎、蚝，是附着在沿海岩石上生活的贝类。牡蛎有两个壳，但左右不对称，左壳稍大、稍凹，而右壳略小、略平，壳的表面有密集的鳞片。这种特点为砌筑墙体带来很大的便利。

用牡蛎壳砌筑外墙的古厝，称为"蚵壳厝"。闽南沿海的蚵壳厝主要分布于泉港区的南埔、后龙、峰尾，惠安的崇武，泉州丰泽区的东海，晋江市的深沪、英林，南安的石井等沿海渔村。[①]

牡蛎壳一般用来砌筑外墙，选择体形比较大的牡蛎，如密鳞牡蛎、近江牡蛎、长牡蛎。牡蛎壳墙一般用混合砌法，即内为土坯砖而外为蛎壳。蛎壳在外，起围护与装饰作用，具有一种未经雕琢的原始美与自然美。砌筑时将蛎壳凸面朝上，并稍微向外倾斜，以便排水，蛎壳之间以灰泥黏结（图4-2-4）。

晋江入海处的仙石村与法石村，许多古厝用牡蛎壳砌墙。据民间相传，仙石村、法石村的得名与"海上丝绸之路"历史有关。自宋元始，闽南商船远航至东非海岸，货物卖出后，就用当地沿海废弃的大牡蛎壳作为"压舱物"，船载而归用于建筑。法石、仙石两村在泉州湾晋江口处，一个在北岸，一个在南岸，沿海村落中，只有这两地的蚵壳厝最为集中，而且牡蛎壳极大，大者如成人脚掌，小者如巴掌，与闽南沿海所产的小海蛎壳不同，所以当地人称这种壳为"仙石"、"法石"。[②]

广东等地也有使用牡蛎壳作为建筑材料的历史。以牡蛎壳砌筑的房屋，在今天的广东沿海仍有遗存，当地称为"蚝壳屋"。[③]

用蛎壳、蚌壳等烧成的白灰，古称"蜃灰"。早在北宋时，

---

① 黄小曼：《泉州沿海的蚵壳厝》，《福建文博》，2004年第2期，61～63页。

② 晋江市博物馆吴金鹏馆长告知。

③ 观澜：《岭南"蚝宅"：渐成绝响的风景》，《风景名胜》，2005年第1期。

蔡襄造泉州洛阳万安桥就用了蛎壳灰。宋人方勺《泊宅编》记载造洛阳桥时提到："闽中无石灰，烧蛎壳为灰……用灰常若新，无纤毫罅隙。"① 明陈懋仁《泉南杂志》卷上："牡蛎，丽石而生，肉各为房，剖房取肉，故曰蛎房。泉无石灰，烧蛎为之，坚白细腻，经久不脱。"② 乾隆《泉州府志》卷一九《物产》：泉州"烧蛎壳为之，古之蜃灰也"。③ 道光《晋江县志》："牡蛎，俗名曰蚝。丽石而生，凿下更生，肉各为房，剖房取肉，故曰蛎房。出安海及东石者佳。泉无石灰，烧蛎房为之。"④ 清《云霄厅志》说："海中多蜃蛤之利，居民恣取不竭，烧以为灰，其用最广。可以造宫室，可以营宅兆，可以筑堤堰，可以粪田畴，较石灰为更胜也。"⑤

《泊宅编》、《泉南杂志》说蛎壳灰颗粒细腻，优于普通石灰。福建侯官人郭柏苍《海错百一录》说："凡蛎壳烧灰，名壳灰。斥卤之地，闉圹砌墓，宜用壳灰。壳，海物也，得咸气与土性合。石灰，山产也，其味淡，南省傅墙壁，尤经久。"⑥ 似乎表明蛎壳灰适用于沿海的"斥卤之地"，因其是海物，"得咸气"。

---

①　[宋] 方勺：《泊宅编》卷二，北京，中华书局，1983，79 页。

②　[明] 陈懋仁：《泉南杂志》卷上，《丛书集成初编》本，北京，商务印书馆，1936。

③　[清] 怀荫布、黄任、郭赓武纂修：乾隆《泉州府志》，同治九年补刻本，上海，上海书店出版社，2000，481 页。

④　[清] 周学曾等纂修：《晋江县志》卷七三《物产志》，福州，福建人民出版社，1990，1774 页。

⑤　[清] 薛凝度修、吴文林纂：嘉庆《云霄厅志》卷二一《纪遗·物产》，清嘉庆二十一年原刊，民国二十四年重刊本，台北，成文出版社，1967，743 页。

⑥　[清] 郭柏苍：《海错百一录》卷三《记介·蛎房》，《续修四库全书》本，影印浙江省图书馆藏清光绪刻本，553 页。

三、土埆、土模墙

土埆，古代称"土墼"，即土坯砖。《台湾通史》说："乡村建屋，范土长方，厚约二寸，曝日极干，垒以为壁，坚若砖，谓之土墼，费省数倍。"[①] 具体做法是，将土、沙、铡碎的稻草、稻壳、石灰等材料，拌好后再以人或牛在上面踩匀，放入木模中，用力拍实，晒干或阴干后形成"土砖"。制作时也可用力拍实，脱模后形成夯土块，强度可大为提高。土埆多用在室内或次要建筑中，内壁上抹白灰，外部抹灰泥或者钉上瓦片如鱼鳞、铠甲状，以免雨水侵蚀。

夯筑而成的土墙，闽南称"土模墙"。夯筑土墙用一种称为"墙模"的工具，由两块厚木板组成，高一尺五寸，长八尺左右，间距一尺左右（可以根据所夯墙厚调整）；墙模的一端用木板封住，另一端用井字形木框架夹住。夯筑时用称为"撞子"的木夯杵夯实。夯土的材料用旧屑的瓦砾土渣，配以一定比例的牡蛎壳灰及沙，用水拌匀，混合成三合土。在闽南山区的永春、德化、安溪、华安、南靖、平和、云霄、诏安等地还有相当数量的土楼、土堡。闽南的土模墙技术与闽西客家土楼夯筑技术相似，但在材料配比上，沙子、牡蛎壳灰所占成分较多，因而防水性较好，例如漳浦县湖西畲族乡赵家堡内的明代土楼完璧楼、漳浦县深土镇乾隆年间的锦江楼，其外墙坚固如混凝土，因而不需要屋顶出檐保护。这种三合土甚至可以夯筑露天的围墙，漳浦县湖西畲族乡赵家堡、诒安堡的雉堞即以此夯筑，迄今屹立不倒。

四、灰塑

灰塑，又称"灰批"，是闽南传统建筑上特有的一种装饰手

---

① 连横：《台湾通史》卷二六《工艺志·陶制》，北京，商务印书馆，1983，453 页。

法。灰塑以传统建筑中的灰泥为主要材料。灰泥由蛎壳灰（或石灰）、麻丝、纸筋、煮熟的海菜，有时添加糯米浆、红糖水，搅拌、捶打而成。从施工工艺看，灰塑一般以铁丝或砖瓦搭出骨架，于其上敷灰泥，边批边塑，直至成型，最后在半干的泥塑表面彩绘，也可以在灰泥中直接调入矿物质色粉。灰塑是趁湿时制作，与砖雕、石雕相比，有较大可塑性。

灰塑彩绘多用于住宅、祠堂、寺庙的身堵、水车堵及山尖规尾等处。屋檐下的水车堵，常用高浮雕的形式表现山水、人物、花鸟等各种题材。灰塑因未入窑烧造，坚硬度不够，易风化褪色，讲究的在水车堵外加玻璃罩以防风雨的侵蚀。山墙的山尖处，今人沿用唐宋建筑称呼为"悬鱼"的，闽南则称为"规尖"、"规尾"——这个位置的图案没有雕成鱼形的，经常塑出正面的狮头形象，狮口中衔着绶带，带端悬挂着葫芦、花篮、磬等物，四周围绕云纹、螭虎纹等纹饰（图4-2-5）。

五、彩陶

闽南建筑装饰的彩陶是一种低温彩釉软陶，以800℃至900℃的温度烧成，釉层较软，外观温润亲切，没有高温瓷器的冰冷之感。这种陶制品硬度欠佳，容易断裂，且不能制作较大的尺寸，大尺度的作品须分解成数块烧制，再拼装组合。

泉州府城隍庙照壁（俗称"麒麟壁"，20世纪70年代移置泉州开元寺内），建于乾隆六十年（1795年）。照壁正中粉壁上用绿色、红色、蓝色、白色等彩陶嵌成麒麟，上有云、日，下配以元宝、如意、珊瑚、葫芦、毛笔、羽扇等祥瑞之物。左右两壁则用红褐色陶构件组嵌成象驮宝瓶、瓶中插戟挂磬以及灵芝、牡丹、鹿、鹤等吉祥物。两侧的对看堵粉壁上镶嵌红褐陶，内容分别是寒山、拾得像，手持芭蕉叶、扫帚，空中点缀一只蝙蝠、一只蜻蜓。这是闽南地区用于建筑装饰的最早的彩陶作品（图4-2-6）。

彩陶多设置于墙堵（腰堵、身堵、水车堵、裙堵）、大脊、博脊、规带、规尖、鸟踏壁等处。为避免碰撞，大部分装饰于墙堵以上的位置，如身堵、顶堵、水车堵、鹅头、博脊、排头、鸟踏等。身堵上的彩陶，大都以镶嵌技法及浅浮雕方式来呈现（图4-2-7）。民居塌寿中的身堵上镶嵌的彩陶，多用大象、宝瓶、灵芝、四时瓜果等吉祥物形象。水车堵以上则半圆雕方式表现，或者直接将陶塑作品置于凹入的水车堵内，以增强立体视觉效果与空间深度感。水车堵中的彩陶，多塑出假山、楼阁、亭榭等形象，表示"天宫楼阁"的场景，以增加喜庆气氛。用于建筑装饰的陶制品，台湾近代以来笼统地称为"交趾陶"。"交趾陶"一词，原是日本人对产于岭南石湾等地的陶制品的称呼。引进日本国内后，又称为"交趾烧"。日本殖民统治台湾时，这个词汇又引入台湾。台湾简称其为"交趾"、"交趾尪仔"、"交趾仔"。① 交趾陶，在清代从岭南、闽南两地引进台湾，广泛用于民居、庙宇建筑装饰上。

六、剪粘

剪粘，是闽南古建筑上的一种装饰工艺，主要的技法为"剪"与"粘"。闽南还称之为"堆剪"、"剪花"、"堆花"、"剪瓷雕"或"贴瓷花"；剪粘技法也流行于广东的潮汕地区，当地俗称"嵌瓷"、"聚饶"、"贴饶"、"扣饶"、"撷饶"等，② "饶"即塑造的意思。

剪粘由泥塑与剪粘两道工序组成，一般以铅丝、铁丝扎成骨

---

① "尪仔"，闽南话"人物"的意思。壁堵中作有人物塑像，民间剪粘师傅称为"尪仔堵"。

② 姜省：《潮汕传统建筑的装饰工艺与装饰规律》，华南理工大学硕士学位论文，2001。饶宗颐总纂：《潮州志·实业志·工业》，潮州市地方志办公室，2004，3366页。

架，再以灰泥塑成坯，在坯的表面粘上各色瓷片、玻璃片或贝壳等，塑造成各种形象。

传统建筑中的剪粘多用于两处，一是屋顶（厝顶）的部分，二是墙壁（壁堵）的部分。

屋顶的正脊、脊堵、脊头、规带、串角、排仔头、升颈脚、印斗（脊头、脊斗）等位置，是剪粘装饰的重点。寺庙、祠堂正脊与小港脊（三川脊中的左右两条脊）习惯以宝珠、宝塔、葫芦等搭配双龙（图 4-2-8）。脊堵作花鸟、双凤牡丹、八仙、人物坐骑等；堵头一般为螭虎纹，或作狮子。垂脊尽端设置牌仔头，又称"牌头"、"排头"，一般塑以戏曲场景，牌仔头如屏风一般，其下置以平台，称"盘子"。由于牌仔头左右对称，一般安排文戏、武戏的场面。归带（即垂脊）、串角（即戗脊，也称"随角"）的末端，通常顺势以鲤鱼等作为装饰。升颈脚，即重檐建筑的博脊（围脊），通常以人物出头或花草、四兽等装饰。印斗，又称"脊头"，即正脊与山尖接角上，漳州、厦门地区多做成倒爬狮、龙首、鳌鱼、狮子等。漳州地区的庙宇，多在檐口设置以八仙为题材的剪粘作品。

壁堵部分的剪粘，主要施于凹寿中的对看堵、腰堵、顶堵、水车堵、规尾尖等处，多用浮雕的方法塑出。泥塑彩绘与剪粘这两种手法经常一起使用，可以充分发挥泥塑的造型优势与剪粘的色彩优势，塑造出造型丰富、色彩艳丽、具有鲜明特色与地方风格的艺术形象。

剪粘由里面的坯体材料与表面的剪粘材料构成（图 4-2-9）。坯体材料由砖、瓦或铁筋等构成骨架，以灰匙将灰泥逐层粘上，塑出坯体雏形，修饰成形，工匠称之为"打底"、"堆"。然后将瓷片等剪粘材料一片片粘贴或插入半干未干的粗坯上，由外而内、由上而下一层一层覆盖成形（图 4-2-10）。

台湾的剪粘工艺最早从祖国大陆传来，主要来自广东潮州与福建泉州。中国南方的剪粘工艺以粤东的潮州及闽南的泉州最为发达，台湾最早的唐山师傅也来自这两地。近代以来，台湾寺庙中的剪粘工艺逐渐被"淋搪"取代。淋搪，也写作"湳烫"。"淋"是浇淋之意；"搪"是釉药之意。"淋搪"是一种以半瓷土烧成的陶瓷制品，烧制的温度在1200℃左右。淋搪是专门为屋顶装饰而烧制的陶瓷，色泽特别鲜艳。

剪粘工艺不但流行于福建、广东、台湾地区，而且还远播到东南亚各地。清末以来，剪粘工艺在东南亚的越南、缅甸、泰国、印尼、新加坡等地华人庙宇中广泛使用。在东非、东南亚的清真寺、宫殿或坟墓中也有使用剪粘的传统（图4-2-11）。

早期的伊斯兰建筑，继承了亚细亚一带的巴比伦、亚述帝国的镶嵌传统，经常以釉面砖或彩色瓷片装饰墙面。在一些地区，还有使用中国外销瓷装饰建筑的习惯。伊斯兰教在13世纪传入非洲沿海和岛屿地区，建立了许多伊斯兰城邦国家。根据考古发掘资料，这个地区的重要宫殿或清真寺建筑上，经常用中国瓷器作为装饰。在肯尼亚的哥迪（Gedi）以及基利菲（Kilifi）的15至16世纪的清真寺废墟里，"把进口的中国陶瓷碗和盘子，按一定的间隔镶嵌在墙壁上，作为墙面的装饰。这种看起来奇特的墙面装饰，在这一带的中世纪大建筑物里，是极为平常的。例如：坦桑尼亚的松戈·穆那拉岛的宫殿遗址的墙壁和圆形棚顶上，就是把青瓷碗的内侧朝外，按顺序排列镶嵌上去的，看上去很像多角形图案。在居阿尼岛的库阿（Kua. Juani I.）的中世纪清真寺里，也把中国陶瓷整齐美观地镶嵌在礼拜用的神龛龛壁上"[①]。不但宫殿、清真寺中用瓷片装饰，坟墓之中也会使用，以陶瓷装饰作为坟墓标志的"墓标"或墓前的大柱。"从索马里经肯尼亚到坦桑

---

① ［日］三上次男著，李锡经、高喜美译：《陶瓷之路》，北京，文物出版社，1984，34页。

尼亚，这一海岸地带的伊斯兰时代的遗址中，有许多竖立起来作为墓标的巨大石柱，一般称为柱墓（Pillar Tomb）……这种柱墓和与其密切相关的坟墓也都用中国陶瓷的碗、盘子装饰。并且，由于这里多是十五世纪以后的陶瓷，所以除了青瓷、青白瓷之外，还有大量白地描钴蓝色花纹的青花碗。"①

中世纪伊斯兰建筑经常用华丽的瓷砖装饰墙面，而在东非的伊斯兰地区，由于窑业十分落后，得不到精美的装饰瓷砖，因此用中国外销的瓷器作为装饰。在印度尼西亚的一些岛屿，当地也有用中国陶瓷片装饰的传统。"加里曼丹土著帝雅克人中的穆斯林，也有以中国瓷碗装饰木制墓标的做法。有一根高达10多米的墓标移竖在古晋沙捞越国立博物馆的前院里。"② 在泰国，受伊斯兰文化的影响，"十五世纪左右的阿尤迪亚时代的城门上也有镶嵌陶器的装饰"③。泰国湄南河畔的黎明寺（Wat Arum），其主体建筑是建于19世纪上半叶的高79米的大塔——黎明塔，是曼谷王朝的拉玛二世为纪念华裔民族英雄郑昭（又名达信，Taksin，1767—1782年）而建。塔的表面布满彩瓷装饰的花卉等图案，据说这些瓷片是从中国运来的。④ 黎明塔的瓷片装饰传统无疑来自广东的潮州一带。关于闽南与东非、东南亚剪粘工艺的源流问题，若明若暗，其传播途径及相互影响等问题，仍有待探讨。

---

① ［日］三上次男著，李锡经、高喜美译：《陶瓷之路》，北京，文物出版社，1984，34、35页。

② 叶文程、唐杏煌：《中国古陶瓷在国外的影响和贡献》，陈支平主编《林惠祥教授诞辰100周年纪念论文集》，厦门，厦门大学出版社，2001，130页。

③ 同①，36页。

④ 吴虚领：《东南亚美术》，北京，中国人民大学出版社，2004，166、311页。

第三节　闽南建筑的小木作

闽南称小木作为"细木作"，称大木作为"粗木"。大木匠师一般不做细木。大木匠师做好构件后，将带榫头的构件交给细木工雕刻。细木工即雕花匠师，也称"凿花师傅"。

闽南话启蒙读物《千金谱》曰：

> 家里卜椅桌，就倩司傅做敆作。先做长案八仙桌，也卜交椅兼几桌。椅头椅条六仙桌，学士椅太师桌。柴屏围架俗梳妆，骹踏枋红眠床，桌弁桌柜俗厨门。也卜起祠堂，大杉作中梁，大奇作中门，楹桷铅板着较长，大柱四人扛。

闽南传统民居中的厅堂布置，正中有寿屏，即青柱间的木板壁，也称"太师壁"。祠堂中的这个位置放置供奉祖先牌位的神龛，称"公妈龛"。公妈龛由柱、额、斗拱、门扇等构成，是一座微型的木作模型，做工精致，装饰考究。寿屏前一般都有中案桌（也称"神桌"），再前设八仙桌（也称"四方桌"），厅堂两侧靠墙壁处各放一套太师椅（图4-3-1）。

大房、二房等卧室之中，"眠床"占据主要的位置。眠床即架子床。眠床有十八堵、二十四堵、三十六堵之分，指床围、床架上雕花拼堵的数目，眠床正面还带有"排楼"（床架的正面部分）、床架屉、床棚（床上的架子板）。眠床之前有上下床时垫脚用的踏斗。踏斗两端放置方形几座。踏斗之前两边放置橱柜、琴椅（低矮的长条凳）、面盆架、梳妆台等家具。卧室中的家具以红色为主色调，施木雕者则多用金色。

属于小木作的建筑构件，有门窗、挡壁、寿屏等围护、分隔构件及托木、束随、梁引、狮座、吊筒等木雕构件，还有室内的陈设家具。

在构件上雕刻花草人物图像，闽南称为"凿花"、"打花"。

凡是需要雕刻的构件都称为"柴草"、"花柴"。凿花的工具主要是大小不一的未装木柄的凿子，凿子口有斜口、平口及曲口之分。

闽南古建筑中，直接承受重量的梁、柱、檩等大木构件，一般不作雕刻，至多雕刻装饰线脚，如梁头的"鱼尾叉"、柱子头尾的卷杀等。次要承重构件如斗、拱、瓜筒、狮座等多作浅浮雕。联系构件如垂花、竖柴、斗抱、托木、束随、通随、门簪等，大都用透雕的形式。晚期的建筑，许多构件经常作透雕、圆雕炫耀，如托木雕成鳌鱼、龙凤、花草，竖柴雕成仙人、狮虎，拱仔雕成飞仙、力士、螭虎等。施以木雕的构件，一般雕彩结合，有雕刻必有彩绘，讲究的还全部贴上金箔（图4-3-2）。

附属于建筑的木雕装饰部位，多施于下落凹寿及下厅、顶落步口及大厅、榉头间等。通梁、寿梁与柱相交处施托木，相当于北方清式的雀替。托木也多雕成鳌鱼。束随多雕开卷书画或交欢螭虎卷草纹。通随、圆光也多作透雕、剔地雕交欢卷草螭虎纹，然后彩绘。

一、大门及大门的构件

闽南民居、祠堂及庙宇的外门、侧门用板门。板门坚固耐用，是由数块木板拼合而成，背后用数根穿带固定，再安装门闩；板门正面一般油漆得光滑无缝，其上绘制门神，称"镜面板门"。其中，正门用双开门扇，每扇门用四块木板拼成，两扇门共用八块木板，故又称"八仙大门"。木板厚度在1.8寸以上，寺庙的木板在2寸以上。旧式大门多厚实笨重，民间还以门启闭时门轴在门臼内旋转发出大的响声为吉。在沿海地区，许多民居大门上下或左右设置门闩以防盗，有的在连楹上再施一道木梁，上置滑轮，地面相应处铺石作凹槽轨道，以容纳厚重的防盗门（图4-3-3）。

板门正面适当位置施门钵（门钹）。门钵又称"门牵"、"拉手"，以铜皮或铁皮冲压而成，其上设门环，作为锁门、叩门之用。门钵的形状很多，常见的有八角形、圆形、狮头等。

门簪是串连门楣与连楹、固定连楹的木构件，也称为"门乳"、"门印"，有圆、方、八角、龙首、鲤鱼首等形式，民宅多做 2 只或 4 只门簪。石雕的门簪亦仿木作，以榫卯插入石门楣中，纯粹作为装饰。

二、六离门

南方住宅中流行一栅栏门，装在大门外侧，以利于通风，并遮挡外人的视线，阻拦畜禽出入。这种栅栏门，闽南称"六离门"。因栅栏像梳齿，亦称"梳门"、"疏门"，高只及半腰者称"腰门"；在台湾，这种样式的门称为"福州门"。[①] 这种低矮的栅栏门，广泛流行于中国南方地区，在广东一带称"脚门"。

据福建民间传说，明末将领洪承畴降清，回家乡泉州府南安县探母，其母拒之门外，只在这半截门后相见，表示忠贞的气节。民间即称此门为"六离门"，意谓六亲不认，闽剧传统剧目《六离门》演绎的就是这件事。

除六离门外，传统民居的大门还常常设置竹制的屏门，称为"掩格仔"，其制以竹竿为框，粗篾皮编成。安装时在门楣上固定一根粗竹竿作为滑轴，掩格仔挂于其上，可以左右推动。掩格仔既可遮阳、通风，又可以遮挡外面的窥视。

三、笼扇

闽南的大厝、祠堂面向深井的门扇，称"笼扇"。笼扇由

---

① 林会承：《台湾传统建筑手册——形式与作法篇》，台北，艺术家出版社，1989，105 页。

"立框"与"横框"组成框架，分成数堵。最下为裙堵，一般不作雕刻。裙堵上下为扁长形的腰堵，也称"腰头堵"，多雕刻花鸟人物。腰堵之上为上半截，也称"身堵"、"心堵"，多用枳条以卡榫斗拼组成各式图案（图4-3-4）。

心堵的形式，常见有柳条枳、古钱枳、马鼻枳、斜格枳、方格枳、诗词文字等式样。柳条枳由直棂构成，与北方清式外檐装修的"码三箭"相似。古钱柘是圆形图案。方格枳，明代住宅上多用之。诗词文字多用篆书。身堵也可以整截雕成螭虎、香炉图案，称"螭虎堵"。螭虎堵多以楠木、樟木为材料，用钢丝条（线锯）锼割出透雕图案。笼扇最上可以再设一块扁长形的顶堵。有的笼扇身堵背面，设有可以上下推拉的木板，以遮挡外面的视线。

在民居正厅的笼扇之上，有的还设与厅口齐宽、高二尺许的"厅口楣"，即横披窗，大多用条枳拼成钱状等花格。也有的使用S形棂条，是由古代的睒电窗变化而来。

四、螭虎窗

庙宇、祠堂大门左右次间的外墙上，多使用木雕螭虎窗。螭虎，也称"夔龙"、"草龙"，是将云朵、花卉、草叶等程序化、抽象化的线条组成龙头、龙身、龙足等形象。螭虎身体弯曲修长，表示长兽（长寿）之意。在方形、圆形或八角形的窗框内雕螭虎图案，称"螭虎窗"，讹传为"子午窗"、"子虎窗"。作窗户时，螭虎置于四隅，围绕着正中的香炉、寿字、阴阳鱼八卦等图案，这类图案也多用螭虎构成。木雕螭虎窗上施以彩画，且多用"化色"的技法（图4-3-5）。

五、网目藻井

闽南寺庙中流行一种藻井，称"网目藻井"，又称"蜘蛛结

网藻井"，施于门厅或正厅明间天花正中。网目藻井的构成方式
与《营造法式》中的"斗八藻井"相似，是在方形的平面上向内
用层层出挑的斗拱组合而成，由方形过渡至八角形。闽南古建筑
中的网目藻井，用材等级与建筑大木相同，都属于大木工匠的建
筑技术范围。

原泉州府文庙尊经阁，其顶层现移置百源川池，其中网目藻
井用斗拱分两层连续出挑，第一层用六角斗、拱仔、连枋出 2 跳，
第二层用圆斗、拱仔、连枋出 9 跳，支撑着最上面的"明镜"。在
泉州开元寺戒坛（重建于康熙初期）和小戒坛（清代）、惠安沙
格灵慈宫拜亭（清代）、峰尾东岳庙戏台（清代）、华安南山宫
（清代）、平和三坪寺祖师殿（清代）、厦门南普陀寺大悲殿（民
国）中，都有这种复杂的网目藻井。台湾彰化鹿港龙山寺五门殿
戏台藻井、鹿港天后宫山门藻井，都是溪底派匠师的杰作（图
4-3-6）。民国时期，溪底派匠师王益顺在台湾主持建造的庙宇中
经常使用网目藻井，这成为惠安溪底派的一项特色。

六、憨番抬厝角、憨三抬楹

寺观屋宇角梁下的角神称"憨番"。憨番头顶梁底，闽台称
"憨番抬厝角"、"老番角抬庙角"。寺观、祠堂脊圆（脊檩）两端
之下也可做出人物抬扛的形象，称"憨三抬楹"、"憨番扛梁"
（图 4-3-7）。东汉王延寿《鲁灵光殿赋》："胡人遥集于上楹，俨雅
踔而相对。"人物抬扛建筑翼角的艺术形象，在汉代石阙、陶楼
及画像石中都可以见到。《营造法式》说："雕混作之制有八品：
一曰神仙，真人、女真、金童、玉女之类同……七曰角神，宝藏
神之类同。施之于屋出入转角大角梁之下及帐坐腰内之类亦用
之。"这种施于转角大角梁下的宝藏神，在中国北方的宋元建筑
中反而较少见到，闽南的"憨番抬厝角"无疑是宝藏神有趣的变
化形式，而"憨三抬楹"即古代"胡人遥集于上楹"的遗存。

古代寺庙的角梁之下、佛像须弥座转角或隔身处，经常雕出力士抬扛形象，这是随着佛教而传入中国的艺术形式。泉州开元寺双石塔的台基须弥座转角皆有力士承托，南安市官桥镇蔡资深古民居的凹寿角牌柱础下也有石雕人物作抬扛的形象。

漳州市香港路"两京扬历"石坊（万历二十三年，即1595年建）的明间屋檐下，就有力士蹲坐、头顶荷叶莲蕾、上承斗拱及屋顶的形象（图4-3-8）。泉州市开元寺大殿前檐中间四根柱子的木柱节，四隅有四人手托栌斗四角，人物装束奇异，表情狰狞，可能是明末重修开元寺之物。

根据闽南民间传说，某人绰号"老番角"（"老番角"即不明事理而喜欢狡辩的人），某日进入施工工地，不懂装懂，指手画脚，工匠很反感，便将其形象塑在屋角及梁下，抬着沉重的屋顶。近代以来，闽粤沿海饱受外国侵略的祸害，当地人民对外来侵略者切齿痛恨。闽南传统建筑中的"憨番"，毫无例外地雕成深目高鼻的洋人形象。在台湾的传统寺庙中，也有许多这类"憨番扛庙角"的雕塑，也大多做成洋人的形象。[①] 在金门洋楼的西式柱头上，曾见到泥塑的"憨三抬屋顶"形象，但憨三雕成印度苦力。据说因为当时英国在南洋殖民地上雇用印度人当警察欺压当地华人，金门人便把印度苦力刻了上去，代替传统建筑中的"憨番扛厝角"。晋江青阳大井口三角内庄姓华侨住宅，其塌寿柜台脚上，也雕有印度苦力抬扛形象（图4-3-9）。

第四节　闽南建筑彩画

闽南的彩画是中国南方彩画中的一个特殊流派。

---

① 黎小容、秦清海：《憨番扛庙角图像的缘起》，《古建园林技术》，2006年第3期，17～20页。

闽南民居之中，有的木材呈现本色，或者只以桐油髹饰，不施彩绘。富裕之家多施黑色、红色油漆，木雕部分贴金。

闽南庙宇、祠堂的木构架，绘以彩画，闽谚称"红宫乌祖厝"，宫指庙宇，祖厝指祠堂、住宅。宗祠的梁架大多以黑色为主色调，局部红色，或者以红色调为主，局部黑色，闽南油漆作的行话是"红黑路"。一般的规则是"见底就红"，即梁架及大木构件以黑色为主，底面涂红，侧面涂黑。具体地讲，斗的耳、平为黑色，斗欹红色，唯斗底又为黑色；拱仔（丁头拱）的侧面施红色，正面施黑色；通梁的梁底施红色，侧面施黑色，鱼尾叉内又施红色。同安、漳州地区的束木肥壮，弯曲度大，称"肥屐"，侧面中间有弯弧线，弧线以上施黑色，弧线以下凹入，施红色或白色，红色或白色底子上再绘云纹或大理石纹（图4-4-1）。柱子用黑色，若是方柱，则在四隅线脚上用红色。同一构件的侧面与底面施以不同颜色的彩画，中国北方早期彩画中曾经使用，例如山西省平遥县镇国寺万佛殿梁栿、斗拱涂成红色，但底面涂成浅绿色。山西省繁峙县岩山寺的金代壁画中的建筑，在以青绿画出的斗拱中，侧面皆用青绿色，正面（看面）及底面用白色。

闽南传统建筑的圆仔一般施红色，只有脊圆装饰华丽，多布满以龙、凤、花卉为主要题材的、以红色和金色为主要色调的彩画。

木雕部位的彩画，底子用红色，以便与梁、柱形成统一色调，凸起的部分以青绿色调为主，以白色作轮廓线，线内用"化色"的技法，重要部位以金箔点缀。

闽南古建筑的桷底一般保持木材本色或涂刷黄色，也可画满云纹、木纹或花卉，称"虎皮花"。

在构成上，闽南彩画梁枋部分用"分三停"的构图。正中部分称"堵仁"、"垛仁"，相当于北方彩画的枋心；两头接近柱身的部分称"堵头"，相当于北方彩画的找头；堵头外侧紧靠柱头处也有束带纹，相当于北方彩画中的箍头（图 4-4-2）。梁枋较长时，可以使用分段处理的方式，如分作三段，每段皆由一堵仁与二堵头组成。堵仁部分是彩画匠施展其画艺的空间，题材有山水、人物、花鸟、亭台楼阁、博古清供、字帖书法等。堵头部分的题材常用交尾螭虎纹、螭虎吐草纹、卷草纹、如意纹、雷纹（回字纹）、曲巳纹（曲齿纹）、曲矩纹、开卷纹（展开的书卷册页）等，这类纹饰大多组成括号状，从两边框住堵仁。

包袱彩画，指形如用丝织品包裹在建筑梁架上的彩画，是中国早期以锦绣织品包裹建筑构件以示华美之风的装饰遗留及变化形式。以锦绣纹样为主的包袱彩画主要流行于江南明清建筑中。江南多雨，故彩画大多施于内檐的梁、檩上。在构图上，一般将梁、檩的全长分为三段，中间的一段为"堂子"，施锦纹图案，称"包袱"、"锦袱"，也称"锦地"。

闽南传统建筑的彩画在构图与题材上，与江南彩画有着渊源关系。故有人将闽南的彩画视为江南彩画的一种。闽南彩画也非常重视"包袱"的运用，闽南称"包袱"为"包巾"、"搭巾"。在构成上，闽南彩画也以包袱、包巾等作为主要的构图手段。

一、包巾

包巾在闽南古建筑中主要用于两处：一处用通梁上，一处用在脊圆下。

通梁侧面正中、两端及与瓜筒相接处，通常都画出包巾（图 4-4-3）。瓜筒下的包巾称"木瓜佩"。在"五架坐梁"式梁架中，大通、二通两端与瓜筒相接处画包巾，中间则多留出素地，不施彩画，只在两端画箍头。通梁上的包巾，明代还在包巾内绘出织锦纹，清代以后，只保留包巾的轮廓，包巾内不再绘锦纹，而多用写实的题材与笔法，绘出山水、人物、花卉等，或工笔重彩，或水墨淡渲，或墨地金线等。

脊圆（也称"大梁"或"龙骨"）下的包巾，用于脊圆正中，有的用正搭形式，有的斜置成菱形。包巾内的图案经常是太极八卦图，四周用星数表示河图洛书，并写上"添丁进财"、"金玉满堂"、"三元及第，五子登科"、"胄大吉昌，孙宜侯王"之类的吉祥语（图4-4-4）。

除室内梁架外，外檐下的水车堵、山尖等部位，也施以彩画。水车堵的构图，仿照梁枋木构件，分成堵仁、堵头等几段处理。较长的水车堵，则分为三段，每段分别具有一个堵仁、两个堵头，每段之间再以堵头分隔。水车堵雕塑与彩画结合，堵头用泥塑塑出如北方苏式彩画的软、硬卡子及岔口，称为"盘长"、"线长"。曲线盘长多做成螭虎、蝴蝶、蝙蝠、如意、云纹、卷草等图案，直线盘长则为雷纹、博古等几何纹。盘长用彩画绘出退晕效果，立体感很强。堵仁上可施彩画，也可泥塑或镶嵌彩陶作品。

二、用金

闽南彩画中还有"擂金"一法。擂金画多以黑色为底，以凸现金粉的闪耀光泽。擂金以金粉、金液作颜料。将金粉与胶水调成粉稠状，再以笔涂刷；或用沥粉式泥金，即以白芨、鸡蛋清一起与金箔研碎，调成金液，绘成细而匀称的细金线，以表现图案。擂金多施于门楣、步通、大通、二通及笼扇上，在黑色或红色的底子上用泥金绘出人物、花卉等图案，别具特色。

闽南传统建筑木雕的重要醒目部位，如瓜筒下的"狮座"、透雕的构件"梁巾"、大通下的"通随"等，常贴金箔。公妈龛也多布满金箔。构件贴满金箔，称为"不见红"。

三、化色

闽南彩画题材自由，有传统国画中工笔重彩技法，也有水墨渲染技法。

彩画中用退晕，闽南工匠称为"化色"。绘制大面积的彩画，用原色颜料如红色、青色、黑色等，这类原色称"大色"；在大色中掺入白色，使其淡化，形成粉朱、粉青等颜色，称为"二色"。化色由大色、二色等渐渐过渡到白色的边缘，不露痕迹，有如渲染的效果。化色多用于通随、束随、托木等雕刻构件以及斗拱中的螭虎拱、窗扇中的螭虎窗、腰堵等处。

彩画中有一种从家具制作中借鉴而来的撒螺钿的方法，即在漆面未干时在地底上撒上螺钿片、贝壳粉、彩色砂粒等，称"撒螺钿"，此法多用在门楣、大通、瓜筒、笼扇及匾额上，有一种闪闪发光的效果。

图 4-1-1　红瓦（晋江张瑞图故居）

图 4-1-2　屋瓦（白礁王氏大宗祠）

图 4-1-3　捕风窗与天窗

图 4-1-4　虾蛄脊

图 4-1-5　燕尾脊（同安孔庙）

图 4-1-6　牌仔头（泉州承天寺）

图 4-2-1　琉璃构件

图 4-2-2　彩色瓷砖（厦门海沧新垵）

图 4-2-3　彩色瓷砖细部（厦门海沧
　　　　　新垵北片 297 号）

图 4-2-4　晋江陈埭镇仙石村蚝壳厝

图 4-2-5　规尖灰塑

图 4-2-6　泉州府城隍庙照壁麒麟壁

图 4-2-7　身堵上的彩陶（晋江市陈
埭镇涵口村陈紫峰故居）

图 4-2-8　剪粘（泉州开元寺天王殿）

图 4-2-9　剪粘工具材料

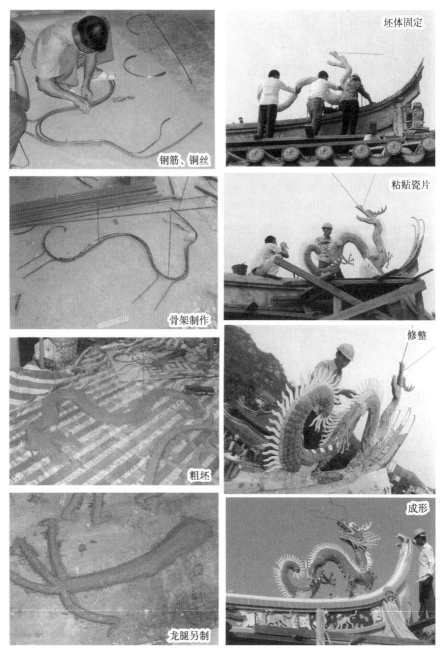

图 4-2-10　脊龙剪粘制作（厦门南普陀寺天王殿）

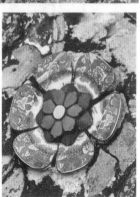

图 4-2-11　泰国佛塔上的剪粘装饰

图 4-3-1　厦门市海沧区新垵某宅厅堂

图 4-3-2　贴上金箔的公妈龛（厦门市　　图 4-3-3　厦门市海沧区新垵村某宅
　　　　　海沧区新垵村）　　　　　　　　　　　大门背面

图 4-3-4　笼扇（晋江市龙湖镇通瀛　　图 4-3-5　螭虎窗（晋江市衙口施氏大
　　　　　书舍）　　　　　　　　　　　　　　　宗祠）

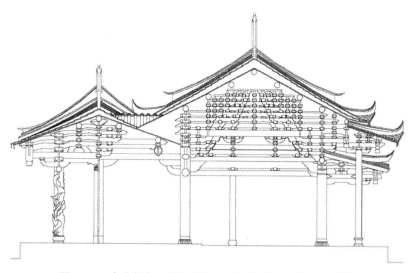

图 4-3-6　台湾彰化县鹿港镇龙山寺五门殿戏台藻井剖面图

图 4-3-7　憨三抬楹（龙海区角美镇龙池禅寺）

图 4-3-8　漳州市香港路"两京扬历"石坊上的屋角力士

图 4-3-9　憨番抬厝角（晋江青阳大　　　图 4-4-1　二通三瓜彩画（华安县仙
　　　井口三角内庄姓华侨住宅）　　　　　都镇大地村二宜楼祖堂）

图 4-4-2 彩画（厦门市海沧区新垵北片 665 号邱氏祠堂）

图 4-4-3 包巾彩画（华安县仙都镇大地
村二宜楼）

图 4-4-4 脊圆包巾彩画

第五章

闽南建筑习俗

第一节　闽南建筑施工仪式

建房是一个家庭的百年大业，人们都很慎重，久而久之便形成一套颇具特色的建房礼俗。闽南称建房为"起大厝"或"建业"。已有200多年历史的泉州继成堂洪潮和通书，在闽南影响很大，是旧时民间各种日常行为的重要参考书。通书中"竖造宅舍"条目列有：动土平基、兴工拆卸、安鲁班公、架马做梁、安分金石、起基行墙、定碴石日、竖柱扇梁、穿屏归岫、上梁上眷、上子孙椽、盖屋平檐、合脊收规、入宅归火、安厨作灶、安门安砛、放水吉日等内容，可以基本代表闽南建筑的施工工序与仪式。

一、动土平基

民间建房之始，先请风水师（俗称"山家"、"地理仙"）选址，用罗盘确定住宅的方向，称"牵庚"。民间对正向（正南正北正东正西向）有虚让的禁忌，认为只有王侯之家和庙宇才可以用正向，一般民宅都要偏一个角度，称"兼"某向。

闽南地区动土时，先竖土地公牌位，上书写"福德正神"四字，竖插于宅址上顶落正厅位置靠后侧，并焚香祷告，称为"报土"。泉州民谚云："风水土地公早注好好的。"即房屋的风水是土地公早就安排好的。虽然土地公在众神中地位很低，但与百姓生活密切相关，百姓还是很敬畏他的。得罪了土地公，连鸡鸭也养不活。闽南称"土地"为"福德正神"，体现了土地公守护本土、保一方平安的特点。按照《太平经》的说法，地面三尺以下属于"地身"，一些祠堂、住宅还有"安地砖"的仪式，以向土地公办理所有权转移手续。地砖用"尺二砖"制成，上刻文字如：

> 武夷山王有地基一所，坐落集美，东至甲乙木，南至丙丁火，西至庚辛立，北至壬癸水，上至青天，下至泉源为界，情愿凭中人李定度引就，卖与阳间弟子各房合众老幼人等，议价银伍拾锭，随交足讫，其地前付银主，架造房屋，流传子孙，永为万年宝盖，但方隅神鬼，难得越界，故立地契一砖，付于银主，永远为照，天运癸未年十一月廿日。立契人张坚固，作中人李定度，代书人毛锥子。[①]

祭谢土地公后，开始用铁钎自东向西沿屋址周围挖土，称"动土"。动土一般只是让一位生肖好的（如属龙或属虎者）、有身份的人象征性地用铁钎锄几下，或者由工匠用瓦刀在房基的四角敲一敲，同时将"寿金"（冥纸）埋于地下。晚上设筵席招待工匠。

"动土"犹如人之受胎。营建祠堂、家庙时，还须用"三胎石"奠基，称"下三胎石"、"奠胎石"。用三块长 50 厘米、宽 20 厘米、厚 10 厘米左右的尖头向上的石块，埋入大厅后檐墙墙基正中，或者将三胎石置于大厅正中，排成一字形，并念吉语云：

---

① 集美陈氏大宗祠地契文。

第一三胎，添丁进财。第二三胎，良时吉日进丁财。第三三胎，五谷丰收财旺来。

施工中，下大石矴、置门、上梁、封归、合脊、放涵等都要选择良辰吉日，俗称"看日"、"见利"，举行仪式。

二、安门、下大石矴

安装下落的大门及下、顶落的大石矴，是一道重要工序。

安门又称"置门"，指安装下落大门的门框（门竖）与门楣。门框上刻对联，讲究的以厝主的名字嵌于联首，称"冠头联"。门框上置一块石横匾，上面镌刻厝主姓氏所属的郡望、人望或意望。祠堂、家庙则多书堂号。

大门门楣的两侧，各嵌一枚雕花短圆柱体的"门乳"（在宫庙或祠堂即多称"伍员目"）。安门时举行仪式，祭谢土地公，门底埋"五谷"，门柱顶压红布。

闽南工匠手册《鲁班经书》中"起大门"诗云：

伏以雄鸡五德祭门神，一唱千门万户兴，日吉良时金鸡到，金鸡取血祭门神。是我门，听我言，日进千乡宝，时招万里财。百福临门，户集千祥，吉星高照，富贵万年兴旺，大吉大昌。

下落、顶落明间的大石矴，其长度必须略大于明间的面阔，必须用一块整石，不可拼接。这种做法称为"出丁"，以祈求生子，寓意人丁兴旺。安置石矴，称"下大石矴"、"点石矴"。

点石矴由石匠师傅主持，石匠师傅用沾有鸡冠血的宝剑点大石矴，念吉语云：

一点石大矴头，子孙代代出公侯；
二点石大矴中，子孙代代出三公；
三点石大矴尾，子孙代代中高魁！

石匠师傅并且将包有大麦、春粟、红豆等 5 种谷子的红包置于大石砭正中预先留好的孔穴中，念吉语云：

> 伏维，此谷不是凡间谷，正是王公家天禄；
>
> 读书之人食此谷，芳名标金榜；
>
> 耕田之人食此谷，积谷千万仓；
>
> 贸易之人食此谷，腰缠万贯钱；
>
> 老者食此谷，添福添寿体泰康；
>
> 男人食者多兴旺，女人食者多安康；
>
> 幼者食此谷，长大发达买田庄；
>
> 伏愿大砭点以后，千年富贵，万代公侯，大吉大利大富贵。[1]

三、上梁

上梁是房屋施工中的重要工序。此处之"梁"，指"中梁"，即"脊檩"、"脊圆"。旧时建屋，必择吉日上梁，谓如此方能兴旺家业。

旧时通书中有"伐木择日"的记载，即选择吉日、伐下佳木以供作中梁之用。表明在取材之初，中梁即借由仪式突显其不凡。中梁选用上等的杉木，以闽江上游一带所产的福杉为上，九龙江上游一带所产的南杉次之。中梁选好后，扎上红带，头东尾西架起。

中梁的施工由大木师傅主事，称"开斧做梁"。开斧做梁时，焚香举行仪式，请木工祖师鲁班先师莅临。中梁置于供桌前，施工的剪、锯及象征木工祖师的墨斗、尺、斧头（木师的三样主要工具）置于供桌上。由左而右（由梁头而梁中而梁尾）提剪、锯

---

① 刘浩然：《闽南侨乡风情录》，香港闽南人出版有限公司，1998，137 页。

梁，再提斧由左而右开斧。提剪、锯梁、开斧均念口诀，经过仪式后，中梁由深山中的普通的木材变为民宅的栋梁。

开斧做梁时，木工要念吉祥颂语。泉州地区木匠边刨削边念吉语云：

> 一条青龙在高山，鲁班取来在阳间，良时吉日开金斧，民丁盖起万年祖。发啊！

> 伏以日吉良时天地开，黄帝子孙造华堂。此木原来身姓梁，生在深山万丈长。鲁班弟子来缠梁，左边缠出龙现爪，右边缠出凤朝阳。梁头缠出做宰相，梁尾缠出状元郎。脊圆缠好粗又壮，架造龙楼并凤阁，子孙富贵进田庄。

金门匠师手册载有"开斧做梁"佳句如下：

> 架马作中梁，此木本是深山中，鲁班先生委我取为栋梁，起盖屋居住万年，良时吉日子孙代代富贵永无穷。梁头一斧梁眼开，文武公卿进前来；梁中一斧梁神来，梁荫境内万年在；梁尾一斧梁转动，代代子孙入皇官，官封及第位至三公。一要子孙多昌盛，二要科第联捷登，三要长寿荣富贵，四要四代两公孙。①

开斧做梁后，木匠或彩画师傅在中梁的正中画上包巾八卦等图案。主事者在供桌前举行仪式后，即由匠师升梁定位。上梁前以木马架梁，闲杂人等不得触摸。厦门、金门需经"点梁"、"押煞"、"送五谷"、"把酒封梁"、"辞神"等科仪，各科仪均需借由佳句祝祷。

中梁下所挂之物称"上梁物"。上梁物有金纸、红布、八卦、灯笼（称"梁灯"）、铜钱（称"梁钱"）、五谷袋等。各地习俗

---

① 张宇彤：《金门与澎湖传统民宅形塑之比较研究——以营建中的禁忌、仪式与装饰论述之》，台湾成功大学建筑研究所博士学位论文，2001。

不同，上梁物也有差异，有的中梁下挂金纸、五谷生炭袋、金花、蓑衣、犁担、通书、米筶、青布、花布等物。[①] 每一种上梁物都有各自吉祥的寓意。中梁上悬挂铜钱、五谷等物，称为"压梁"。

上梁时，由属龙或属虎、父母双全、多兄多弟者扶梁，燃放鞭炮，在鞭炮声中登梯，步步上升。至脊，安置稳妥，撒花生、铜钱，并以红布披于梁木之上，称为"披红"。上梁多在凌晨举行，以免白天人多嘴杂，遇上不吉利的事。上梁时主人要请工匠、帮工及在场围观的人吃"塞嘴丸"。塞嘴丸是用糯米制成的米丸，意为不可多嘴多舌，妄加评议，讲不吉利的话，分散工匠的注意力。上梁完毕后，屋主要以面点菜酒犒劳匠人。

古代上梁时之祝语，皆用骈句，中有六诗，诗各三句，按四方上下分别叙之，往往请名家撰写。闽南匠师的祖传手册中往往录有各类"上梁"诗。

闽南工匠手册《鲁班经书》中"请梁"诗云：

> 伏以，此木身姓梁，生在深山万丈高。木马放敬君左右，鲁班弟子取中央。良辰吉日无别书，东君请你作栋梁。
>
> 伏以，一对金花朵朵新，梁上架起在中心。左还架起状元花，右还架起状元郎。
>
> 一匹红罗万丈长，鲁班弟子来缠梁。左缠三转生贵子，右缠三转状元郎。
>
> 一匹红罗在手中，重重富于主人翁。若要儿孙登金榜，栋梁架起状元红。
>
> 一杯酒奉梁头，儿孙代代出公侯。

① 詹石窗：《从信仰习俗看闽南民宅营造的生命意识》，福建省炎黄文化研究会、中国人民政治协商会议泉州市委员会编《闽南文化研究》（下），福州，海峡文艺出版社，2004，1004～1005 页。

二杯酒奉梁中，儿孙代代万富公。

三杯酒奉梁尾，儿孙代代中高魁。

泉州匠师手册之上梁口诀佳句云：

伏羲天地开，正是鲁班的弟子，右手拿宝剑，左手拿金鸡。此剑是什剑，正是九天玄女的宝剑；此鸡是什鸡，正是天上的宝鸡。

永春匠师手册载有《上梁请仙祖祭文》和《上梁祝文》文本：

上梁请仙祖祭文：〇年〇月〇日〇时福建省〇县〇都〇境〇乡〇村〇〇堂信士〇〇名等一意丹诚，敬备牲礼全付，大香灼火，今请和协、鲁班仙师希到助场教导，谨大尊中梁日美建新高堂其上，华堂盖厦，厝坐向东西四至，上下左右，顶是高山，下是平洋，山川腾秀，山水来时，境腾地龙，敬备伏愿清茶果品实宝之仪，伏愿之至，具问以闻。岁次〇年〇月〇日答叩。

上梁祝文：伏维〇年〇月〇日〇时升梁，天精地灵，互化身日月乾坤之精华，修居建屋，大林之储良材之用，修诸大厦必求乔木，春冬寒暑天地生成，施经岁月培养之功，汝为栋梁之资，室宇修宗，大尊堂上中梁，为神日美建新高堂华厦，福建省〇县〇都〇境〇乡〇村俗呼〇〇堂，宅坐〇〇向，山明水秀，地龙境腾，堂水朝宗，福寿双全，士农工商，资中时田以吉，升梁大吉，梁为一室光辉，栋梁之神高堂其上之尊百世万代传宗，梁神量麻维持保界，为居之章地，千年之国族，佑我之安，丁财旺盛，士农工商，金榜题名，五谷丰登，百业兴旺，腾均诸利乐，香楮清茶果品实宝之义，伏愿之至，具问以闻梁神、境主，岁次〇年〇月〇日

○答叩。①

上梁之后，尚有点梁、掀梁的仪式。闽南大厝的中梁在明间的位置事先画上"包巾"，其上彩绘"双凤朝阳"、"双龙抢珠"、"太极八卦"、"河图洛书"等图案，并用红布包裹（图5-1-1），木匠师傅把红布掀开，并念上梁口诀。

"掀梁"则为逢利年将覆盖于中梁八卦上之红布掀开的仪式，其间需经请神、洗梁、点梁、押煞、送五谷、封梁、辞神等仪式。

闽南民间认为，新厝的风水气运（按六十甲子轮回）是在掀梁点眼之后开始"走动"的，只有点梁才能保证住宅的气运，故民间很重视点梁仪式。②

掀梁开始时，先上香，然后木匠循木梯而上，撕下包在大梁（脊圆）正中的红布，再用甘草水洗去梁上的尘垢。祠堂、寺庙等建筑有大门、大厅两落时，先从后落的大厅大梁掀起，然后再掀前落的。

掀梁之后举行点梁仪式。同安地区百姓点梁时，要念点梁咒如：

> 一点左眼开，左眼开观天门；二点右眼开，右眼明，右眼识地理。两眼点完双眼齐明。

> 黄道吉日来点梁，点梁吉时一点红，一点梁头人长生，二点八卦卦显应，三点龙眼照分明，发啊。

点梁上八卦时，也要念曰：

> 一点乾坤上宝台，发；二点离坎两边排，发；三点震巽

① 陈进国：《信仰、仪式与乡土社会：风水的历史人类学探索》，北京，中国社会科学出版社，2005，419页。
② 陈进国：《事生事死：风水与福建社会文化变迁》，厦门大学人文学院博士学位论文，2002。

兑艮四仪在；四点太极上金阶；五点元亨利贞添丁进财，发；六点凤凰牡丹开；七点梁前梁自在，发；八点梁后添丁财，发。[①]

金门匠师手册"点梁"口诀佳句云：

> 伏羲天地开，鲁班先生赐我来。
>
> 左手执金圭。右手执宝剑。
>
> 只剑是乜剑，只剑正是九天玄女殿前宝剑。
>
> 只圭是乜圭，只圭正是九天玄女殿前报晓圭。
>
> 灵圭杀血万事大吉，一点圭血左眼开，二点圭血右眼开。
>
> 左眼看山水，右眼看家财。
>
> 三点梁中万事大吉。
>
> 一杯米酒把梁头，百子千孙。
>
> 二杯米酒把梁尾，富贵十全。
>
> 三杯米酒把梁中，代代子孙入皇宫。
>
> 焚香拜请福建泉州府○○县○○都○○乡○○姓○○名弟子起盖高堂，再拜请阳公祖师、叶先师、张李仙师神君，再拜请于州府临川县鲁班先生一郎、二郎、三郎，姜氏夫人、黄氏小姐神君，再拜请本家灶君、土地、观音佛祖、门神户位、井神君，再拜请本境列位王爷神君，择起本月○日○时上梁，预祈大吉，添丁进财，老幼康宁，世世科第，诗礼传家，六畜兴旺，天长地久。弟子备办三牲五牲果品香烛，各方神佛，就单领纳金纸。天地阴阳龙门开，一条真龙高山来，鲁班亲自去剪取一块中庸根，是我做，听我言。

---

① 厦门市同安区马巷镇洪厝《符咒簿》，转引自陈进国《信仰、仪式与乡土社会：风水的历史人类学探索》，北京，中国社会科学出版社，2005，418 页。

把酒梁中，代代子孙入皇宫。

封梁挂起进高台，代代子孙做官两排。

梁挂起是梁灯，代代子孙万年兴。

梁挂起是红钱，代代子孙富万年。

梁挂起是五谷，代代子孙食皇禄。

一把五谷镇在东方甲乙是木，长房子孙食皇禄。

一把五谷镇在西方庚辛酉是金，二房子孙入翰林。

一把五谷镇在南方丙丁是火，三房子孙官居国老。

一把五后镇在北方壬子癸是水，四五六七房子孙大富贵。

一把五谷镇在中央戊己是土，代代子孙寿元至彭祖。

一把五谷镇出去，千灾万祸尽消除。

一把五谷镇入来，代代添丁共进财。[①]

除木匠外，泥水匠、石匠也随后主持仪式。金门泥水匠"杀鸭歌诀"云：

白云飞来到处开，吾奉九天玄女来。

赐我左手执乌鸭，右手执宝剑。

此鸭正是乜鸭，乃是九天玄女正身鸭。

此剑非是乜剑，正是九天玄女青龙剑。

押天天上气，押地地里藏。

押山山来龙，押水水潮堂。

押人人兴旺，押鬼鬼潮藏。

凶神恶煞尽回避，押去外州、外省、外府、外县、外夷。

各各退去五千里，不准尔回头。

---

① 林丽宽、杨天厚：《金门的民间庆典》，台北，台原出版社，1993，73、74页。

愿得主人大富贵，福禄寿三星喜相随。①

石匠也主持点梁仪式，左手捧"金盘"，右手撒盘中的五谷，口中念念有词：

手捧金盘，正是鲁班先生的徒弟。

五谷献入东方甲乙木，代代子孙吃俸禄，发啊！

五谷献入西方庚辛金，代代子孙富满金，发啊！

五谷献入南方丙丁火，代代子孙赚钱作家伙，发啊！

五谷献入北方壬癸水，代代子孙大富贵，发啊！

五谷献入中央戊己土，代代子孙做彭祖，发啊！

五谷献入东，青龙星君进，发啊！

五谷献入南，朱雀星君进，发啊！

五谷献入西，白虎星君进，发啊！

五谷献入北，玄武星君进，发啊！

五谷献入中，勾陈星君进，发啊！

螣蛇星君进，发啊！

五谷献入来，添丁又进财，发啊！

五谷献入出去，凶神恶煞皆逃避，发啊！

五谷献入壁，子孙大进跃，发啊！

五谷献入不完，子孙中状元，发啊！

五谷献入有剩，千子传万孙，发啊！

五谷献入梁中，子孙进皇宫，发啊！

五谷献入满厝，代代子孙盖新厝，发啊！②

掀梁仪式一般于上梁后举行，若未逢利年则于日后与"寄后土"或"安厝"一并举行。

---

①　林丽宽、杨天厚：《金门的民间庆典》，台北，台原出版社，1993，75 页。

②　同上书，77 页。

在条件允许的情况下（如无年利冲突），泉州地区的出煞仪式与掀梁、点梁仪式常一起进行。

泉州"点柱"佳句云：

> 一点柱丁多吉庆，人宅平安家和万事成；二点柱丁福盈门，二十四山行好运；三点柱丁灯结彩，五子登科来认祖；四点柱丁喜气盈，封妻荫子竖旗杆。

上梁时，梁上系红布，两位木匠将画有八卦符图的红布系于中梁正中（亦有直接将八卦图案绘在中梁上的）。左边的师傅先念系八卦祝文：

> 手拿梁红万丈长，今日将你挂梁上，挂入梁中房房发，子孙富贵置田庄。

右边的师傅接念：

> 手拿梁木代代红，今日将你挂梁中，梁头挂出为丞相，梁尾挂出状元郎。[①]

点梁之后，进行送五谷、把酒封梁、辞神仪式。

金门"送五谷"佳句云：

> 一送东方甲乙木，宅主儿孙食皇禄。
> 二送西方庚辛金，荫益子孙斗量金。
> 三送南方丙丁火，代代子孙登家伙。
> 四送北方壬癸水，代代子孙大富贵。
> 五送中央戊己土，代代儿孙寿同彭。
> 五谷送出来，代代儿孙进秀才。
> 五谷送入来，添丁共进财。

---

① 刘浩然：《闽南侨乡风情录》，香港闽南人出版有限公司，1998，133页。

五谷送落帕，代代子孙做皇帝。

金门"把酒封梁"佳句云：

把酒

一杯米酒把梁头，百子千孙。

二杯米酒把梁尾，富贵双全。

三杯米酒把梁中，子子孙孙富贵年。

封梁

封梁结起上高台，子子孙孙进秀财（才）。

封梁结起五方灯，子子孙孙进翰林。

封梁结起得梁钱，子子孙孙富贵年。

封梁结起得五谷，子子孙孙大发福。

金门"辞神"佳句云：

伏羲虎山木清秀，住在深山万重。

鲁班先生取来作中梁。

视我剪，听我作，视我作，听我言。

梁神在位，正神（众神）各归本位。

有时还要念伏镇恶煞的祝文，称"出煞"。

金门"出煞"佳句云：

身带青罗帕，副逸（傅悦）先生之徒弟。

伏羲天地开，基在高堂阳水开，良时吉日地生财，乌叶（荷叶）先祖赐我来。

左手执宝剑，右手拿乌鸦。

只剑是乜剑，只剑非是凡间剑，正是九天玄女殿前宝剑。

只鸭是乜鸭，只鸭非是凡间鸭，乌鸦明明透天庭。

押天天上去，押地地下藏，押人人兴旺，押出荒明恶煞尽消除。①

笔者保存的闽南民间工匠用书《鲁班经书》之"出木马煞语"云：

> 伏以雄鸡耀耀透天堂，千圣万贤左右分。我是凡间鲁班仙，身带重兵百万千。造主请我来出煞，凶神恶煞听我言。此鸡生来似凤凰，生得头高尾又长。造主养尔来报晓，仙师用尔祭煞神。左手拿金鸡，右手拿金斧。此鸡不是非凡鸡，只是仙师出煞鸡。此斧不是非凡斧，鲁班仙师拿斧斩凶神。天煞打从天上去，地煞打从地下藏。年煞归年位，月煞归天方，日煞归时藏。如有一百廿四位凶神恶煞，用此雄鸡抵当。

由于各地风俗习惯不同，点梁、出煞用语及文辞也有差别，例如永春民间出煞、开梁、点梁前，要备好这些物品：刀子一把（称"上封宝剑"）、镜子一面（称"照妖镜"）、新毛笔一支（称"皇上笔"）、能啼公鸡一只（称"皇上鸡"）及金纸。出煞时请唐代风水师李淳风仙师，其文曰："今请淳风仙师教导：天清清，地灵灵，五化变身：压天天青青，压地地灵灵，压水水到堂，压人人长生，压鬼鬼回避。"②

四、封规、合脊

泥水匠完成屋顶的垂脊、正脊，砌筑合拢之时称"封归"、"封规"、"收归"，表明房屋的墙体工程已全部完成。正脊由两端向中间施工合拢，称"合脊"，表明屋顶工程完成。两者统称

---

① 张宇彤：《金门与澎湖传统民宅形塑之比较研究——以营建中的禁忌、仪式与装饰论述之》，台湾成功大学建筑研究所博士学位论文，2001。

② 陈进国：《信仰、仪式与乡土社会：风水的历史人类学探索》，北京，中国社会科学出版社，2005，419页。

"封归合脊"。中国北方有在正脊或正吻中放置"脊瓦合龙什物"的习俗。闽南封归合脊时，也要将合脊物放入正脊之中。闽南的合脊物常用的有：五谷（米、绿豆、黄豆、大豆、高粱等，代表五谷丰登）、五色线（红、绿、白、黑、黄五色）、铜钱（表示财富）、韭菜（寓意长长久久）、芋头（寓意多子多孙）、铁钉及灯芯（表示出丁、人丁兴旺）、白曲（表示发达）、犁头鉎（表示会生）、金纸等。祠堂、祠庙、道观的合脊物内容很多，佛寺屋脊内的合脊物很少，据说寺庙有佛祖保佑，不怕邪道，最多只放一些五谷、几页佛经。

封规、合脊时，主人要敬土地公，并备办酒席宴请师傅、小工，故民谚有"封归合脊，师傅小工吃甲必"之说。"吃甲必"，即吃得肚撑欲裂。

第二节　闽南建筑禁忌

闽南民宅，选址时讲究风水。闽南民谚曰："风水先生指一指，石匠师傅累半死。"一般建造房屋，都须请风水师择地，民间认为选择好风水，能使人丁兴旺，发家致富。

在闽南传统建筑中产生大量的冲煞禁忌，譬如路冲、柱冲、宅冲等等。自家大门面对着别人的大门叫作正面冲，于两方均不利，尤其是门小的一方。在一户之内，忌三个以上的房门相对，虽然可以产生穿堂风，但门门相对，民间认为守不住财。

闽南民间认为，打地基时忌用使用过的旧墙砖，旧砖空隙多，易沾有不洁晦气。床位不可对着梁，否则会"闹穷闹凶"；床与梁相交叉，称为"担楹"，凶；如无法避免，可在床架上方支起一根扁担，将梁"挑"起来。床位上方不得设置天窗，靠近床头的墙上也忌开窗。另外，闽南民间认为门是眉，窗是眼，因此窗不可高于门，也不能比门大。大门门板忌用四片或六片拼成，因闽南"四"

与"死"音近，而"六片板"是棺材的别称。再如室内的灶，布置也有讲究。灶口忌向东，闽南话"东"与"空"谐音，闽谚曰："灶口向东，米缸空空。""灶口向东财空空。"

实际上，在传统社会里，工匠地位虽高，也无法拥有绝对的发言权，有时并不能以专业知识或经验说服业主，只能以吉凶禁忌来表达观点。这些吉凶禁忌，久而久之便形成一种规则、一种习俗。工匠世世遵守，若犯禁忌，会被认为是"破格"，厝主会说匠师功夫不到家，甚至认为工匠有意作弄，是"做窍"、"见损"。在房屋设计时，例如规定"天父压地母"，即大厅之高（天父）须大于面阔（地母）。各房间由前向后，其地坪应逐渐抬高，寓意"蒸蒸日上，步步高升"。房屋必须"前包后"，即住宅前端总阔必须小于后端总阔，这样的房屋称为"布袋厝"。反之，前宽后窄者称为"畚斗厝"，易泄气、散财。屋顶瓦垄用偶数，而瓦沟则忌用偶数。室内梁架要注意木柱的头向上，闽南民间工匠用书《鲁班经书·造屋规矩》云："凡造屋，大屋大料，小屋小料。如柱头破裂者，损人丁。左损男，右损女。凡木料要一顺，切忌颠倒。"木材根部直径最大，纤维密度也大，重心较低，立柱时有利于稳定，符合材料的物理力学性能。不过，这样的配置，其主要目的是顺应自然，希望房子建成后也如树木般生机蓬勃。

南方民宅上的厌胜物，在《鲁班经·禳解类》中有丰富的记述。其中包含了瓦将军等 12 类。《鲁班经》所载的厌胜物，绝大部分在闽南可见到。闽南传统建筑上的厌胜物，从村落街巷中的石敢当、屋脊上的风狮爷、烘炉到门楣上的八卦牌、倒镜、狮牌等，式样繁多，造型丰富。

一、石敢当

石敢当起源于远古时期石头崇拜的原始信仰。唐代已有立"石敢当"的风俗。宋王象之《舆地碑记目》记载了福建莆田当时官方所立的石敢当：

> 石敢当碑。庆历中，张纬宰莆田，再新县治，得一石
> 铭。其文曰："石敢当，镇百鬼，压灾殃，官吏福，百姓康，
> 风教盛，礼乐昌。大历五年县令郑和字记。"今人家用碑石，
> 书曰"石敢当"三字镇于门，亦此风也。①

这块唐大历时的石敢当碑，由县令署姓，相当于县令的告示
碑，是为官吏、百姓祈福的公共设施。这是关于中国石敢当最早
的记载。宋代已用"石敢当"，镇于私家之门，为一户人家驱煞
避邪。福建省有纪年的最早的"石敢当"发现于福州市郊，系宋
代绍兴年间所立，高约 80 厘米，宽 35 厘米，横书"石敢当"，直
书"奉佛弟子林是晖，时维绍兴载，命工砌路一条，求资考妣生
天界"，分 4 行，共 25 字。

石敢当立于巷口，闽南民间相传，邪魔沿人间街巷行走，遇
到石敢当就会被挡回，不得前进。连横《台湾通史》说："隘巷
之口，有石旁立，刻'石敢当'三字，是则古之勇士，可以杀鬼
者也。"②

石敢当的形式变化很多。闽南地区所见，有的将太极八卦
图、狮首或虎头雕刻于石敢当碑额，以增加威慑力；除石敢当
外，还可用石狮、土地庙、泗洲文佛等代替。20 世纪 40 年代，
梅江田正孝调查厦门岛内的街巷（不包括鼓浪屿），共发现了 65
座石敢当，还有"石制冲"、石狮、石虎等（图 5-2-1）。③

---

① ［宋］王象之：《舆地碑记目》卷四《兴化军碑记·石敢当碑》，文
渊阁四库全书本。

② 连横：《台湾通史》卷二三《风俗志·宫室》，北京，商务印书馆，
1983，427 页。

③ 梅江田正孝：《厦门的石头与驱邪》，林川夫主编《民俗台湾》（第
四辑），台北，武陵出版有限公司，1990，186～190 页。

　　闽南华侨还将石敢当信仰传到东南亚地区，这些地区的石敢
当信仰，仍然带有闽南的传统习俗。

二、瓦将军、风狮爷

　　闽南传统建筑屋顶上的镇物，有骑于狮身之上、弯臂张弓的
武士，当地有"瓦将军"、"风狮爷"两种称呼。瓦将军为陶制，
一般在屋正脊正中放置一尊或一对，狮子张口，对着风口，有时
也称"屋顶风狮爷"。闽南多风，一般大厝时见之。狮子内部空
心。据传，风吹入狮口，会发出鸣声，风大则声大，风小则声
小，作用如今之报警器，随时通知主人风速之大小。但也有狮子
是闭着口的（图5-2-2）。

　　有关风狮爷的由来，闽南沿海及台湾民间都有"蚩尤"、"风
神"、"瓦将军"等说法。连横《台湾通史》载："屋脊之上，或
立土偶，骑马弯弓，状甚威猛，是为蚩尤，谓可压胜。"[①]《鲁班
经》中对瓦将军也有记载。《鲁班经》所附《灵驱解法洞明真言
秘书》说：

> 　　凡置瓦将军者，皆因对面或有兽头、屋脊、墙头、牌坊
> 脊，如隔屋见者，宜用瓦将军。如近对者，用兽牌。每月择
> 神在日安位，日出天晴安位者，吉。如雨，不宜，若安位反
> 凶。本物不宜藏座下，将军本属土，木原克土，故不可用安
> 位，必先祭之，用三牲、酒果、金钱、香烛之类。
>
> 　　祝曰：伏以神本无形，仗庄严而成法相，师傅有教，待
> 开光而显灵通（即用墨点眼）。伏为南瞻部州大明国某省某
> 府某县某都某图住屋奉神信士某人，今因对门远见屋脊，或
> 墙头相冲，特请九兽总管瓦将军之神，供于屋顶。凡有冲

---

　　①　连横：《台湾通史》卷二三《风俗志·宫室》，北京，商务印书馆，
1983，427页。

犯，迓神速遣，永镇家庭，平安如意，全赖威风。凶神速避，吉神降临，二六时中，全叨神庇，祭祝以完，请登宝位。

祝毕以将军面向前上梯，不可朝自己屋。凡工人只可在将军后，切不可在将军前，恐有伤犯。休教主人对面仰观，宜侧立看，吉。

《鲁班经》所附《灵驱解法洞明真言秘书》中的"瓦将军"，其形象是坐在屋面正中的、身着盔袍的武将，并没有张弓射箭、骑于狮身上。倒是《灵驱解法洞明真言秘书》中的另一禳解物——"黄飞虎"，其形为倚于虎身、拉弓仰射，但注文说："飞虎将军，或纸画，或板上画。凡有人家飞檐横冲者，用此。横冲屋脊等项，亦用此镇之。"可见其并不是陶制，而只是平面造型。

瓦将军、风狮爷这类镇物在台湾的民居中也时常见到。据考证，台湾、金门的屋顶风狮爷多由厦门、泉州输进。[1]

在闽南，除了屋顶上的风狮爷外，祠堂、庙宇塌寿对看堵前方檐口下，或者山墙最前端的檐口下，一般会凹入一块，工匠称为"马槽"。其中也经常放置蹲立的狮子，形态与镇门狮相似。马槽内的狮子，统称为"辟邪狮"。

除了屋顶风狮爷外，还有立于村落入口处的镇压风煞的风狮爷，以金门岛保存最多。金门昔日多风沙，居民认为是"风煞"所致，因此在村落的当风路口处设置风狮爷以镇风，久之风狮爷成为聚落的守护神，现在已成为金门的象征之一，是金门特有的人文景观。金门风狮爷可分成立姿和蹲踞两种，以立姿为多，且为单只，没有成对的。风狮爷大多采取拟人的方式雕塑，远看就像真人站在那里。大多数风狮爷的高度与成人相当，也有的高达3.85米，有的则体态娇小，仅15厘米左右。金门岛的这类单独

---

① 庄伯和：《台湾民艺造型》，台北，艺术家出版社，1994，12页。

的立姿风狮爷可能源于大陆。泉州清初提督衙（在今威远楼处）前有一只蹲踞的巨型石狮，陈泗东先生从其工艺造型分析，认为它雕琢于明代。① 在泉州旧城区，也常见街头巷口踞立的单只小型石狮，以镇风、镇煞、镇冲。金门的风狮爷信仰，其镇风的观念与直立的形态皆传自泉州，由蹲踞改为直立，大约是为了避免被风沙掩埋，并成为本地风狮的普遍样式。②

三、八卦牌、八卦剑狮

八卦牌，是表面绘刻有太极、八卦图案的等边八角形木牌，一般都安置于大厅门额上，作为"镇宅"之用，是闽南民间普遍的辟邪物。八卦牌上多挂上尺子、镜子、剪刀、木锥、毛笔等物。《易·系辞》说："古者包牺氏之王天下也，仰则观象于天，俯则观法于地……于是始作八卦，以通神明之德，以类万物之情。"民间因此认为八卦可通神明；八卦外形似一个蜘蛛网，因此民间又相信它是象征宇宙的"天罗地网"。

除八卦牌外，狮头、剑、八卦组合的狮子兽牌也很常见，民间习称为"八卦剑狮"、"八卦兽牌"、"狮头八卦"或"剑狮"。漳州年画中经常见到这类八卦剑狮。③ 民宅中所见的，多绘于木牌之上。其形象是口部微张并衔着一把或两把利剑的狮头，剑上常绘七星，狮子额头上常书"王"字，左右再绘上日月图文或八卦、洛书、麒麟、双蝠等图案。

还有"山海镇"，《鲁班经》说："山海镇，凡有巷道、门路、

---

① 陈泗东：《泉州海外交通若干问题小考》，《泉南文化》，1990 年第 1 期。

② 郭志超：《金门风狮爷寻根》，福建师范大学闽台区域研究中心编《闽台区域研究丛刊》（第一辑），北京，海洋出版社，2001，42 页。

③ 陈侨森、郑调麟、李林昌：《漳州掌故》，福州，海风出版社，1995，311 页。

桥亭、峰土堆、枪柱、船埠豆、篷柱等项通用。""山海镇，如不画者，只写山海镇。如可画之，犹佳。"在闽南，山海镇挂于木楣之上，简单的只写"山海镇"三字，复杂的则在中间画出山峦、海水图案，两旁书写"吾家山海镇，对吾能生财"等联（图5-2-3）。

第三节　闽南的工匠与流派

闽南地区传统建筑营建分工，大致有以下几类：

1. 大木匠，负责建筑设计与估算、大木构架点篙尺、制作、安装等。

2. 雕花匠，负责大木构件雕刻、门窗雕花等细木。

3. 石匠，负责台基、柱珠、石鼓等石活制作、安装。

4. 土水匠，负责地面、山墙、屋顶做脊铺瓦等土作。

5. 彩绘匠，负责木构架、门窗油漆、彩绘等画作。

6. 剪花匠，负责剪粘、灰塑、陶饰等装饰。

以上再进行细分，还有专作门窗的"细木匠师"、专作神龛雕刻的"凿花匠"、专作石狮或龙柱的"石匠"、专铺屋瓦的"瓦匠"、专作陶饰的"陶匠"等。

闽南传统的营建匠师可以大致分为大木、细木、泥水、石作、彩绘、剪粘等工。闽南古建筑在设计施工时，以大木匠为主。大木匠，称为"执篙师傅"，负责房屋的设计与大木构架的施工，是统筹房屋营建的决策者，集设计、估料、鸠工、施工、监造于一身，同时还负责营建吉凶的推算。其他工匠如石匠、木雕匠、泥匠、瓦匠、油漆匠、彩画匠等须与之配合。按照不同工匠在施工中不同阶段所起的作用，房屋施工中以"上梁"仪式最为重要，故宴请众工时，木匠坐于筵席的首位；而"落砗定磉"时，石匠在筵席上坐首位；完工时则瓦匠或彩画匠坐首位。木匠、石匠、泥匠等施工工具都离不开铁匠的打造，所以众工聚餐时，若有铁匠在场，铁匠必坐上席。

对于木结构而言，一般以木作为主，泥水为辅，石作属于较次要的配套工种。其中以大木匠师的角色最为重要，尤其是称为"执篙师傅"的大木匠，负责点制篙尺，在匠师中地位最尊。在闽南工匠体系中，石匠师的地位也比较重要，其地位仅次于大木匠师。在以石构件为主的民居建筑中，石匠师、泥水师起着举足轻重的作用。例如，在惠安崇武地区，当地建房均请本镇负有盛名的官住村泥水师傅。因为当地建房基本不用木材，建筑过程虽然也如闽南传统木构建筑有安土、开基、立大门、上顶板（平屋顶的屋面板）等工序，但都是泥水师傅主其事。

在传统工匠的技艺传承中，一个匠帮一般有一位称为"执篙师傅"的大木匠师，以下依次有师傅头（头手师）、二手师、三手师与小工，协助合作。闽南谚语曰："大工手一指，小工磨半死。"形容师傅头轻轻一比画，旁边的小工就要忙得团团转。

房屋施工前，木工师傅将房屋的重要尺寸都标在一根桷枝上，称"篙尺"。施工时，土工、石工均须依照篙尺上的尺寸施工。木工师傅用竹篾做成"篾刺"，蘸墨斗里的墨水写字。

闽南匠师认为施工工具神圣不可亵渎，木匠的斧头、曲尺、墨斗、篾刺，泥水匠的瓦刀，石匠的石凿等，均可以作为辟邪物。木匠的斧头每次使用后都要用红布包起来，表示敬重。闽南俗谚曰："师傅斧，恰惜某。"即师傅爱护自己的斧头甚过自己的老婆。木工师傅忌讳别人跨过墨斗、曲尺、吊锤等有关施工度量的工具，也不许闲人乱摸乱动，认为这会得罪祖师神明，影响工具的精确度，并使自己的技艺退化，所以工具一般也不肯借给其他人使用。如果有人摆弄过工具，必须禳解，即用咒符点火，绕工具一周，称为"焚净"。

木匠、石匠、泥水匠合称"三柱师傅"或"三炷师傅"。中国的每个行业都有祖师爷，建筑工匠也不例外。在闽南，木匠的行业神是鲁班，石匠的行业神是女娲（九天玄女），泥水匠的行业神是荷叶先师。在举行重要的施工仪式如做梁、上梁、点石砭、点梁、出煞时，都要请各自的祖师神明莅临。闽南传说，荷叶先师是鲁班的徒弟，曾发明土木工具，被泥水匠、砖瓦匠奉为行业神；也有的工匠相传，荷叶先师是鲁班之妻。在不同地区，这三个行业尊奉的祖师也有差异，如安溪地区泥水匠奉九天先师，华安地区奉荷叶先师，永春地区奉九天玄女，厦门地区则奉地方神明"将军爷"，诏安地区奉"缺口铁将军"，以本地的地方神明取代传统的祖师爷。①

一、惠安溪底派匠师王益顺

明代末期，原居住在泉州府惠安县城的王姓家族迁入县内溪底村居住，并以操持木匠为生，经数代发展形成了以大木作为主的溪底派匠师帮。王氏家族居住于溪底村东，村西由刘氏家族居住，大多也以木工为生。清代闽南泉州重要建筑的设计修建，多由溪底派王氏匠师主持，其中较有名的如清道光三十年（1850年）王弼日重修开元寺大殿、② 安海龙山寺、泉州承天寺等。直到近代，闽南地区古建筑的重建与维修也多由溪底派匠师主持。

近代以来，溪底派匠师中最著名的大木工是王益顺。

王益顺（1868—1929 年），惠安崇武溪底人。因家贫而习木匠手艺。18 岁时即能独当一面。据传，泉州市泉港区峰尾镇的东岳庙内带有蜘蛛结网藻井的戏台是他的处女作和成名作，是年他

① 林国平、彭文宇：《福建民间信仰》，福州，福建人民出版社，1993，136 页。

② 20 世纪 80 年代泉州开元寺大殿落架大修，发现脊檩上皮有墨书题记："大清道光岁次庚戌年腊月佛成道日住山募化重修僧广圆复本□匠惠邑王弼□□□□逾年僧祖培书记。"

仅 20 岁。此后他又重新扩建惠安崇武圣母宫,应聘构筑厦门户部埕黄氏宗祠的蜘蛛结网亭,遂闻名遐迩(图 5-3-1)。

1916 年前后,王益顺在厦门、金门一带承建许多祠堂、庙宇工程,并携家眷定居金门。1919 年,王益顺受辜显荣之邀赴台参与台北万华龙山寺改建,名声大噪。此后王益顺在台湾的停留时间近 10 年。王益顺赴台时,随行的除了自己的徒弟外,还有许多从事石作、瓦作、雕刻等工种的匠师。王益顺在台湾的作品有台北万华龙山寺、新竹城隍庙、台南南鲲鯓代天府、鹿港天后宫及台北孔庙等,对台湾传统建筑影响深远。据考证,台湾寺庙常见的螺旋藻井及纵横交叉的"网目斗拱",皆由王益顺首次带进台湾,而轿顶式的钟鼓楼也是王益顺首次运用于台北龙山寺。①

1928 年,王益顺又受聘兴建厦门南普陀大悲殿,临完工前病逝,余下部分由其高徒王水良续建,现南普陀寺大悲殿的台基上,尚留有当时所刻"民国十九年春岁次庚午工程师王益顺"等字。

王益顺的高徒均为本村人。他的大徒弟王水良曾主持集美鳌园内的建筑,在厦门一带颇负盛名。另一徒弟王戆隐曾负责大修泉州开元寺大殿、百源川池亭及鼓浪屿菽庄花园亭阁等。

二、台湾闽南系建筑漳州派匠师陈应彬

陈应彬,台湾本地的重要匠师,出身于木匠世家,祖先来自漳州南靖,居住于摆接堡(今台北县中和、板桥一带),是晚近漳州派匠师的代表人物。

陈应彬于清同治三年(1864 年)生于板桥,1944 年逝世。据传陈应彬曾参与清光绪年间台北考棚、城门等建造工程,吸取

---

①　李乾朗:《日占时期台湾的寺庙》,《福建工程学院学报》,2004 年第 1 期,76 页。

各地工匠的经验。其作品众多，有北港朝天宫、澳底仁和宫、桃园寿山岩、丰原慈济宫、台北保安宫、关仔岭大仙寺、木栅指南宫、台中林祖厝、台中旱溪乐成宫等，朝天宫为其最佳代表作。陈应彬继承漳州派大木技术，并发扬光大。最为人称道的是斗拱的运用，尤其是螭虎拱的造型，变化多端，无人能出其右。他的栋架，粗壮有力，用材浑厚饱满有力，且擅长假四垂的歇山重檐结构，如朝天宫及林祖厝皆用之。

陈应彬传徒多人，包括其子陈己堂及陈己元，高徒廖石成等皆继承衣钵，在台湾寺庙建筑发展史上，陈应彬的影响极为深远。

三、惠安崇武镇五峰村石作匠师

惠安崇武镇多出工匠。出身于石匠世家的李周就是崇武镇人。李周（也写作李州）活动于清康熙、乾隆年间，[①]他年少聪颖，技艺高超，尤其擅长精巧纤细的雕刻，被崇武镇五峰村的石匠尊为宗匠。李周年轻时卖艺于福州一带，传世作品有于山白塔寺法雨堂龙柱、兴化会馆石狮等。李周在福州一带颇有名气，且授徒多人。据传用金刚针雕琢的"影雕"技法也是李周的发明。

在惠安溪底村旁的五峰村，居住着以蒋姓为主的石匠群。蒋姓匠帮配合着溪底派木工匠师一起工作，是闽南地区极具影响力的石匠集团，以致有"无蒋不成场"之说。

---

① 泉州市建委修志办公室编：《泉州市建筑志》，北京，中国城市出版社，1995，310 页。

图 5-1-1　中梁

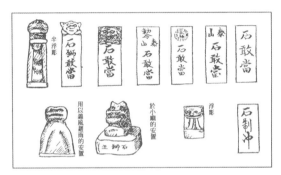

图 5-2-1　厦门的石敢当（引自梅江田正孝《厦门的石头与驱邪》，见林川夫主编《民俗台湾》）

图 5-2-2　屋顶风狮爷（厦门市海沧区新垵村）

图 5-2-3　吾家山海镇，对吾能生财

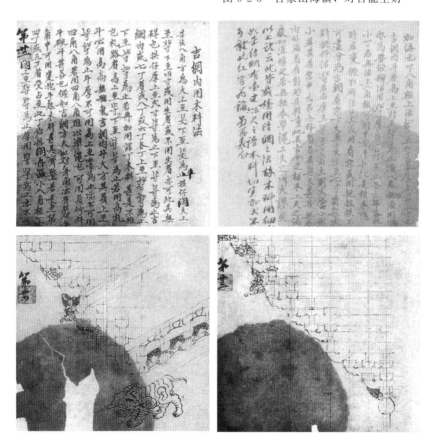

图 5-3-1　王益顺的结网手稿

第六章

闽南建筑文化向海外的传播

第一节　闽南建筑与中外文化交流

宋代以后，中国的经济重心南移，闽南土地大量开发，人口激增。闽南沿海的人口发展与土地不足的矛盾日益突出，濒海居民遂漂海过番，谋求生路。但在明代以前，海外移民的人数十分有限。明清时期，中国东南沿海的政治纷争、灾荒、海禁、迁界、东西方海洋势力的骚扰等引发社会动荡，海外移民才成为粗具规模的社会现象，移民潮持续不断，移民地域也遍布南洋各地。随着移民人数的增加，移民的基层组织也从中国沿海民间移植而来，经过海外环境的改造，形成以方言、地缘、血缘、业缘等为纽带的帮会、同乡会、宗亲会、行业会馆等基本的社区组织，移民社会也逐渐走向成熟。移民社会早期的基层组织主要依托于寺庙、义山和大大小小的"公司"，例如巴城的观音亭、马六甲的青云亭、各地的义山义冢等。中国沿海福建、广东的海外移民分布区域主要集中在南洋群岛与印支半岛地区。闽南海外移民以菲律宾的马尼拉，印尼的巴达维亚城、泗水、三宝垄，马来西亚的马六甲、槟城、吉兰丹和新加坡等地最多。

菲律宾的传统房屋是竹木搭建、上覆茅草的干栏式建筑（高脚屋）。历代移居菲律宾的中国移民带来了中国的建筑风格和技术。尤其是 16 世纪西班牙人占据菲律宾并在马尼拉大兴土木之时，涌入此地的中国石匠、木匠及其他建筑工匠人数激增。当时许多教堂、修道院、医院和房屋都是由华人劳工建造的。菲律宾学者 E. M. Alip 说："我们国家早期的艺术家、雕塑家和建筑师都是中国人。""在古老的教堂和破裂的石砌大建筑里，可以看到中国建筑的遗迹。黎萨尔（Rizai）省的 Morong 和 Tanay 的多层教堂的塔状钟楼，南伊洛科斯（Ilocos Sur）圣玛丽亚的巨石楼梯和教堂，内湖纳卡兰（Nagcarlang）天主教公墓饰以瓦片的铁花格围墙和怡廊（Iloilo），卡巴端（Cabatuan）教堂的伞形圆屋顶，都是菲律宾受中国建筑影响的不朽标志。"[1] 中国人制造了价廉物美的砖瓦材料。闽南自宋代以后就有烧制牡蛎壳灰代替石灰的传统，闽南工匠向菲律宾传入了烧制牡蛎壳灰的技术。萨拉扎尔（Salazar）主教写道：

> 起初，如同在西班牙一样，石灰是用石块制成的，但现在中国人利用在海边发现的白珊瑚和牡蛎壳烧制石灰。开始我们不相信这种石灰的质量，但它生产出来后与我们先前制造的一样好。并使本市（指马尼拉）不再使用它种石灰。这种石灰非常便宜，我们用 4 Realas 购买 12 bushles 的石灰。[2]

马六甲、槟榔屿和新加坡是马来半岛上较早开发的地区，也

----

[1]　Eufronio M. Alip：*Ten Centuries of Philippine-Chinese Relations*：*Historical*，*Political*，*Social*，*Economic*，Manila. 1959，P103－104. 转引自杨国桢、郑甫弘、孙谦《明清中国沿海社会与海外移民》，北京，高等教育出版社，1997，84 页。

[2]　*Bishop Salzar's Report to the King*，from Alfonso Felix，Jx. (ed.)，*Op Cit*.，p. 127. 转引自杨国桢、郑甫弘、孙谦《明清中国沿海社会与海外移民》，北京，高等教育出版社，1997，83 页。

是早期中国移民聚居之处。这三地之中，以马六甲开发最早，是中国移民最早聚居的地方。马六甲的华人移民大多来自福建，从满剌加王朝一直到葡萄牙、荷兰、英国殖民统治时期，福建籍的华人始终占第一位。根据《明史》卷三二五"满剌加"条、《星槎胜览》、《闽都记》、《瀛涯胜览》等记载，在满剌加时期就有中国人移居马六甲。在 1511 年马六甲落入葡萄牙人之手后，居住于马六甲的华人多继续留驻。根据葡人里伊列亚（de Eredia）所绘的马六甲地图记载，当时马六甲市内有华人村（或称中国村，Campon China）、中国溪（Paret China，即马六甲河之支流）、中国山（Bvgvet China）与漳州门（Porta dos Chincheos），并有漳州人住在那儿。①

明清之际，印度尼西亚也建造了中国式的砖瓦房。在 1530 年，巴达维亚城就有了很多华人盖的美观的楼房。大约一个世纪后，爪哇的三宝垄也建造起用砖作墙、用瓦盖顶的中国式住房。②

在 1841 年英国殖民统治下的三宝垄，华人甲必丹陈长菁在塞班达兰街（Sebandaran）西面修建了纪念开漳圣王陈元光的庙宇。陈长菁还在庙的东面的旱地上修建了一处美丽的花园，"里面有谒见室和用礁石砌成的假山，山上有小凳供游客休息，山下有洞穴和池塘，塘里养着鲤鱼等等。每个洞口悬挂着寓意甚佳的对联……陈长菁经常在明月当空的夜晚，同家人来到花园的谒见室里消遣，欣赏爪哇音乐……有时他与友好们在此寻欢作乐，演奏中国锣鼓乐器，并且饮酒吟诗"③。陈长菁的父亲是漳州人，他本

---

① 李宝钻：《马来西亚华人涵化之研究——以马六甲为中心》，台湾师范大学历史研究所发行，1998，20 页。

② ［印尼］林天佑著，李学民、陈巽华合译：《三宝垄历史——自三保时代至华人公馆的撤销（1416—1931）》，暨南大学华侨研究所，1984，37 页。

③ 同上书，115、116 页。

人虽是土生华人，但从小被送往中国接受教育。他设计的花园，无疑具有闽南漳州风格。

在同一时期，华人雷珍兰、陈崇椿"盖了一幢漂亮的楼房，在楼房外面的正门前，用礁石砌起了假石山，在楼房的左右两旁也砌了假石山，通向楼房的路上，装置了两个门口，其形状很像中国的城门。每逢中国的节日到来时，比如八月十五或者春节，假石山上挂满了各式各样的花灯，成为群众观赏的景物"①。用礁石砌筑假山是闽南沿海的传统，直到今日，在漳州、厦门的传统住宅的庭园中还使用礁石，例如厦门鼓浪屿的菽庄。

明清时期，福建沿海与日本商舶往来频繁，许多福建僧人赴日传法。来往长崎港的中国船主为祈祷海上平安，在长崎建造三所寺院：兴福寺、福济寺和崇福寺，俗称"唐三寺"，住持均由中国僧人充任。兴福寺又称为"南京寺"，由长崎的江西籍商人捐资建造。崇福寺又称"福州寺"，是长崎的福州籍商人于明崇祯二年（1629 年）创建，延请福州僧人超然为开山。福济寺又称"漳州寺"、"泉州寺"，是由长崎的漳州籍船主创建。崇祯元年，泉州僧人觉海成为福济寺的开山祖师。清顺治六年（1649 年），福济寺施主漳州人陈道隆与泉州籍船主商议，延请泉州安平镇人蕴谦戒琬禅师前来任住持，经蕴谦的改造，福济寺由最初的妈祖庙扩建为一座大寺院，蕴谦也被尊为福济寺的"重兴之祖"。清顺治十一年，福清黄檗山隐元禅师受长崎兴福寺之聘，率领弟子30 余人随郑成功的船只由厦门港东渡赴日，在兴福寺、崇福寺及京都、大坂等地弘法，名重一时。顺治十六年，隐元在京都市郊宇治醍醐山创建黄檗山万福寺，开创黄檗宗。长崎唐三寺与宇治万福寺，采取的是明末清初中国东南沿海地区的建筑样式。福济

---

① ［印尼］林天佑著，李学民、陈巽华合译：《三宝垄历史——自三保时代至华人公馆的撤销（1416—1931）》，暨南大学华侨研究所，1984，154 页。

寺由闽南僧人开山，万福寺第二代住持泉州人木庵性瑫是隐元创建万福寺时的重要助手，这两座寺院建筑都采取了闽南式样。

第二节　东南亚建筑中的闽南风格

一、马六甲海峡的华人庙宇

马六甲海峡扼守东西方海上交通的咽喉，是东西方贸易与文化交流的走廊。华人很早就在海峡两岸建立聚落，形成城市，以马六甲、槟城、新加坡的规模最大。在这些城市中，闽南人的比例相对于其他民系的移民来说是最高的。

闽南移民所建的庙宇中供奉的神明也来自故乡。其中以天后、观音、大伯公等最为普及。

东南亚华人延续了对土地神的崇拜——大伯公崇拜。大伯公就是"福德正神"，是闽粤两地对土地神的称呼。大伯公在新加坡、马来西亚地区广受华人崇拜，尤其是在福建人、潮州人和客家人居住的地区。

东南亚早期的华人庙宇十分简陋，例如印尼三宝垄的第一座华人庙宇大伯公庙，就是用木板作墙，用亚答（atap，即棕榈叶）作屋顶。[①] 随着人口的繁衍、移民的增加与经济的发展，华人庙宇也由简单的亚答屋向中国的砖木结构过渡。早期的华人庙宇非常小，所以往往冠以"亭"的称呼。在闽南本地的城市、乡村，街头、村角的民间小庙就是一座小亭，并以"亭"来作为小庙的名字。

（一）天福宫

马六甲海峡华人移民以原乡的民系关系作为划分集团的根

---

① ［印尼］林天佑著，李学民、陈巽华合译：《三宝垄历史——自三保时代至华人公馆的撤销（1416—1931）》，暨南大学华侨研究所，1984，49 页。

据。以新加坡的帮派集团而言，最早的是闽南厦门语音系的商人集体所建的恒山亭（供大伯公），是漳、泉系商人的帮会中心，创建于1828年，创立者是马六甲青云亭第二任亭主漳州人薛佛记。① 后来，恒山亭的帮权让位于天福宫，闽南帮的帮权也由薛佛记让位于陈笃生。在相当长的时期内，天福宫成为新加坡华人社会的民间信仰活动中心。

天福宫位于今直落亚逸街，建于1839年，落成于1850年。当时的《建立天福宫碑记》云："我唐人由内地航海而来，经商兹土。惟赖圣母慈航，利涉大川，得以安居乐业，物阜民康，皆神庥之保护也。我唐人食德报，公议新加坡以南直隶亚翼之地，创建天福宫……为崇祀圣母庙宇……颜曰天福宫，盖谓神灵默佑如天之福也。"天福宫的第一任炉主为陈笃生。

天福宫有三进院落，前两进（大门、大殿）与两廊（榉头）共同围合成天井，形成主体建筑。左右有东西向的护厝，是僧人用房。大门屋顶是闽南典型的三川殿。大殿也采用重檐歇山顶，其中供奉天后。大殿的结构与外形都是闽南式的，具体地讲是泉州派的风格（图6-2-1）。最后一进是后殿，用于供奉观音。天福宫内还有闽人陈金声创立的学校崇文阁；闽帮会议也附于天福宫中的画一轩，1915年崇文阁右廊一住屋被改造成福建会馆。②

象征帮权的祠祀建筑须由本帮乡土匠师来建造，天福宫采用的当然就是闽南祠庙的布局，从整体风格到细部处理，都是闽南的式样。据华人相传，天福宫初建时，全部建筑材料均从福建运来。天后圣母像也是1840年由莆田运抵的。

（二）青云亭

在马来西亚，华人社会的祠庙集中于吉隆坡、槟榔屿、马六

---

① 吴华：《新加坡华族会馆志》（第一册），南洋学会，1975，25页。
② ［澳］杨进发：《陈嘉庚研究文集》，北京，中国友谊出版公司，1988，122页。

甲、柔佛等地，尤其槟城更为集中。它们主要是闽籍移民社会帮
会会馆，即帮会活动中心以及相应的庙宇。

　　马来西亚最早的华人庙宇是马六甲的青云亭，比马来西亚最
早的华人会馆——槟城嘉应会馆还早 128 年。据史料记载，青云
亭创建于康熙十二年（1673 年），为第一任华人甲必丹郑芳扬
（1632—1677 年）所建。[①] 第二任甲必丹李君常，买了三宝山作为
华人公墓地。第四任甲必丹曾其禄，于康熙四十三年（1704 年）大
修青云亭，建供奉观音的大殿，并书匾曰"青云古迹"。嘉庆六年
（1801 年），第八任甲必丹蔡士章，重建青云亭并加建宝山亭。

　　青云亭既作为举行各种宗教仪式的场所，又作为华人社会活
动中心。此后，历任华人甲必丹和青云亭亭主都以青云亭为办公
场所，使之具有华人社区"公堂"的性质。甲必丹制度废弃后，
青云亭亭主取代甲必丹而成为华人社会领袖，青云亭则变成一种
特殊形式的华人自治机构所在。迄今为止，青云亭和宝山亭仍然
是马来西亚华人社会中的重要庙宇。而历代甲必丹及后来代之而
立的亭主均为清一色的闽人，尤其以漳州府、泉州府和永春县
居多[②]。

　　关于青云亭的创建，《敬修青云亭序》有记载："粤稽我亭，
自明季间，郑（芳扬）、李（为经）二公南行，悬车于斯，德尊
望重，为世所钦，上人推为民牧。于龙飞癸丑岁（1673 年），始
建此亭。"[③] 郑启基，字芳扬，来自漳州；李为经（1614—1688
年），号君常，来自厦门。漳、厦一带是当时郑成功从事反清复

---

　　① 甲必丹（captain）是葡萄牙和荷兰殖民统治马六甲期间选定管理
华人社会事务的领袖，英国人殖民统治时，于 1824 年废除。

　　② ［日］比野丈夫：《马六甲华人甲必丹的系谱》，《东南亚细亚研究》
六卷四号，1969，88～108 页。

　　③ 傅吾康、陈铁凡：《马来西亚华人碑铭萃编》卷 1，吉隆坡，马来
亚大学出版社，1982，369 页。

明活动的主要地区。郑、李二人可能是逃来马六甲的地方绅商。

1801 年《重兴云亭碑记》云："青云亭何为而作也？盖自吾侪行货为商，不惮逾河蹈海来游此邦，争希陶猗，其志可谓高矣。而所赖清晏呈祥，得占大川利涉者，莫非神佛有默佑焉，此亭之兴所由来矣……而亭之名，以励人之志。吾想夫通货积财，应自始有而臻富，有莫大之崇高，有凌霄直上之势，如青云之得路焉。获利固无慊于得名也。故额斯亭曰青云亭。"① 1894 年《重修青云亭碑》亦云："亭以青云名，意有在也。想其青眼旷观，随在寻声救苦，慈云远被，到处拯厄扶危，而因以取之乎。"② 祈求神佛保佑，因而致富，这是修建青云亭的原因。青云亭是以供奉观世音菩萨为主的佛寺。寺以观音为主神而又不称作观音寺，因为亭中还供有众多佛教以外的神灵崇拜偶像，如"大众爷"（土地神）、"大伯公"（福德正神）、"三宝公"（郑和）、"关公"（关羽）、孔子等等，同时供养大量华人祖先的牌位，它们与"观音佛祖列圣尊神"共处一寺，反映出华人民间宗教神人相交、泛神崇拜的特色。正如 1867 年《重修青云亭碑记》所说："俾我呷人（指马六甲华人），春秋享祀，朝夕祈求。农安陇亩，贾安市廛，千祥云集，百福骈臻。此青云亭之所由昉也。"③

青云亭是一座华人寺庙。在性质上，它是包括一系列附属设施（各街小庙、公墓、学校、慈善堂和议事堂等）在内的华人自治机构所在。④ 马六甲各华人寺庙，即"各宫庙神棚、冢亭、本

①　傅吾康、陈铁凡：《马来西亚华人碑铭萃编》卷 1，吉隆坡，马来亚大学出版社，1982，238 页。

②　同上书，258 页。

③　同上书，259 页。

④　袁丁：《马六甲青云亭研究——关于马来西亚华人社会史的一个问题》，梁初鸿、郑民主编《华侨华人史研究集》（二），北京，海洋出版社，1988，81 页。

境绍兰，并各地头大伯公（庙）"，也基本上被纳入青云亭系统，在财政、管理和人事等方面与青云亭有直接的联系。①办理华人丧葬和清明祭祀，是青云亭及其属下各华人寺庙的主要活动之一。青云亭对于"犯我华人之例"的处罚，主要有"一、革出华人之籍，不准入亭拜神；二、如有风水在三宝井山，不准伊葬之，或其亲戚俱不得进葬。当在风水部批明，将其风水归入充公，以为众人应用。三、在新塚山日落洞，或不得准他进葬，或其家人、童子均不准葬"②。此外，青云亭还办有义学及慈善机构——"同善堂"，以维系华人社会，保持固有的儒家传统文化。

马六甲的华人大部分来自福建，尤其以漳州、泉州两地为多。1801年重修青云亭时，就有"厦门合成洋行"及"船主"、"板主"（即货主）予以大笔捐款。

青云亭的布局是中轴对称的合院形式。与闽南传统庙宇的布局相似，轴线上是大门与大殿。大门的布局颇为简单，用闽南小庙的"墙街门"的样式，即在墙垣上覆盖屋顶，只是在门内设有二柱。大门斗拱是以丁头拱二重插入墙身出跳，屋顶采用闽南通常的断檐升箭口的样式，分成三段。屋瓦及脊饰是漳州的式样。大殿三间，屋顶用三川脊的样式，大殿之前缀以三间开敞的拜亭。拜亭面阔与大殿相等。大殿前增设拜亭是闽、粤民间祠庙为扩大祭拜空间常用的布局。大殿供奉观音，以关帝、妈祖陪祭，两厢祭祀孔子、华人历任甲必丹及历任亭主等像。甲必丹和亭主们的画像、塑像往往身着清朝官服，俨然一副清廷官吏的形象。大殿之后有供僧人起居的房间。大门隔街而对的是一座戏台。青云亭建筑本身用土木结构，总体风格上属于闽南式样，只是在局

---

①　袁丁：《马六甲青云亭研究——关于马来西亚华人社会史的一个问题》，梁初鸿、郑民主编《华侨华人史研究集》（二），北京，海洋出版社，1988，77 页。

②　同上书，71 页。

部特别是内部装饰及色彩上融入了马六甲的当地做法。

在马来西亚，华人所建立的祠庙，较有影响的还有马六甲的宝山亭、槟城海珠屿的大伯公庙、广福宫等。马六甲宝山亭，1795 年由漳州籍华人蔡士章创建，作为青云亭的补充，作为祀坛。槟城海珠屿大伯公庙，清嘉庆四年（1799 年）由惠州、嘉应、大埔、永定和增城五籍华人共同创办，供奉张、丘、马三姓南来的先祖张理、丘兆进、马福春。槟榔广福宫，嘉庆五年由华人甲必丹胡始明等广东、福建两省籍华人创建。刻立于道光四年（1824 年）的《重建广福宫碑记》云："槟榔屿之麓，有广福宫者，闽粤人贩商至此，建祀观音佛祖也，以故宫名广福。"① 广福宫主祀观音，配祀的神明有妈祖天后、注生娘娘、金花夫人、大伯公、关圣帝君等，它的香火一直是槟榔屿的寺庙中最旺盛的。过去当地的名商巨贾在做出商业上的重大决策之前，往往也到观音面前掷筊。②

二、马六甲海峡的华人会馆

（一）血缘姓氏会馆

基于地缘与方言而形成的组织，是海外华人重要的社团组织之一。近代中国的同乡会十分发达，华人移民也将这种基于地缘与方言的会馆文化移植到海外。基于地缘与方言形成了不同的帮派，常见的地域乡帮与方言群体有，以泉州、漳州的闽南人为主的操闽南话的福建帮，以福州等府县人士组成的说福州话的福州帮，以莆田、仙游等县人组成的说莆仙话的兴化帮，以广东潮州府的八邑（汕头、潮安、澄海、潮阳、普宁、揭阳、饶平、惠

---

① 傅吾康、陈铁凡：《马来西亚华人碑铭萃编》卷 1，吉隆坡，马来亚大学出版社，1982，259 页。

② 林水檺、骆静山：《马来西亚华人史》，台北，马来西亚留台校友会联合总会出版，1984，427 页。

州）人士组成的说潮汕话的潮州帮，以讲广州话的五邑（南海、顺德、东莞、番禺、中山）人士组成的广府帮，以讲客家方言的闽西、粤东、赣南等地人士组成的客家帮，以琼州人士组成的讲海南话的海南帮，还有江苏、浙江、江西等各省人士组成的三江帮等。由于移民背景及移民祖籍构成的差异，东南亚各国华人的地缘与方言组织的比重与地位不尽相同。在东南亚，泰国与柬埔寨的潮州帮，越南的广府帮，马来西亚的福建帮与广府帮，新加坡、菲律宾与印度尼西亚的福建帮是势力最强的乡帮组织。

各个乡帮都有自己的会馆。在新加坡，会馆初称"公司"。如客属的梅州众记公司、永丰大公司，潮属的义安公司，广属的南顺公司等。公司成立之初，"以旅客茔墓之处理，最为迫切。故华人社团，实发韧于公冢，由公冢而组织会馆"[①]。1822 年台山籍华侨曹亚志创立的宁阳公司（后为宁阳台馆）是新加坡第一个地缘性组织。此后各帮纷纷创建会馆，早期的会馆多设于供奉家乡神明的神庙内。19 世纪六大帮（广府、福建、潮州、客家、海南、三江）除三江帮外均建有会馆。在新加坡，福建帮的地缘组织，以 1860 年由陈金钟创立的福建会馆为最早，会馆设在天福宫内。早期的会馆还有永春会馆（1867 年设）、金门会馆（浯江孚济庙，1876 年设）等。

由于来自同一地区的移民数量增多，在地缘组织内又分化出宗亲组织，从而使地缘与血缘组织的特性合二为一。以家族、宗族为基础的宗亲组织，是海外华侨、华人各类组织中延续时间最长、影响最广泛的组织之一。早期的海外移民，为了能在陌生的环境中生存、发展，纷纷成立宗亲组织，相互扶持。富裕的华人也希望借宗亲组织获得名望与影响。宗亲组织有两大类：一种是

---

① 饶宗颐：《星马华文碑刻系年（纪略）》，《新加坡大学中文学会学报》，1969。

同宗同姓组织，一种是联宗的姓氏组织。同宗同姓组织是基于血缘、地缘及方言纽带的地域性宗亲组织，其成员认同某一相近的祖先，一般来自同一村或同一县，讲同一种方言。还有一种以较大范围的亲缘为纽带的非地域性的同姓宗亲组织。

新加坡在1819年开埠后不久，华人便有了血缘性的组织——曹家馆。血缘性的宗祠、会馆，规模和形式极力模仿原乡的宗祠建筑，"但同宗人远非同乡可比，经济力量也因此悬殊，同时受国内宗法社会的影响，不敢也没有力量贸然兴建宗祠，只得将就成立'馆'（如曹家馆）、'堂'（如江夏堂）、'会'（如延陵联合会），或'总会'（如许氏总会）等"①。

马六甲海峡的血缘姓氏会馆，以马来西亚的槟城的邱氏会馆为代表。

邱氏会馆，又称邱公司、龙山堂，由来自闽南海澄的邱姓族人于1851年在槟榔屿的椰脚街创立。邱公司的成立历史，据记载是：

> 当日邱氏族人，在槟榔屿从事贸易者很多。1816年，族人鸠金酬谢大使爷节日时候倡议，并于1824年捐金，以为公顷，生息不绝，作为修葺内地祖祠及春秋二祭常年经费。
>
> 道光乙未（1835年），族人联合捐赀数百金，先创建诒榖堂。1850年，族人自英商手中购得现址，该建筑物环境幽美，面对崇山，外环沧海，栋宇宏敞，规模壮大。于是，加以修葺，使之轮奂增辉，而族人亦可解此作为多种用途的场所，包括迎神赛会、冠婚庆典、岁时祭祀、共敦族谊、序长幼、敦敬让、修和睦等以正风化。②

---

① 吴华：《新加坡华族会馆志》（第一册），新加坡，南洋学会，1975，1页。
② 张少宽：《槟榔屿华人史话》，吉隆坡，燧人氏事业有限公司，2002，11页。

邱氏会馆的龙山堂大殿有两层，通过多级踏道才来到二层的大厅，这显然是借鉴了当地马来民居底层架空的处理方法。大殿前有轩廊（闽南称作"步口"）。现在的大殿是旧殿遭受火灾后于1906年重建的，建筑由闽南工匠设计施工，所有的建筑材料也来自闽南。大殿有丰富多彩的装饰，屋顶有许多复杂的剪粘，正面竖立镂空的石雕龙柱，步口檐下的吊筒、斗拱等木雕都贴上金箔，风格上与闽南晚清祠堂完全一致。

围绕邱氏会馆所在的大铳广场，四周有公司的店屋24幢、戏台及宗议所等。这些公司店屋的居民最早只限于来自漳州海澄县三都境新江社同乡的邱姓族人。[①] 这些建筑以龙山堂为主，呈现内向性的、防卫性的布局形式。

在槟城，福建人创建的血缘宗亲会馆还有：杨公司霞阳植德堂（1836年海澄人杨潜一创立）、陈公司颍川堂（1854年海澄人陈瑞吉创立）、林公司九龙堂（1866年海澄人林清甲创立）等，这些"公司"从建筑上看就是祠堂，采用的都是闽南系建筑漳州派的祠堂风格。

（二）行业会馆

早期的中国海外移民文化层次较低，多从事以手工业为主的经济活动，为了谋求更好的生活条件，同行业或同工种之间的联合十分迫切。古代中国的行会组织就十分发达。业缘性团体的成立，可以联络同行同业，统一价格，杜绝同业间的恶性竞争和互相倾轧，促进事业发展。

在南洋社会，早期中国移民从事的行业包罗万象。新加坡、马来西亚华侨在19世纪期间所从事的主要行业，如木工、建筑、打铁、制革、制鞋、裁缝以及加工和贸易诸行业，都有自己的组

---

① 梅青：《中国建筑文化向南洋的传播——为纪念郑和下西洋伟大壮举六百周年献礼》，北京，中国建筑工业出版社，2005，114页。

织。业缘性的同业组织，多称为"行"、"馆"、"堂"、"轩"、"阁"、"局"等等。如1900年前新加坡的业缘组织主要有：演剧业的梨园堂（1857年设），广帮木匠的北城行（1868年设），饮食业的姑苏慎敬堂（1876年设），建筑业的鲁班行（1890年设）、文华行（1891年设），广帮客栈行（1900年设）等。在新加坡，和恒山亭同时的有宁阳会馆，创建于嘉庆年间，供关羽为主神，由讲广府音系（广东话）的民系成员组成，以工人、木匠、泥水匠为主。宁阳会馆的建筑是广府样式，与闽南式样有很大区别。

由于早期移民多是投亲靠友、依赖同乡关系的"链式移民"，存在着某一行业以某一方言群为主或为其所垄断的现象，因而，业缘组织也具有方言地域的色彩。马来西亚槟城的鲁班会馆就是这种行业会馆的代表。鲁班会馆是一座三间小庙，供奉木匠行业的祖师鲁班。庙前是广场，一对石狮守护左右。三间的殿堂屋顶无举折，正脊平直，脊肚布满剪粘装饰。大殿前有檐廊，正面两根方形石柱，次间有石制的弓形阑额。在建筑风格上，具有明显的广东特点。

早期定居南洋的华人移民，大多把自己的身份定位为中国人。祖籍意识在早期移民社会中占有极重要的地位。20世纪的海峡华人大多是移民的子女，他们仍着汉式衣冠，奉中华正朔，祭祀用汉腊，可谓"身在海外，心存汉阙"。清光绪十三年（1887年）李仲钰至新加坡，见到"闽人发辫，俱用红线为绺，虽老不改，亦其风俗使然。故见红辫者，望而知为漳泉二府人也"。（《新加坡风土记》）马六甲海峡中的华人庙宇，虽历经数代，但它的闽粤之风，一望便知。

图 6-2-1　新加坡天福宫（陆敏玉提供）

第七章

近代闽南传统建筑的变迁

第一节　闽南城市的近代化与骑楼建设

1918 年 9 月，陈炯明率领援闽粤军入据漳州，创立闽南护法区。自 1918 年 9 月陈炯明建立援闽粤军司令部，到 1920 年 7 月回师广东的不到两年时间里，陈炯明实行政治革新，发展地方经济、文化，使护法区首府漳州成为世人瞩目之地，被誉为"中国南部革命中心"。在闽南护法区期间，陈炯明设立工务局，改良市政，开启了闽南城市近代化的历程。

陈炯明任周醒南为工务局局长，负责漳州的城市建设工作。周醒南是广东惠阳人，曾在广东从事公路建设，后又移居新加坡。任工务局局长后，周醒南引入闽商及华侨资本，修筑漳州至浮宫间的公路，拆除漳州城墙，扩建、整顿街道，利用原府署园林修建公共园林，使漳州市容焕然一新。

漳州近代城市建设建立在传统的街巷基础上，对传统街巷进行扩建、整顿，确定了城市的两条主干道，一条东西向，以陈炯明的笔名"陆安"命名，称"陆安东、西路"（今新华东路）；另一条南北向，以黎元洪赐给陈炯明的军衔"定威将军"命名，称

"定威南路、北路"（今延安南路）。

　　周醒南将原来宽窄不一的旧式街道统一改造为宽广的石板马路，凡是沿街参差不齐、陈旧破败的商店一律拆除，由店主依据典型骑楼式样自行建造。漳州骑楼先在原府衙前的空地（府埕）作示范性建设，在随后的旧街拓展中，要求街道两侧的店铺按府埕的骑楼模式建造。这种模式还在漳州下辖的石码、海澄、南靖等地推广，且影响到永春五里街等其他县乡的街道改建。① 在漳州旧街的拓展改造中，香港路北段的"尚书、探花"坊（明万历三十三年，即 1605 年建）和"三世宰贰、两京扬历"坊（万历二十三年建），新华东路东段与岳口路相交处的"勇壮简易"坊（康熙四十六年，即 1707 年建）和"闽越雄声"坊（康熙六十一年建）等石坊，在建设中均予以保留（图 7-1-1）。

　　漳州是继广州之后在旧城改造中实行骑楼制度的城市。漳州市的近代城市建设在当时影响很大。厦门、泉州等市县的城市建设直接借鉴了漳州的建设模式与经验。

　　1921 年，周醒南出任厦门市政会委员长，后又任市政督办公所会办，主持厦门市政建设。

　　厦门城市起源于海防建设与港口贸易。明代的厦门基本上是一个海防据点。17 世纪后半叶，郑成功集团的开发及施琅所代表的清廷的经营，奠定了厦门港口城市的雏形，厦门成为闽南地区的一个重要交通枢纽和贸易口岸。五口通商后，厦门强化了作为海港、商贸城市的地位，经济迅速发展，城市建设虽然局限于鼓浪屿与本岛英租界及其附近地区，但对厦门本岛的近代城市建设提供了一定的示范作用。20 世纪二三十年代是厦门城市建设的发展时期，军政官僚、地方绅商及华侨共同建设市政，奠定了厦门

---

① 谢东主编：《漳州历史建筑》，福州，海风出版社，2005，24 页。

老城区空间的整体面貌（图 7-1-2）。

1920 年至 1937 年，厦门市大规模的城市建设主要有新辟马路、修筑堤岸、填海造地、修建公园等几大项。1920 年夏，开始修筑从提督路头至浮屿角的第一条马路，称"开元路"。1921 年，又修筑由浮屿角至兜仔尾、龙船河的厦禾路。1925 年，拆除古城墙，修筑思明东路、中华路、中山路、思明北路等。1925 年始，漳厦警备司令林国赓起用周醒南主持市政建设，市政建设发展迅速。1926 年，厦门市进行了市内五大干线的实测与建设，五大干线即"四纵一横"。纵线为东西线，由市内连接至鹭江道，四纵为厦禾路西段、大同路、思明西路、中山路；横线为南北向的思明南路，贯通四纵和厦港区。至 1932 年，中山路、大同路、镇邦路、厦禾路、思明路、公园路、鹭江道等相继建成，大大拓展了厦门市区。① 与道路建设同步进行的是地产与房产。在新开辟的开元路、中山路、思明路、大同路等道路两侧，都是下为商店、上为住宅的骑楼。② 20 世纪 20 年代以前的厦门最热闹的市中心大多围绕着官署及寺庙，30 年代转移至中山路、大同路等新建地段，邻近庙宇尽遭拆除。近代市政建设形成了厦门市区道路网络和商业区，使厦门从典型的前工业城市，转变成近代区域中心城市。③

1921 年 3 月，泉州工务局成立，周醒南应邀担任局长。未几政局突变，周醒南离任。1922 年，泉州工务局改为市政局，由从

---

① 张镇世、郭景村：《厦门早期的市政建设（1920—1938）》，厦门市政协文史资料委员会编《厦门文史资料》（第 1 辑），1963，110～121 页。

② 洪卜仁主编：《厦门旧影》，北京，人民美术出版社，1999，29～37 页。

③ 周子峰：《近代厦门城市发展史研究（1900—1937）》，厦门，厦门大学出版社，2005，168 页。

菲律宾归来的叶青眼主持城市建设，聘请雷文铨为工程师，开始了拆城墙、辟马路的城市建设工作。当时的规划是拆除南门附近的城墙，修建一条宽阔的经路和四条纬路，"经路即南北大街，由新桥头拓出新路接至亭前街（从南岳宫口弯向水门巷口一段），然后通往以北的旧大街，使其线路笔直；纬路即新、涂、东、西大街，也务求其笔直，从而使市区的马路交叉成为'干'字形"[①]。

干字形的经纬路以南北大街为主干，南北大街即今之中山南路、中山中路，南起顺济桥，北至新门街。泉州中山路的建设，"一方面是吸取了陈炯明修建漳州马路那种迂回曲折、车马行驶不便的教训，以求得一劳永逸；另一方面则是工程师雷文铨（英国爱丁堡大学毕业）给这个规划染上了某些外国都市的色彩，如他认为泉州必将发展为中型的城市，计划辟出十几公尺宽的路幅为汽车道，若欲行驶电车，亦可应付；又于边缘植树；两旁又各有 2.5 公尺的露天人行道及 2.7 公尺的骑楼人行道"[②]。由于许多因素的干扰，中山南路在施工中仍有一段迂回，特别是城南天后宫一带，数条道路与主干道迂回汇聚，交通混乱。雷文铨计划的道路宽度在 15 米以上，因在施工中遇到抵制而改为 12 米。至 1926 年，中山南路水泥路面铺设完成，两侧的骑楼也在随后的十余年中陆续建成（图 7-1-3）。

早在 18 世纪上半叶，在新加坡发展出了一种平面狭长、沿街采用柱廊式样的街屋，这种街屋密接联排，形成商业街，称为"骑楼"。骑楼是限制、组织街道与人行道及沿街店铺的一种城市制度与建筑形式，能适应热带、亚热带气候特征，也方便商业使

---

① 王连茂：《泉州拆城辟路与市政概况》，《泉州文史资料》（第八辑），1963，39 页。

② 同上书，39 页。

用，因而得以推广。早期新加坡的城市规划按照不同族群隔离分布，市中心是专供华人经营的商业大街，临街店铺面前设置贯通的公共步廊。骑楼的制度与形式，后来传到马来西亚、泰国、印度尼西亚以及我国的台、港、粤、闽等地。

20世纪初，中国民主革命成功，许多东南亚华侨返乡，倡导适应近代化的城市改造。城市近代化运动最先发生在广州。20世纪20年代，漳州、厦门、泉州三市及其所辖一些县区，由于受到广州城市骑楼化运动的影响，拓宽了旧城市中主要的街道，代之以骑楼化的街道贯穿市中心，并且将其作为城市的主要商业街道（图7-1-4）。漳州市延安路、厦门市中山路及思明路、泉州市中山路等先后开辟，标志着闽南城市规划近代化城建的开始。这些新建商业街两旁都是单开间联排的骑楼。

漳州、厦门、泉州三地骑楼，建设时间略有先后，建筑风格也不大相同。

漳州、泉州历史传统深厚，骑楼大多沿用传统的砖、木结构，层数以二三层为多，且多使用传统的烟炙砖砌成清水壁，骑楼立面装饰相对繁复。漳州市的骑楼建设最早，很多骑楼是将传统的长条形街屋——"竹篙厝"的沿街一段拆除，改建而成。漳州骑楼临街屋顶也用坡屋顶，很少用砖坪、压檐栏杆等做法；临街立面装饰中，保留了许多烟炙红砖柱、木板壁、灰泥装饰等传统技法。

厦门是闽南对外贸易的中心城市，是闽南华侨的集散之地，在城市建设中大量进口水泥、钢材等先进材料，除了少数砖柱、木梁骑楼外，大多是钢筋混凝土结构，骑楼开间较大，空间流畅，层数以三四层为主。立面装饰风格与漳州、泉州不同，西洋古典主义、折中主义及装饰艺术运动的手法交汇使用，使厦门骑楼的西式风格较为浓厚。

第二节 洋楼的形成与发展

闽南的小洋楼建筑，当地通称为"楼仔厝"、"番仔楼"。①

厦门成为五口通商口岸之后，西方殖民地建筑随之在厦门出现。闽南侨民自南洋衣锦还乡后，也带来了融合欧洲住宅与热带建筑特色的所谓"殖民地外廊样式"（colonial veranda style）建筑。这种殖民地外廊样式，一开始就与传统民居相结合，演化成当地人所称的"楼仔厝"、"番仔楼"，也就是今天一般所称的"小洋楼"（图7-2-1）。

一、洋楼的形成

与闽南传统住宅相比，洋楼的主要特征是源自南洋殖民地建筑的二三层外廊样式。

殖民地建筑的外廊起源于英国海峡殖民地的城市建设规范。1819年，斯坦福·莱佛士爵士获得了新加坡的治理权，又于1826年将槟榔屿（槟城、乔治城）、马六甲与新加坡联合组成海峡殖民地，致力于殖民城市的建设计划。建设计划中的一个重要建筑规范是，所有连栋式店屋的街区，楼前必须设置约5英尺宽的有顶盖的人行道或走廊，以防止日晒、雨淋。福建人将英文的five-foot way翻译成"五脚基"、"五脚气"、"五脚架"。五脚基是海峡殖民城市中的一个公共空间。这种宽5英尺的建筑规范，被华侨带回侨乡后，不再是强制性的尺段，不管是手巾寮连排式店屋式的骑楼还是单独的洋楼建筑，都可以根据需要灵活调整。五脚基被整合进传统民宅之中，作为休息、家务劳作、会客宴请等的活

① 番，闽南旧时称"洋人"为"番仔"。华侨赴南洋（东南亚）谋生（称"落番"），衣锦还乡后兴建洋楼，因系从"番邦"回来，被当时乡人冠以"番仔"的称呼，所建的洋楼称为"番仔厝"。

动空间，其功能大致取代了传统民居的塌寿与天井，发展为近代闽南侨乡的一种地方建筑类型。[①]

闽南洋楼的外廊有"五脚基"、"出龟"、"三塌寿"等多种形式。外廊只是一种"门面"，外廊背后的主体部分，仍然是闽南传统民居的布局（图7-2-2）。洋楼的形成，基本上可以看成是传统民居的二楼化过程。外廊与传统民居的组合方式有两种。一种是保留传统民居的天井，将双落大厝、榉头止等民居建成二层或三层，在正面融入多层式外廊。另一种是取消天井，将"大厝身"二楼化，即在平面上保持"一厅数房"的基本形制，中为厅堂，左右各有两房，称为"四房看厅"，原来的大厅改为客厅，大厅的祭祖功能移至二层的大厅。寿屏后的空间也相对扩大，布置了沟通上下层的楼梯与联系左右后房的通道。前落的塌寿空间、后落大厝身的步口空间，则转化成"外廊"的形式，成为洋楼的门面。

二、洋楼的外廊形式

在闽南地区，外廊式洋楼的建造，以鼓浪屿出现得最早。在厦门被划分为通商口岸后，外廊式建筑就在鼓浪屿出现，并一直延续到20世纪40年代。鼓浪屿的外廊构造有两种：券柱式与梁柱式。比较而言，早期以券柱式为多，券面用砖石结构，楼层用木梁结构；晚期多为梁柱式，且多用钢筋混凝土结构。鼓浪屿外廊的布局有以下诸式：周边式的回字形、三边式的凹字形、两边式的L形与二字形、单边式的一字形等。周边式外廊建筑有伦敦公会姑娘楼（鸡山路1号，19世纪40年代至50年代建）、日本领事馆（鹿礁路24号，19世纪70年代建）、八卦楼（鼓新路43

---

① 江柏炜：《"洋楼"：闽粤侨乡的社会变迁与空间营造（1840—1960）》，台湾大学建筑与城乡研究所博士学位论文，2000。

号，1907 年至 1913 年建）、观海别墅（田尾路 17 号，1915 年建）、海天堂构（福建路 40 号，20 世纪 30 年代建）等。三边式外廊有廖月华宅（漳州路 44 号）。两边式 L 形外廊有英国领事馆（漳州路 5 号，19 世纪 50 年代建）、丹麦领事馆（漳州路 11 号，19 世纪 70 年代建）、福建路 44 号住宅（20 世纪 30 年代建）等。前后两边式外廊有金瓜楼（泉州路 99 号，20 世纪 20 年代初建）等。数量最多的是单边式一字形外廊建筑。

与鼓浪屿一样，闽南沿海侨乡的洋楼建筑也是以单边式外廊数量最多，形制发展最为成熟。

"五脚基"与传统"塌寿"、"步口"空间相融合，转化为住宅的外廊空间，由此形成了一种新的洋楼建筑——楼仔厝。外廊空间是楼仔厝洋楼最主要的外形特征。外廊的形式，主要有"五脚基"、"出龟"、"三塌寿"等三种。外廊位置，多在楼身正面，只有少数扩展至楼身左右呈 L 形、二字形、冂形或口字形的周边外廊。

五脚基，外廊为柱列空间，形式为券柱式或梁柱式，是闽南最普遍的洋楼式样（图 7-2-3）。券柱式在闽南称为"弯拱门"。早期的券柱，有半圆形、弓形、尖形、复叶形等，变化很多。中国工匠不擅拱券技术，晚期的外廊多用石或钢筋混凝土过梁的梁柱式。地方民居中有时也以"五脚基"泛指洋楼的所有外廊样式。五脚基的开间从 3 间至 9 间不等，有时二楼可以取消外廊，设置窗户，以扩大内部使用面积。还有一种五脚基，仅第一层、第二层中间设置外廊，相当于将塌寿部位二层化、外廊化（图 7-2-4），塌寿两侧做成西式山头。

出龟，外廊中部凸出，形如龟头（图 7-2-5）。出龟源于西洋建筑中的门廊（porch）。出龟的位置及形式相当于唐宋建筑中的"龟头屋"。宋代南方住宅在正屋前附建的敞轩，文献中称为"扑水"。扑水可以扩大半户外的活动空间，又与主屋有所联系，宋人刘松年《四景山水图》中就画有这种带敞轩的宅院。闽南称这种突出的空间为"龟头"，一些闽南传统民居的正屋前面常附以"卷棚"或"亭"，称为"轩亭"，故也有居民称洋楼的出龟为"亭"的。一般为三开间，平面方形抹角，也有方形的。

三塌寿，也称"叠寿"，外廊两端凸出，呈"凹"字形。这种凹入的外廊空间，有时也以"塌寿"称呼，凹入不明显者，亦称"五脚基"。凹字形两端的房间，做成半个八角形或方形抹角的平面，是来自西洋、南洋的样式（图7-2-6）。有些洋楼，三塌寿两端的龟头，在二层辟为独立的居室，称"八角楼"（图7-2-7）。规模较大的洋楼，也有用三塌寿加出龟的，形成山字形平面。

受洋楼的影响，闽南传统民居中还形成一层的"番仔厝"。番仔厝将传统民居中的双落大厝简化，取消天井，保持后落"一厅数房"的基本形制，入口部分附以"前落"的"塌寿"，墙体升高，作压檐栏杆，正面缀以西式山头。

受洋楼的影响，传统民居布局亦出现洋化的趋势——或者在民居一侧附建洋式塔楼，或者在主体建筑中附建、增建二层的洋楼，依其位置，可以区分成"护厝"洋楼、"突归"洋楼、"回向"洋楼、"榉头"洋楼、"前落"洋楼等，使传统民居的形式更加多样化（图7-2-8）。

三、洋楼的装饰

洋楼的设计方式很多，有的由南洋的建筑师、工程师等设计蓝图，再由当地匠师施工。不过这些蓝图大多十分简单，其构造与细部，仍取决于闽南工匠的施工技艺；有的洋楼由厝主、匠师模仿已建成的洋楼，甚至以画册、照片、明信片上的西洋建筑作为设计、施工的素材。洋楼中的中西交融成分，更多地表现在它的装饰上。

外廊是洋楼的门面，也是装饰的重点。

外廊檐口之上，多以山花装饰。山花，源于西方建筑以短边为入口的方式而形成的三角形墙头部分（pediment）。中国古典建筑只有房屋尽端的山墙（gable wall），没有入口檐口上的山花。闽南洋楼外廊女儿墙在明间正中高起，称"山花"、"山头"，由于不必与双坡屋顶对应，山花只是与墙体同厚的一片装饰墙。

作为外廊的冠冕，山头样式繁多，有西方曲线的巴洛克山花，也有传统的书卷式曲线，更多的是中式、西式的巧妙搭配（图7-2-9）。

山花正中，经常装饰姓氏堂号（写某某衍派）、屋名（写某某楼、某某庐）、国旗、徽标、兴建年代、对联、书卷、麒麟、蝙蝠、寿桃、花草等，这些是中式的装饰；西式的则有狮子、老鹰、地球、时钟、盾牌、天使等。在当时工匠的心目中，足以代表西洋建筑风格的似乎就是外廊及其正中的大山花。据记载，在南洋经商的侨民带回金门的洋楼大约有三种风格，菲律宾华侨所建的为西班牙式；新加坡华侨的为英国式；越南华侨则为法国式，可由其装饰上看出来。① 不过，在大多数情况下，这些装饰经过辗转变化，它所体现的外来形式又经过了闽南工匠的吸收与创造，很难具体辨认每一种装饰样式的确切来源。近代以来，闽南工匠还借鉴传统的彩瓷剪粘工艺装饰山花。

闽南洋楼的屋顶，建筑材料仍沿用闽南传统的黄色板瓦、筒瓦，也有少量使用新式的波形瓦。屋顶最明显的特征是：没有闽南传统民居的"起翘"、"举折"的做法，屋面平直；沿袭闽南传统的硬山顶等做法，没有出檐，但有丰富的檐口线脚；多使用女儿墙，使屋顶缩入。女儿墙部位多用青釉花瓶状压檐栏杆。花瓶

---

① 李乾朗：《金门民居建筑》，台北，雄狮图书股份有限公司，1987，76页。

状栏杆，闽南称为"葫芦子"，颜色有绿、蓝、白、红等色。还有用水泥预制构件制成的栏杆，形式有竹节、葫芦、盘花等。

除了平顶外，闽南洋楼的屋顶形式有以下三种：二导水，即双坡顶；四导水，即四坡顶；龟字壳，相当于歇山顶，唯山花极小，也称"金字顶"。有的洋楼在屋顶上突出老虎窗，作为通风、采光之用。

在闽南小洋楼中，外墙的窗户除了一些传统的白石、青石窗外，大多数扩大了窗户面积，以铁筋代替传统的石窗棂，外观更加通透、开放，或者使用木窗框、玻璃窗，外加固定或开启的百叶窗，以改善通风采光条件。这些洋式窗，有的在窗楣位置设置凸于墙外的"檐口"，称"窗套"、"窗花"，形式变化很多；或者将窗台伸出，扩大面积，窗台下施托脚；也有的将西洋柱式组合到窗套、窗台之中，在窗户四周形成独立而完整的"窗套"，外观犹如老式的"座钟"，民间俗称为"时钟窗"。

除了闽南传统的块石、红砖外，洋楼建筑中更多地运用了新式材料，如用钢筋混凝土浇制的梁代替杉木梁。在外立面装饰上，还使用当时兴起的水刷石饰面，以碎石、碎牡蛎壳等塑造出西洋建筑特有的体块感。

第三节　嘉庚建筑风格

嘉庚建筑指陈嘉庚先生亲自选址并参与设计、监造的建筑，包括集美学村（今集美大学、中学、幼儿园及华文学院等）、厦门大学、集美鳌园（今陈嘉庚纪念园）、华侨博物院等一大批建筑。嘉庚建筑，在历史的发展中形成了特定的风格，人称"嘉庚风格"。这些建筑，经历了早期的南洋殖民地样式到晚期中西结合的转变，记录着陈嘉庚先生的生活经历，反映了陈嘉庚先生的建筑思想，是近代中西文化交融史的特殊标本，也是陈嘉庚先生留给闽南的文化遗产。

一、早期嘉庚建筑

嘉庚风格的形成与发展经历了早晚两个时期。早期的嘉庚建筑基本上模仿、照搬外来的建筑形式，反映了东西方文化交融初期的特点。

陈嘉庚早期的建筑（1913—1949 年）集中在集美学村。

（一）集美学村的规划与建设

集美是同安南端一个半岛尽头的小渔村。陈嘉庚先生 1913 年开始在集美建立学校，先后创建了幼儿园、小学、中学、师范学校，以及水产、航海、商业、农林等各类中等学校，统称为集美学校（图 7-3-1）。1923 年，订立集美和平学村公约，因此也称"集美学村"。

早期的集美校舍选址于集美社以西的围海鱼塘中的人工岛屿上。后来的校舍以此为中心向后部及左右发展。20 世纪 20 年代，是集美学村发展的鼎盛期。这个时期的集美学村，由原来的人工岛向后部及左右的棋杆山、交巷山、烟墩山、后岑山、二房山、国姓寨等地段发展，初步形成了三面高地、前方面海的整体格局。陈嘉庚先生首先完善了人工岛的布局，在岛中布置一条南北轴线，轴线上前为居仁楼，左右分别为瀹智楼、尚勇楼，其北为大礼堂（敬贤堂）、三立楼，再北为大操场。其次，在人工岛东北的二房山位置建女子中学、附属小学，有尚忠楼、诵诗楼、文学楼、敦书楼等教学与宿舍楼。再于其东建幼儿园，包括葆真堂、煦春室、群乐室、养正楼等建筑（图 7-3-2）。在人工岛西北的烟墩山建即温楼、允恭楼、明良楼、崇俭楼，这几幢建筑排列成一字形，面向东南。最后，在东南临海处的国姓寨建男子小学校舍延平楼。

集美学村基本是由陈嘉庚主持选址与规划的，学村中心区的尚勇楼、居仁楼、瀹智楼、三立楼、大礼堂（敬贤堂），建于1918 至 1920 年间。这批建筑施工时依据或参考由新加坡带回的西方及新加坡本地建筑师设计的图纸，是新加坡的南洋建筑式样，而在集美实施时由本地工匠施工，建筑风格属于南洋殖民地建筑式样。早期嘉庚风格有以下特征：采用西式的不出檐的直坡屋顶，正立面带有多层的券柱或梁柱式外廊，正面冠以巴洛克或折中主义样式的山花，使用以粉色调为主的色彩淡雅的灰泥饰面以及纤细的装饰纹样（图 7-3-3）。

在集美学村的人工岛的建筑中，尚勇楼、居仁楼、瀹智楼、三立楼等建筑后来遭到破坏，只有三立楼中的立功楼、大礼堂（敬贤堂）经过多次修缮，沿用至今。

（二）厦门大学的规划与建设

1921 年，陈嘉庚先生开始创办厦门大学。厦门大学校园起初由上海茂旦洋行的美国建筑师亨利·墨菲（Henry Killam Murphy，1877—1954 年）设计、规划。墨菲的方案将校园分为 5个区域，每个区域都有明确的中轴线，建筑群左右对称。不过，墨菲的方案仅作为参考，没有一个区域得到实施。在最早建设的第一区演武场建筑中，墨菲将五幢建筑围合成三合院，形成品字形空间。陈嘉庚不赞成品字形校舍，"以其多占演武场地位，妨碍将来运动会或纪念会大会之用，故将图中品字形改为一字形，中座背倚五老山，南向南太武高峰"[1]。

一字形校舍即厦门大学第一批校舍——映雪楼、集美楼、囊萤楼、同安楼、群贤楼五座建筑，于 1922 年建成。这五座建筑位于演武场上，俗称"老五幢"。群贤楼建筑群位于演武场，背倚五老峰，平面布局呈一字形，基本上以群贤楼为中心，左右对称（图 7-3-4）。群贤楼左右两侧分别是集美楼、同安楼（图7-3-5），

---

① 　陈嘉庚：《南侨回忆录》，上海，上海三联书店，2014，13～14 页。

再外侧分别是囊萤楼、映雪楼（图 7-3-6）。这五幢楼中，群贤楼中间三层，用绿色琉璃瓦，闽南式的重檐歇山顶，两侧为副楼，1956 年翻修时改为红橙色嘉庚瓦。集美楼、同安楼为外廊式，一层用拱券，二层用梁柱，屋顶也用绿色琉璃瓦（1956 年改为红橙色嘉庚瓦）。囊萤楼、映雪楼的顶层南面中间留出平台，以减少屋顶的沉重感，并使顶层房间有充足的采光。这两幢两边的山头用巴洛克式，并开尖券窗。

　　1923 年至 1925 年，厦大崎头山建筑群建成，包括生物楼、化学楼、物理楼及教工宿舍。生物楼、化学楼在抗战初期毁于日军炮火。在 1922 年至 1925 年的厦大第一期校舍中，陈嘉庚聘请工匠组成"建筑部"，负责设计、组织施工。"厦大建筑部没有工程师，是由陈嘉庚亲自指挥工人施工的。他亲自选聘两位工匠，一位是泥水匠，名叫林论司（闽南方言，尊称师傅为'司'），一位木匠，名叫郑布司。这两位经验丰富的本地'土师傅'，虽然没有进过土木工程专门院校，也不懂设计绘图，却善于体会陈嘉庚的意图来施工；有时在施工中发现有不妥之处，陈嘉庚也会接受他们的意见，随时修改。"[1] 厦门大学早期建筑中完整保留下来的只有老五幢。老五幢"地基设计还有茂旦洋行的图纸做参考，由经验丰富的木匠、泥水匠遵照陈嘉庚的意图来施工"[2]。可以说"老五幢"融合了墨菲、陈嘉庚及闽南工匠的设计构思。墨菲的规划，现在能见到的只有一张规划平面图，尚无法确知他设计的建筑风格。在 1921 年规划厦门大学之前，墨菲已完成了清华大学、福建协和大学、金陵女子大学、燕京大学等校园规划与设计。除了清华大学采用西式建筑外，其余几座大学建筑都采用中国式大屋顶，而且不分地域，清一色地戴上北京清代的官式建筑

---

　　① 　陈延庭：《抗战前厦门大学建筑史》，中国人民政治协商会议厦门市委员会文史资料委员会《厦门文史资料》（第 19 辑），1992，109 页。

　　② 　同上书，112～113 页。

的帽子，即使稍晚建成的岭南大学校舍也是如此，只有福建协和
大学建筑稍微融入了一点福州地方建筑风格。墨菲没有来过厦
门。厦门大学老五幢中的闽南风格，应该是陈嘉庚与闽南工匠的
构思结果（图 7-3-7）。

二、晚期嘉庚建筑

1950 年，陈嘉庚先生回集美定居，制订"重建集美学村计
划"，继续学村的建设。这个时期的主要建筑活动有：在烟墩山
前方、人工岛以西建华侨补习学校建筑群，在延平楼以西的沿海
一带建南薰楼、黎明楼、道南楼，沿着海堤建七星亭等亭榭，在
国姓寨以东的鳌头处建设鳌园等。

（一）集美学村道南楼、南薰楼

道南楼全长 170 多米，呈一字形，平面布局是对早期山字形、
工字形布局的修正与扩展，即由原来的水平 3 段扩展为 7 段，中
间主楼 7 层，旁边的副楼及两端的边楼 6 层，其间连以 5 层的联
系楼。主楼、副楼及边楼冠以闽南屋顶，覆以绿琉璃瓦，联系楼
用红橙色嘉庚瓦。色调上仍以白石、红砖与绿瓦、红瓦形成传统
的色彩组合。从整体上看，道南楼的平面布局将山字形凸出的部
位减少，但在主楼、副楼、边楼及联系楼的主从划分，立面横
向、竖向的体量与线条组织上，显得主次不够分明。

南薰楼的处理则比道南楼成功。大楼占据浔江北岸的制高
点，依地势而建。它由中央 15 层的主楼与两层的翼楼及端部的边
楼组成，主楼、边楼的屋顶分别以传统的方亭、四方抹角亭结
束，而翼楼与主楼之间以约 60°的角度衔接，并用阶梯叠落式处
理组合，使整个楼群主从分明而又体量多变，轮廓跌宕起伏，极
具气势（图 7-3-8）。南薰楼选址在郑成功的集美遗迹"延平故垒"
附近。陈嘉庚在 1921 年《集美小学碑记》中说："闽南大陆南端，
临海处有小岗突起，与鹭岛、高崎互为犄角，洵形胜地也。居民

数家，亦姓陈，开基逾六百年，近更式微。爰购为校址，筑新式校舍，永为集美小学校业，并建百尺钟楼，以为入境标志。"南薰楼即陈嘉庚先生所期望的"百尺钟楼"，它在集美学村中统率全局，是浔江沿岸楼群的视觉中心，与其他楼群一起构成完美、生动的天际线（图7-3-9）。

（二）集美鳌园

鳌园包括集美解放纪念碑、墓园、陈列廊等建筑。

集美解放纪念碑建于1952年，坐落在集美东南角填海筑成的小岛上，三面环海，环境幽静而又地位突出（图7-3-10）。作为纪念建筑，它的选址是十分成功的。纪念碑的造型以传统的古碑为依据，其上冠以闽南风格的歇山顶，带有浓厚的民族特征。纪念碑基座两层，下层台阶八级，上层三级。陈嘉庚在《集美解放纪念碑》碑文中解释设计含义：座阶八级，象征八年抗战。又三级，象征三年内战。

鳌园不只是纪念园，还是一座博物馆。陈嘉庚在1949年10月参观了济南广智院的陈列室后，"决心在家乡集美建一座规模更大、内容更广博、艺术水平更高的建筑，寓教于游、寓教于乐"[1]。在鳌园入口大门之后，夹甬道而建有长50余米的陈列廊。廊墙上方用青石雕刻历史场景与故事。左边浮雕24幅，前7幅是中国革命史画：五四运动、毛主席在湖南组织马克思主义小组、南昌起义、三湾改编、井冈山会师、强渡金沙江飞夺泸定桥、毛主席延安党校发表整风演说。中间24幅是诠释民间流传的迷信预言书《诸葛马前课》部分内容的浮雕，这24幅画面是："水月有主，古月为君，十传绝统，相敬如宾，豕后牛前，千人一口，五二倒置，朋来无咎，四门乍辟，突如其来，晨鸡一声，其道大

---

① 黄顺通、刘正英：《陈嘉庚与集美鳌园》，福州，福建人民出版社，1994，2页。

衰，拯患救难，是唯圣人，阳复而治，晦极生明，贤不遗野，天下一家，无名无德，光耀中华，占得此课，易数乃终，前古后今，其道无穷"。后面 7 幅是传统戏曲画面。右边浮雕是 20 幅历史故事（图 7-3-11）。陈嘉庚对"马前课"的诠释，既带有中国民间文化思想，又不拘传统，反映他爱国爱乡的热忱。

鳌园围墙由 700 余块浮雕组成，内容有历史故事、历史人物、现代生活、树木花卉、飞禽走兽等。墓园的石屏，名"博物观"，也镶嵌浮雕作品数十幅，内容有动植物、工业建筑、名胜古迹、行为规范、地图等，内容庞杂。

（三）厦门大学上弦场"新五幢"与芙蓉楼群

20 世纪 50 年代初，陈嘉庚开始扩建厦门大学，这一时期的主要建筑是建南楼群与芙蓉宿舍楼群、国光楼群、丰庭楼群等。

建南楼群是以建南大会堂为中心的五幢建筑，中间是建南大会堂，左右两侧分别是南光楼、南安楼，再外侧分别是成智楼、成义楼。这五幢建于演武场老五幢之后，因而称为"新五幢"（图 7-3-12）。新五幢自成一组，与老五幢之间没有轴线关系。新五幢利用地形，将前面洼地建成一个近似椭圆形的运动场——上弦场，并将面向大海的坡地处理成 20 余级台阶，作为上弦场的看台。自上弦场远观，台阶如基座般衬托楼群，极具开阔壮观之势。

在单体建筑处理上，新五幢中的建南大会堂也与老五幢中的群贤楼一样，在西式墙身上覆以闽南式大屋顶，屋顶用断檐升箭口的组合形式，体形丰富。其余四幢平面为王字或工字形，外立面处理手法也与老五幢中的另外四幢相似，但为了增加面积，没有做成外廊式。

芙蓉楼群共四幢，命名为芙蓉第一、芙蓉第二、芙蓉第三、芙蓉第四（图 7-3-13）。这四幢建筑三层，局部四层，平面呈山字形，外廊式，在西式墙身上冠以闽南式屋顶（芙蓉第四为西式屋顶）。芙蓉第一至第三正面用烟炙红砖砌筑，转角用红砖白石相间而砌的"蜈蚣脚"做法；芙蓉第四的券柱式外廊也用红砖白石发券。这四幢建筑细部丰富而精练，具有浓烈的生活气息。芙蓉楼群环绕水田布局，水田后来改建成水池，命名为芙蓉湖。芙蓉楼群建成后，旁边的国光楼群、丰庭楼群等建筑也相继建成，厦门大学的校园中心转移到以芙蓉湖为中心的区域。

（四）华侨博物院

1956 年创建的华侨博物院，位于蜂巢山路，平面形式为 T 字形，后部是纵向的展厅部分，前部是横向入口部分。入口部分的正立面五层，用花岗石密缝砌筑。屋顶形式与建南大会堂相似，分成数段处理，强调主从变化。展厅内部没有立柱，外墙也最大限度地开窗。

三、嘉庚建筑的特点

（一）规划布局

嘉庚建筑在选址时，充分利用自然地形，形成主次分明的建筑布局。在集美学村的规划中，陈嘉庚先生尽量利用山丘、坡地、滨海等景观要素，重视山水景观与校园建筑的交融。延平楼选址于延平故垒旁，保留传统的人文景观。在华文学校、道南楼、南薰楼、延平楼前有围海而筑的外池，也称"龙舟池"。池岸及池中建有启明、南辉、长庚和左、右、逢、源共七亭，俗称"七星亭"，岸堤逶迤，作为群楼的前景，较好地衬托出楼群的雄伟气势。整组建筑波光潋滟，楼影参差，令人目不暇接，宛然仙境画中游。

从总体上看，校园规划毕竟是一门科学，校园建设周期长、范围大，那种凭经验搞建设、边建设边修改的方法有很大的局限性。例如集美学村的初期规划，陈嘉庚先生总结说：

集美校舍建筑之大误，其原因不出两项。一，六七年

前，既乏现财力，故无现思想；二，愚拙寡闻见，不晓关碍
美术山水而妄自堆建。迨至后来，悔恨无已。论集美山势，
凡大操场以前之地，均不宜建筑，宜分建两边近山之处，俾
从海口看入，直达内头社（在集美社之北）边之大礼堂。而
从大礼堂看出，面海无塞，大操场、大游泳池居中，教室数
十座左右立，方不失此美丽秀雅之山水。[①]

厦门大学由陈嘉庚先生亲自选址。校址以约 1.3 万平方米的
演武场为中心，背依五老山，面向大海，其西至许家村，东至胡
里山炮台，占地约 13 万平米。陈嘉庚先生认为："厦门港阔水
深，数万吨巨船出入便利，为我国沿海各省之冠……凡川走南洋
欧美及本国东北洋轮船，出入厦门者概当由厦大门前经过，至于
山海风景之秀美，更毋庸多赘。"[②] 厦门大学的选址是很成功的，
它背山面海，风景秀丽，场地广阔，有发展余地，交通便利，位
于厦门港的入口，地理位置显著。墨菲的规划方案，充分利用了
这一优势，五区建筑群，面海背山，各有中心，而又连成一气，
有条有理。但由于工料过高，陈嘉庚的经济能力有限，这个方案
并未实施。在以后的建设中，演武场上的老五幢与上弦场边的新
五幢，虽然布局严谨、主次分明，但两组建筑群各自为政，毫无联
系。后来厦大的建设中心又转移到芙蓉湖这一区域，时间既久，校
园布局、联系与交通的无序状况便呈现出来，一直影响至今。

集美鳌园的建设，"陈嘉庚既是总设计师，又是总工程师。
鳌园的设计图就装在他的脑子里，他手中的拐杖就是工程的指挥
棒。一位吃苦耐劳、认真尽责的工匠陈坑生，便是陈嘉庚宏伟设

① 陈嘉庚：《详告建筑集美校舍规划之设想（致叶渊函·1923 年 2 月
28 日）》，王增炳、陈毅明、林鹤龄《陈嘉庚教育文集》，福州，福建教育
出版社，1989，334～335 页。

② 陈嘉庚：《南侨回忆录》，上海，上海三联书店，2014，14 页。

想的忠实执行者……趁着退潮的时候，陈嘉庚把陈坑生带到鳌头屿妈祖宫的废址，告诉他想在这里建一座集美解放纪念碑，周围用石雕建一座博物大观，碑的位置就定在屿上最高的那块礁石上"①。鳌园单体建筑造型，端庄稳重，具有浓郁的闽南特色，无疑是很成功的。园内的装饰内容，也反映了陈嘉庚先生独特的思想。但从总体上看，由陈列廊进入纪念碑，毫无轴线联系，墓地置于纪念碑正面之前，几无瞻拜空间，失去了纪念建筑所应有的秩序、空间与层次感。

（二）单体建筑

陈嘉庚建筑的单体平面比较简单，功能也不复杂，其形体采用海峡殖民地建筑的中轴对称的集中式构图，因此多为一字形、工字形、王字形平面。这些平面形式以走廊来联系空间。走廊有内廊式、单面外廊式、双面外廊式和局部外廊式几种。其中以内廊和单面外廊使用最多。双面外廊仅出现在集美科学馆、延平楼、海通楼等少数几幢建筑中。

嘉庚建筑的墙身始终以南洋殖民地样式为主，以块石、巨柱等强调西式建筑的体量感，使用的元素有灰白色花岗石、西洋柱式、抹灰等。嘉庚建筑用石就地取材，使用很广。陈嘉庚建设厦门大学演武场群贤楼时，"左右近处及后方坞墓石块不少，大者高十余尺，围数十尺，余乃命石工开取作校舍基址及筑墙之需，不但坚固且亦美观"②。

早期的嘉庚建筑，例如集美学村的福东楼、允恭楼、尚忠楼、延平楼、黎明楼、养正楼等建筑的外墙，以色彩淡雅的粉黄、粉蓝、粉白等灰泥饰面，具有典型的南洋殖民地色彩特征。晚期的嘉庚建筑，由于大量使用白石、红砖等地方材料，抹灰便

---

① 黄顺通、刘正英：《陈嘉庚与集美鳌园》，福州，福建人民出版社，1994，3～4 页。

② 陈嘉庚：《南侨回忆录》，上海，上海三联书店，2014，14 页。

很少再作为外墙的饰面材料。红砖、白石的清水砌法，真实地显露出材料的本质特性：质感、肌理与色泽。

以烟炙砖组砌成丰富、复杂图案来装饰镜面墙，是闽南工匠的"绝活"。嘉庚建筑充分利用闽南工匠精湛的施工工艺，以烟炙砖作为墙面材料。在集美学村的诚毅楼、延平楼和厦门大学的国光楼、芙蓉第一至第四楼等建筑中，烟炙砖得到了广泛应用。白色花岗石与红色烟炙砖还可组合使用，主要用于外转角、壁柱与拱券部位。

（三）屋顶形式

早在 1920 年，陈嘉庚就开始在西式建筑中融入闽南地方元素，其中最突出的就是闽南式的大屋顶。

1920 年落成的集美学村博文楼是第一幢西式柱墙上覆以闽南式屋顶的建筑。博文楼高三层，第三层是将一座 5 间重檐歇山顶建筑直接置于二层的西式建筑上。歇山顶正脊分成三段，采取闽南的三川脊的做法。屋脊上使用燕尾、串角草花等装饰。上下重檐用闽南特有的密接式，大木构架也是闽南的做法（图 7-3-14）。在 1921 年落成的厦门大学群贤楼的屋顶处理与博文楼相似，只是没有使用木柱，而是直接将闽南式屋顶置于西式墙身上。在檐口下用丁头拱承托吊筒，作为屋顶与墙身之间的过渡。在建南大会堂中，主楼屋顶采用了类似于"断檐升箭口"的形式，檐口处理则与群贤楼相似。

博文楼、群贤楼的重檐歇山的下檐，面积较大，与闽南传统的做法不同。其他处理手法也不尽符合闽南传统建筑的法则。闽南传统建筑中，三川脊只用于大门，大殿的正脊从来不分段；断檐升箭口一般也只用于大门的屋顶，大殿等重要建筑很少使用。歇山顶（四垂顶）等级很高，三川脊的做法也很少用于歇山顶上。在中国古代，越是重要的殿堂建筑，屋顶形式越简单。相反，一些角楼、亭榭、楼阁等次要建筑才使用复杂的屋顶组合。

嘉庚建筑中，歇山顶上使用三川脊，反映了陈嘉庚及闽南工匠不拘一格的处理方式。

横向扩展的闽南民居中，经常将屋脊分成数段，称为"四脊"、"六脊"。寺庙、祠堂则多使用三川脊。嘉庚建筑的平面多呈一字形，屋顶很长，因此较多地借鉴"三川脊"、分脊等手法，使屋顶主次分明，增加变化，减少过长屋面的单调感，例如群贤楼、集美楼、同安楼、囊萤楼、映雪楼等。

嘉庚建筑还使用盝顶作为次要副楼的檐口，以节约工料，例如集美学村的道南楼。或者将山花朝前的歇山顶作为入口门廊的屋顶，例如厦门大学的芙蓉第一楼。

嘉庚瓦是"土洋"结合的产物。在厦门的近代建筑中，西人盖屋顶曾经用厚重的"洋灰瓦"，俗称"洋瓦"，但当时厦门的水泥依靠进口，价格昂贵，而且洋瓦的热辐射大，屋顶下需再用天花吊顶。"陈嘉庚指导工人仿照水泥瓦样式，用泥土试制'土瓦'，成功以后，就在石码设窑试制，以代替洋瓦。集美、厦大的屋顶，用的就是这种瓦。因为这种瓦是陈嘉庚首创的，群众美称为'嘉庚瓦'。"[①]闽南传统的红瓦，有筒瓦与板瓦两种，尺度较小。嘉庚瓦仿照洋瓦，将传统的筒瓦、板瓦合二为一。嘉庚瓦的横断面呈波浪形，可以左右搭接，瓦面中间的凹槽可以排水，瓦的上下又有企边，可以搭扣。这种红橙色的瓦不同于传统的瓦，厦门人称为"嘉庚瓦"，简称"庚瓦"。嘉庚瓦最先应用于"老五幢"的映雪、囊萤楼中，而中间的群贤、集美、同安三楼用产于广东佛山的绿色琉璃瓦。

（四）嘉庚风格

陈嘉庚是嘉庚建筑的业主，是嘉庚建筑的主要设计者与监造

---

① 陈延庭：《抗战前厦门大学建筑史》，中国人民政治协商会议厦门市委员会文史资料委员会《厦门文史资料》（第19辑），1992，110页。

者，但陈嘉庚先生不是建筑师，他主要依靠闽南一带具有实践经验的能工巧匠。在几十年的建筑实践中，陈嘉庚逐渐形成了自己独特的设计方式与建筑思想。陈嘉庚生于闽南，熟悉闽南民间自古相传的风水观。他凭借朴素的环境观，亲自选址。他了解闽南传统建筑的设计施工过程，因而信赖经验丰富的民间匠师，把自己的想法交代给工匠负责人，并与工匠负责人共同商讨，确定方案。同时进行现场勘察，一边设计，一边修改，最后由工匠完成。嘉庚建筑的整体形式由陈嘉庚制定，细部则由工匠自由发挥，因此随意取用装饰题材，不拘风格，形成一种不中不西、亦土亦洋的新风格。

陈从周先生说："陈嘉庚先生的思想与艺术境界的主导思想是乡与国，乡情与国思跃然于其建筑物上。"嘉庚建筑的根在闽南，嘉庚建筑融合中西，又没有西方古典建筑美学与闽南传统建筑法度的制约。陈嘉庚起用的是闽南民间工匠，因而嘉庚建筑带有民间艺术的某些特性：稚拙、自发、天真、混杂（图7-3-15）。

陈嘉庚思想中的乡情与国思，造就了嘉庚建筑的民族性、地方性。陈嘉庚办学，贯彻节俭二字。嘉庚建筑中运用的都是地方材料。陈嘉庚在龙海石码设立砖瓦厂，建窑数座，专门为学校建筑烧制砖瓦。嘉庚建筑中天然石材、烟炙红砖、嘉庚瓦都是清水建造，从不使用当时闽南流行的水刷石（洗石子）装饰。1924年拟建厦门大学图书馆，陈嘉庚说：

> 查此间（按：指新加坡）之建此式屋者，其枝（肢）骨并楼层，概用此灰（按：指水泥）石碎（碎石），至于墙壁则仍用砖，亦有正面下层用打幼石围之，以资雅观。其他如涂庄（装）饰均作假石，其内容实较厦大之屋坚固多多；若外观石色，则终让真石也……（厦大图书馆）总是外墙，切如自下至屋顶，要围以石，则费定贵；若用灰假石（按：指

水刷石），又欠一律雅观……①

早在两千年前，古罗马建筑师维特鲁威（Vitruvii）在《建筑十书》中提出建筑的三要素——坚固、实用、美观。坚固、实用、美观是建筑的永恒主题。陈嘉庚在建设中，经常协调三者的关系。"陈嘉庚认为建筑厦大校舍最重要的不外三事：第一件就是校舍位置之安排，关系到美观和将来的发展。第二就是间隔和光线。第三便是外观，如不计工本追求美观，不宜于初创的厦大，只有少花钱，却又'粗中带雅'才合他的意见。"② 陈嘉庚先生说：

> 凡本地可取之物料，宜尽先取本地产生之物为至要。不嫌粗，不嫌陋，不求能耐数百年，不尚新发明多费之建筑法；只求间格适合，光线充足，卫生无缺，外观稍过得去。若言坚固耐久之事，则有三十年已满足矣，切勿过求永固，不唯现下乏许财力，然厦地异日定为通商巨埠，二三十年后，屋体变更，重新改作，为势必然。③

> 今日我厦大要建之屋，其地位（点）、间格（隔）、外观有洋人帮理，弟甚赞成。若坚固及用料，决当取我宗旨为第一要义，万万不可妄（盲）从留学者言，要如洋人之建法可耐千年，不畏火险，诸云云。若果从之，不唯乏许（如此）大财力，且亦迁延日子，一舍之成，非数年不达。试看协和

① 陈嘉庚：《建筑厦大图书室的计划（致林文庆函·1924年9月14日）》，王增炳、陈毅明、林鹤龄《陈嘉庚教育文集》，福州，福建教育出版社，1989，365页。

② 陈延庭：《抗战前厦门大学建筑史》，中国人民政治协商会议厦门市委员会文史资料委员会《厦门文史资料》（第19辑），1992，108～109页。

③ 陈嘉庚：《建筑务求省俭，切勿过求永固（致陈延庭函·1923年4月15日）》，王增炳、陈毅明、林鹤龄《陈嘉庚教育文集》，福州，福建教育出版社，1989，341页。

> 兴工迄兹三年，所成之屋几何、费项几多、成绩与外观胜我几多？……况我已建之屋，若论坚固，二百年尚可保有余；若论外观，则比上不如，若比下则过之。①

陈嘉庚先生"边积累，边办学"，办学经费大多来源于陈嘉庚在南洋的公司，受政治、经济及社会形势的影响很大。对于"美观"的追求，陈嘉庚认为无论什么时候，财力都会有局限性，因此位置显要、地位重要的建筑，如群贤楼、建南大会堂、南薰楼等装饰考究，其他建筑就相对从简。甚至同一幢建筑中，正面用红砖白石、柱头线脚丰富、施工细腻，侧面或背里则用粗石砌成，例如芙蓉楼群、南薰楼等，把有限的经费用在"脸面"上，这也是来自闽南民间的做法。

中国建筑的屋顶挑檐很大，屋面用瓦及屋脊装饰十分费料。闽南式屋顶的举折很大，暗厝的构造复杂。在嘉庚建筑中，只有重要建筑或重要位置才使用闽南的大屋顶（小亭榭除外），其余都采用不出檐的西式屋顶，以嘉庚瓦铺设，两端用山头结束。陈嘉庚说：

> 美术家告我，改洋式为华式，切不可从。盖经济问题为第一要义，必先打算。若厦大之屋，屋上必用采瓦，虽建华式，将来加费不少。而大间屋亦难建，且美术亦当有好歹兼配。而事实上，屋上大落之顶如何盖许重瓦乎？②

早在 20 世纪 20 年代，在集美学村的博文楼、延平楼和厦门

---

① 陈嘉庚：《勉励陈延庭毅力勇力，努力搞好厦大建筑（致陈延庭函·1923 年 4 月 3 日）》，王增炳、陈毅明、林鹤龄《陈嘉庚教育文集》，福州，福建教育出版社，1989，339～340 页。

② 陈嘉庚：《建筑问题，经济为第一要义（致陈延庭函·1923 年 3 月 4 日）》，王增炳、陈毅明、林鹤龄《陈嘉庚教育文集》，福州，福建教育出版社，1989，338 页。

大学的群贤楼群等建筑中，陈嘉庚就开始强调中式屋顶尤其是闽南传统屋顶及地方材料与技术的运用，力求表达建筑的"民族性"内涵。在单体建筑中，陈嘉庚将以闽南为代表的中式屋顶加于西式的墙身、柱券之上。在嘉庚建筑中，民间匠师以地方工艺和材料重新诠释西方的柱式、券式、墙面、屋顶等要素，在西洋古典、文艺复兴、巴洛克等风格中掺入了中国古典建筑、闽南传统建筑的装饰要素，两者相互交融。

集美学村、厦门大学的建筑糅合闽南、南洋与西洋风格于一体，而在当时就有人戏谑为"穿西装戴中国式的瓜子帽"，今天也有人称嘉庚建筑的独特外表是"穿西装戴斗笠"，恰恰说明了民间艺术对建筑形式的无所顾忌（图7-3-16）。

中国近代建筑在中西文化交融的过程中，遇到了弘扬民族传统文化、创作中国民族形式的难题。早在19世纪90年代，西方建筑师就在中国的教会大学校舍建筑中探索中国建筑的民族形式。当时的西方建筑师大多对中国建筑文化一知半解，这种探索在很大程度上还停留在僵化的模仿阶段。20世纪20年代始，民族意识高涨，在建筑领域有意识地掀起了"吾国固有之建筑形式"的理论探讨与实践热潮，以吕彦直、杨廷宝等为代表的中国优秀建筑师开始崭露头角，对中国建筑的民族形式进行了深入的探讨。嘉庚建筑是当时的中国建筑民族形式思潮中的一支。与那些过分强调民族性反而丧失地域性的建筑相比，嘉庚建筑基本上由闽南民间匠师创作，形成了自己的风格，它在洋为中用、古为今用的道路上的探索，贡献是巨大的。

图 7-1-1　漳州市香港路北段骑楼与石坊

图 7-1-2　厦门市中山路骑楼

图 7-1-3　泉州市中山南路骑楼

图 7-1-4　晋江市龙湖镇福林村骑楼

图 7-2-1　晋江市新塘梧林村洋楼

图 7-2-2　晋江市金井镇塘东村蔡本油宅

图 7-2-3　五脚基洋楼

图 7-2-4　晋江市金井镇
　　　　　塘东村油香阁

图 7-2-5　晋 江 市 紫 帽 镇
　　　　　园坂村蔡其矫宅

图 7-2-6　塌寿洋楼

图 7-2-7　厦门市集美区浔江路 119 号叠寿洋楼

图 7-2-8　晋江市永和镇钱仓
村姚金策宅护厝洋楼

图 7-2-9　闽南洋楼中的山花

图 7-3-1　集美学村航海学院

图 7-3-2　集美幼儿园养正楼

图 7-3-3　集美学村航海学院尚忠楼券柱

图 7-3-4　厦门大学群贤楼

图 7-3-5　厦门大学集美楼

图 7-3-6　厦门大学囊萤楼

图 7-3-7　厦门大学群贤楼局部立面图（引自厦门市城市规划管理局、厦门大学
建筑系《厦门大学建筑测绘图集》）

图 7-3-8　集美南薰楼

图 7-3-9　集美南薰楼塔楼

图 7-3-10　集美鳌园集美解放纪念碑

图 7-3-11　集美鳌园浮雕

图 7-3-12　厦门大学上弦场建筑群

图 7-3-13 厦门大学芙蓉第二学生宿舍

图 7-3-14 集美学村博文楼

图 7-3-15　厦门大学上弦场建南大会堂屋顶

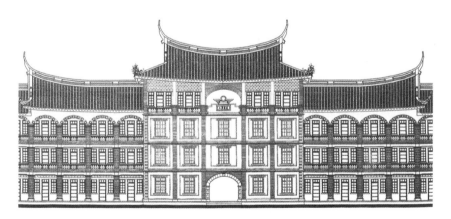

图 7-3-16　厦门大学芙蓉第二立面图（引自厦门市城市规划管理局、厦门大学建
　　　　　筑系《厦门大学建筑测绘图集》）

第八章

金门的闽南传统建筑①

第一节　金门的开发与聚落的发展

随着福建，尤其是闽南地区开发的逐渐加速，随着移民迁入，金门也日渐垦辟，渐成沃土。

金门有记载的历史，当地确信可以上溯至晋。1955年，金门曾发现古砖，系两汉至六朝时期的文物，虽难断定是否是当时移民的遗留，但至少可以证明，当时已有大陆移民进入金门。据称晋时因中原多乱，北方人民南迁避乱入金，相传有苏、陈、吴、蔡、吕、颜六姓移入。此本似是而非之说，只因金门当地无不持此说，姑且信之。

汉族统治权力进入金门的最早记载，始于唐贞元年间。唐德宗贞元十三年（797年），柳冕出任福州刺史，兼福建都团练观察使，奏置万安监牧于泉州界，置群牧五，金门有其一，是为金门史上正式设官拓垦之始。牧马侯祠、牧马寨、马坪、驷湖、洗马溪、菽蘽山等，或为遗迹。陈渊于此牧马，携来蔡、许、翁、

① 本章由厦门大学国学研究院兼职副教授、金门县美术学会秘书长张清忠撰写。

李、张、黄、王、吕、刘、洪、林、萧等十二姓开荒拓土，耕稼渔盐，化荒墟为乐土，人口渐增，后世尊陈渊"开浯恩主"，建牧马侯祠。①（图8-1-1）后唐明宗长兴四年（933年），同安设县，金门属焉。

宋元时期，闽南经济飞速发展，人口增长，人们兴修水利、筑堤捍潮、垦辟土地，"福建路……有银、铜、葛越之产，茶、盐、海物之饶。民安土乐业。川源浸灌，田畴膏沃，无凶年之忧。而土地迫狭，生籍繁伙；虽硗确之地，耕耨殆尽，亩直浸贵，故多田讼。"②而金门移民与开发也有明显进展，现在金门的不少姓氏，可将其开基源头推至宋元，诸多聚落开庄时间，皆在六七百年以前。

南宋孝宗乾道年间（1165—1173年）、宋宁宗庆元年间（1195—1200年），泉州梁克家、傅自得、曾从龙等，相继亲率部众来金门设堰筑堤，画海为田，农渔并进，后裔子孙定居金门。梁氏在金门开垦的地方较广，有位于金山湾（今西园一带）的梁埭、位于湖尾湖（今林厝与湖尾之间）的梁府埭、地处今夏墅港的后浦埭，后裔衍为今天的山后梁氏。傅氏抵金门古宁港内，今西浦头一带，围海筑埭，称傅府埭，元代改为盐田。曾从龙兄弟相继入仕，一门显贵，人丁兴旺，入金门后，在今古宁港南山鱼塭区海浦新生地一带筑埭，成曾氏埭田，因其原居泉州龙头山，故而到金门围造埭田的地方，也被叫作古龙头（即今古宁头），意指曾家别业。宋代金门埭田，均外筑埭岸以围海，内导水源以灌溉，埭岸坏则田为沧海，水源竭则田为荒埔，缺一不可，因此有力筑埭者，率为泉州世家大族，一般平民无力承担如此巨额投资。宋时埭田主要分布在后浦、古宁头、金山湾这三个地方，它

---

① 陈渊率众入浯牧马一事，李增德君辨之甚力。李增德：《金门史话》，金门县文化局，2005，84～87页。

② 《宋史》卷八十九《地理志五》，北京，中华书局，1985，2210页。

们较靠近大陆，且均有港湾，又没有东部那么多的风沙，自然得以较早开发。

除了传说中的梁克家、傅自得、曾从龙三大家族外，宋代迁入金门的家族仍有不少，如吴姓，居住在内洋的一支，是南宋时迁往李洋开基的，另一支于宋末亦避居烈屿。吕姓有一支于南宋时，从南安朴兜乡，迁往浯屿岛西仓开基。林姓住在烈屿的一支，亦于宋理宗时从晋江迁入下林。张姓原居泉州晋江，南宋末年，有二支迁往沙尾及青屿，元代中叶再分迁古宁头。原来居住在诏安的许姓，在宋末共有三四支，分别迁入金门开基，而后繁衍出山灶许、后浦许、后仓许、安岐许几大支派。许姓居住在后浦的一支亦于宋末有五十郎名忠辅者自诏安迁入。陈姓亦有四支，于宋末分别从晋江、漳州迁入，其中来自晋江的三支，繁衍出阳翟陈、陈坑陈、湖前陈；来自漳州的一支，原先肇基于斗门，再分迁何厝，人称斗门陈。除此之外，还有章、洪、杨、蔡、邱、黄等姓，也是宋时就已迁入金门开基。

宋太宗太平兴国三年（978年），金门开始课税。宋神宗熙宁元丰间金门立都图，属同安县绥德乡翔风里，凡置四都，统图九（领十一保，一百七十六村社）。南宋咸淳年间，丈量田亩，复纳税钞，金门正式纳入国家的经济体系。宋代，相传朱熹任同安主簿时，曾在金门设立燕南书院，金门因此文风渐盛，得有"海滨邹鲁"之称。泉州知府真德秀，亦曾于金门经略战船。金门的文治教化，也在宋朝奠立根基，有宋一代，金门进士凡六。

元代以元初和元末，移入的姓氏为多。王姓有一支，于元初卜居金门山后，此后分迁吕厝、东沙，在东沙的后裔又分居榜林、中兰、下湖、营山、后宅等处。何姓亦于元初从晋江迁入浯岛，初卜居于陈坑，后往何厝、浦边发展。吕姓除了南宋迁入西仓的一派外，元朝又有一支，从晋江前往吕厝开基，迄今诸吕子孙，聚居于东西仓、庵边、下湖一带，派下分居林兜、中兰、榜林、新塘、烈屿等处。东林林也是元末自泉州迁入，在东林开基。此外如张、梁、陈、黄各姓，宋时均已有人迁入金门，元朝再陆续迁入。梁姓除了南宋梁克家家族外，元初又有一支自泉州迁入，卜居于后浦，再往山后村发展。陈姓有两支是元朝时期迁入的，分别称作后山陈和埔后陈。黄姓也有两支，称为前水头黄和东店黄，分别来自同安和泉州。此外，如卢、薛两姓，也都是元朝初年从嘉禾屿（即今厦门）迁入的，卜居于颜厝和薛厝坑。

元成宗大德元年（1297 年），建浯洲盐场，伐木煎盐，分上、下两埕，上埕辖永安、官镇、田墩、沙美、埔头等五处，下埕辖斗门、南安、保林、东沙、烈屿等五处。宋代开始进入金门开发的士族，聚落也开始往西南及东北拓展。元武宗至大二年（1309 年）置管勾司，管理盐场生产业务。顺帝至正二年（1342 年），改管勾司为司令司。

经过宋元时期的开拓，明代闽南经济文化已有明显起色，闽南进入经济社会发展的全盛时期，原来的荒凉之区，已成乐土一片，足以傲视海内。金门以海防建设为契机，而移民更众，经济社会更为发展。

洪武初，因海防需要，"命江夏侯周德兴往福建，以福、兴、漳、泉四府民户三丁取一，为缘海卫所，戍兵以防倭寇。其原置军卫非要害之所，即移置之。德兴至福建，按籍抽兵，相视要害可为城守之处，具图以进，凡选丁壮万五千余人，筑城一十六，增置巡检司四十有五，分隶诸卫以为防御"①。周德兴"置福建沿海五卫指挥使司，曰福宁、镇东、平海、永宁、镇海。所属千户所十二，曰大金、定海、梅花、万安、莆禧、崇武、福金、金

---

① 《明太祖实录》卷一百八十一，洪武二十年四月戊子条。

门、高浦、六鳌、铜山、玄钟，以防倭寇"①。洪武二十年（1387
年），江夏侯周德兴在金门岛上建构城池，"周三百六十丈，基广
一丈，高连女儿墙二丈五尺，窝铺三十六。外环以深濠，广丈
余。东西南北四门，各建楼其上。永乐十五年，都指挥谷祥增高
三尺，并砌西北南三月城。正统八年，都指挥刘亮、千户陈旺、
增筑四门敌楼。嘉靖三十七年，所署毁于火"②。因其"固若金
汤，雄镇海门"，取名"金门城"，自此"金门"成为定称。置金
门守御千户所于金门城，并设峰上、官澳、田浦、陈坑、烈屿等
五巡检司，另设捍寨七：天宝寨、洪山寨、山西寨（以上三寨在
十七都），牛岭寨（在十八都），欧厝寨（在十九都），穆林寨
（在十九都乌沙头），清崎山寨（在烈屿），还筑有瞭望用的墩台
等设施，金门成为海疆防御重镇，常驻差操屯种旗军 1000 余名。
明洪武元年（1368 年），改元代之司令司为盐课司，辖浯州场，
管十盐埕。

　　明清易代之际，唐王隆武二年（1646 年），郑成功会明朝文
武群臣于烈屿，供太祖灵位，誓复大明江山。1648 年，郑成功进
驻金厦两岛，作为反清复明基地。康熙十九年（1680 年），金门
入清。清廷于金门岛上设有独立水师，首任总兵陈龙以后浦以为
署所，统辖中、左、右三个营，兼管铜山、枫岭、云霄、诏安、
海澄五营。迄后，各兼管五营相继划出，金门镇只领标下三营，
仍是一个海防要点，兵力最高时达到 2700 人，当时金门人从戎者
众，武功煊赫，有"九里三提督、百步一总兵"之称。

　　金门地处东南海隅，对外交通便利，商旅往还十分方便；乱
世则山海险阻，仍可偏安局外。因此历朝每当政治动乱，都有大

---

① 《明太祖实录》卷一百八十八，洪武二十一年二月己酉条。
② ［清］林焜熿：《金门志》卷三《规制志》，台北，中华丛书委员
会，1956，49～50 页。

陆移民来金门岛上定居，虽然移民进程颇有反复，并有过几次中断，但仍以增长为核心。金门早期移民主要有：避难来此之人、为官方垦牧及其随带眷属、盐场民户、久戍军人及其后裔、泉州世家大族的后裔，而至明清时期，附近各都邑因人口繁昌，生齿日众，迫于生计而来金门拓垦者，成为此地人口最大来源。1991年增修《金门县志》，共记载了 81 个旧有姓氏的来源和迁徙情况，分为 160 多个支派，其中有 70 个姓氏、123 个支派，是明清以后才迁入金门的，由此可见明清时期金门巨大规模的迁徙浪潮。从明初开始，一直持续到清末，有的甚至到了民国初年还在继续。如明初有庄庆字邦须者，自永春祥霞乡迁浯，初居刘厝，后改村名为上庄，至清初因风沙为患，乃徙居埕下，上庄遂废，派下分居下庄、前埔、北清、湖尾等处。又如居住在后浦的汪姓，有一支是同治光绪年间才从惠安迁入的，另有一支则是清末来自同安。居住在后浦的唐、盛两姓，则是清末民初分别从晋江、惠安迁入。而住在后浦、西黄的章、项、连三姓，迟至民国初年才移入，其中章、项两姓分别来自厦门、泉州，连姓迁自惠安。后垄林姓，"明初自莆田来浯，开垦后垄一带，至清中叶，村为风沙所掩，乃举族迁居今之新后垄"。至于清末才迁入的还有江、艾、李、沈、阮、洪、纪、胡、范、马、张、庄、陈、蔡等姓或者他们的支派。叶姓，清代从同安迁入，居后浦等地，他们经营有广盈、叶振美、德义、源合诸商家。居住于后浦东门的周、魏、苏三姓，也是清初才从大陆迁入的，咸同间，他们农商兼业，富甲一方，有一周二魏三苏之称。①

及至明嘉靖隆庆年间，金门本岛已是人口众多，村庄遍布，不仅较早开发的西部、东北部已相当繁荣，就连自然条件较差的

---

① 谢重光等著：《金门史稿》，厦门，鹭江出版社，1999，99～101、121～122 页。

东南部地区，也有不少村落。明代金门聚落已经初步奠定今日岛上的自然村规模，东则聚集于西园附近，并至于阳翟、汶水、沙美、西仓（西村）、平林（琼林），西则聚集于后浦一带，以至于后丰港、水头、许坑、东沙等地。大致出现了 61 个聚落（不含烈屿），其中以阳翟（阳宅）、汶水（后水头）、西仓（西村）、平林（琼林）、后浦最为繁盛。他们大多以水源充足、地力较丰、避风御寒等实际生活需要作为选择聚落的条件。当时金门本岛划分为十七、十八、十九三都，隆庆二年（1568 年），洪受在《沧海纪遗·山川之纪第一》中对每个都的情况，都做了详细描述：

> 同安之为都五十有二，而浯洲为翔风里，三都隶焉。太武山从中起，则一洲之宗也。山之西为十七都，其在山之麓者，为蔡厝、为山头。其一支自喜鹊而西者，为阳翟，而尽于汶水，二社为最盛。隶于左右者，为东埔、为沙美、为东萧、为浦头、为山柄、为山西、为赤庭、为南安，而山后、官澳、西园诸社为蕃衍。其一支自骑马而下者，为斗门、为何厝、为吕厝、为李厝诸社，而浦边为蕃衍。
>
> 太武山之东为十八都，其山自石门关而下，尽于凤山。而凤山在东为最中，隶于左右者，为后洪、为湖头、为前埔、为庄厝、为塘南、为乌林。其一支自喜鹊而下者，为李洋，隶于左右者，为田浦、为后颜，北则田浦城，大地诸社附焉。其一支自塔头而起者，其旁为山外，其连汇而东者，为湖前、为林兜、为新垵、为前沙、为田央、为西仓、为东仓、为径林、为赵厝、为西埔，至峰上而止，而西仓为最盛。其东北为下湖、溪边二社。洲上皆有风沙，而以上诸乡为甚。塔后渔村往西为后园、为小径，皆宅于山麓。至于双山之北，则平林为盛，而后港、后沙隶焉。
>
> 太武之南有双山，其西南为十九都。其一支自双山而下者，曰后浦为最盛。而其左右者，为宋厝、为湖尾、为半

山、为古龙头。其东偏者，为董林、后垵，连汇而南者，颜厝、古丘、水头、金门城。

清代金门隶属于同安县绥德乡翔风里，雍正元年（1723 年），金门置浯州盐场大使。雍正十二年，同安县丞移驻金门，辖十七至二十都（即今金门县地），计十保 146 乡（不含大小嶝、角屿）。乾隆三十一年（1766 年），同安县丞移驻灌口，以晋江安海通判兼管金门田粮赋税，四十一年移通判驻马巷，四十五年县丞仍设金门。清代金门各岛分属六都，大嶝属于十五都，小嶝属于十六都，烈屿属于二十都，金门本岛十七、十八、十九三都，共计八保 166 村。

明清时期，金门斥卤而瘠，田不足于耕，民多耕渔并兼。人民以地瓜、花生、玉米、小麦、高粱为主要作物，渔业受季风影响很大，多集中于料罗湾一带，冬季东北季风风力强劲，出海作业困难；夏季东南季风风力微弱，海上风平浪静，利于捕捞。商业贸易在金门居民的社会生活中占有重要地位。金门是海岛，与外界交通全靠船只；而岛上土地贫瘠，物产有限，居民的粮食与日常生活用品，大都仰仗外地输入，因此海上交通贸易，成为金门社会经济发展不可缺少的一环。元代，"其作巨舰行贩者，纳税于市泊官"。明永乐年间，洗马溪一带已经商船、渔船甚多。明末以前，金门已有船只到台湾，与当地人进行鹿皮交易。荷兰人占领台湾后，有烈屿船只到台湾捕鱼，并收购鹿皮。每年在冬季渔汛过后，还有不少船只，运载货物到达大员，从事商业贸易活动。这些到大员贸易的烈屿船只，一般都是在三月以后，趁南风盛发时前往台湾，所载货物大多为板、柱、瓦以及砂糖桶用的板等粗货，极少数船只运载砂糖、酒、金条等。明末清初的金门已颇为繁荣，后浦一带更是重要的商业区。

清乾隆四十一年（1776 年），于大小嶝澳、陈坑澳各设澳甲，稽查船只出入，其中大小嶝澳系金门左营管辖，陈坑澳系右营管辖，澳内有盛字号商船、渡船、小艇等，俱领照牌输税。当时金门的船只共分为大商船、小商船、小艇、讨海四类，大的领给关牌、厅照，前往奉天、天津、浙江、广东、台湾、南北各港及本省等处贸易，小的或在马巷厅属、或在金门附近采捕，朝出暮归。

由于清代金门有不少船只赴南北港及台澎等处贸易，因此岛内也有各种商行和商家店铺。道光同治间，后浦街上就有大小铺户200余间。其中有典商，也有经营大宗货物进出口的行郊。随着金门商品经济的发展，清末后浦已经形成颇具规模的街市。据道光《金门志》，后浦有顶街、中街、观音亭街、新街、横街仔、总爷街、北门街、南门街、沙尾街、西辕门街等街道，还有衙口市、东辕门集、专汛口集、街头集、观德堂集等集市。集市是平时村民小贩前来交易各种农副产品的场所，顶街、中街等则是金门主要的商业街道。

经济发展之下，文化亦日益昌明。明代金门已然科举鼎盛，文风蔚起，缙笏满堂，仕宦称盛，"万历县志载，同安乡榜，始盛于嘉靖戊子辛卯，及万历戊子。前戊子八人，浯居其五，联捷者四。辛卯七人，则皆浯产。后戊子十一人，浯九。夺魁者二，浯一。相继登第者八，浯五。己丑联翩者五，浯四。以封域论，同安分有十里，浯地尚未备乎一里，科名风节，接武比肩，为阖邑冠。统计明兴同捷乡会闱三分之，浯有其一。其中冠南宫，取鼎甲，选词林，拜阁学，及文武乡榜、文武进士，以至由荐辟，由学校，由吏员，不可枚举。故谚云无地不开花。而邑人亦曰：无金不成同。海中撮土，亦灵怪矣哉"[1]。后人统计，有明一代金门产文进士28、武进士3、文举人96、武举人16、贡生82。

---

① ［清］林焜熿：《金门志》卷十五《旧事志》，台北，中华丛书委员会，1956，377页。

受移民传统的影响，金门传统聚落及民居布局的基本精神，乃是宗法伦理的体现，传统聚落的主要社会组成，是血缘宗族，特别是单姓村的殖垦（如沙美、琼林、欧厝、珠山、成功、夏兴、碧山、山后等），他们以房份来区分内部的空间组织，筹募款项修建宗祠，并结合固定时令（清明、冬至）所举行的祭祖活动，来进行权利与义务的划分，凝聚宗族的认同。

传统聚落体现出以下几点特征：

第一，早期移民多以水源充足、地力较丰、临近港澳、避风御寒等条件，作为选择聚居地的基本条件。因此，除了金门城及峰上、田埔、官澳、陈坑（成功）、烈屿等巡检司城是以军事防御作为考虑要素之外，大体上金门聚落的择定，是以实际生活需要为原则，有水源而可资开发的平野、可避风且交通便利的沿海港湾，成为聚居首选。

第二，同姓聚族而居的血缘聚落特色。当地人认为，宗祠盖在地气兴旺的吉穴上，不但足以荫庇后代子孙，也可使他姓人家无法发达而自动迁离开基地。这就是金门大多数传统聚落为同姓血缘所组织起来的集村，村中必定有家庙宗祠的原因。即使不同姓的集村，各姓氏的人家也都极力想去盖一座属于自己族姓的家庙，这也是金门传统聚落中家庙特别多的原因之一。

因为讲究宗族血缘，金门的宗祠修建最为慎重，而虔诚的宗教信仰，也使得信众愿意集重资为神明建造庙宇。宗祠庙宇的建筑，往往要比民宅更为宏大华丽。宗祠为各姓氏族群祭祀其共同祖先的殿堂，它传承中国宗法社会祭祖敬宗的香火。从人文历史演变、聚落地理及建筑环境上看，都深具特色，是探讨文化根源的所在。宗祠为数众多，是金门另一特殊的建筑文化，这是因为金门地区之聚落多由单姓血亲所形成，在这些村落中均建有该姓宗祠，以祀奉祖先，形成一种以宗祠为中心的同姓宗族聚落社会，如沙美的张氏、珠山的薛氏、水头的黄氏。当宗族人数增多时，除全乡合建的祖厝（大宗）外，还会分世分房而各建其宗祠（小宗），琼林蔡氏一村中即有大小宗祠七座。

金门地区传统聚落，除了全村祭祀的大宗宗祠外，也有各房份的小宗宗祠。琼林的七座八祠，数量之多，堪称浯岛之冠。其中，蔡氏家庙（大宗）为全村中心，供蔡姓全族人祭祀，各房份亦有自己的祠堂，计有竹溪派下的"六世竹溪公宗祠"、"十世柏崖公宗祠"与乐圃派的"六世乐圃公暨十世廷辅公宗祠"、"六世前庭房宗祠"、"十一世荣生公宗祠"（创建于清道光中）、"十六世蔡守愚宗祠"。其中六世乐圃公暨十世廷辅公宗祠，两者同在一栋三落大厝之中，因而有"七座八祠"之称。空间分布上，七座宗祠几乎均坐落于甲头分线处，而其中以蔡氏家庙位于整个聚落的中心，体现了宗族的社会力量。蔡氏家庙创建于明嘉靖八年（1529年）之前，清乾隆三十五年（1770年）、1934年、1993年分别重修。今日所见之规模，乃清乾隆三十五年前，庭房十九世蔡克魁筹建。主祀始祖十七郎公至五世祖静山公之祖考妣，共配祀历代仕宦乡贤三十五位。往昔在这些传统聚落的发展过程中，宗祠担负起溯祖寻根的重大任务，维系了全族的情感，并借由祭祀活动，期望保佑子孙的永续发展，可以说是聚落村民的精神中心。宗祠多位于聚落的中心，建筑多为传统闽南式，格局多为二进，规模较一般民居高大，宗祠屋脊上，安置的陶瓷竖龙，称为"龙隐"，是宗祠特有的装饰。每一座宗祠都是一个氏族历史发展的缩影，其所蕴藏的文化与社会意义，是值得探究的。

第三，金门传统聚落的布局，跟中国其他南方地区惯用的梳式布局法（图8-1-2）相同。这种布局具有几种功能：

1. 调节气候：梳式布局可以有效地减少辐射热，配置得宜，则夏季通风良好，冬季可以阻蔽东北季风的吹袭，达到冬暖夏凉的功效。

2. 防御作用：梳式布局可以设置隘门，封锁巷道，有利于建立防御系统。

3. 营造法则：传统的营造技艺传承与经验的积累，使梳式布局成为民间乐于采用的一种典范。

4. 成长空间：梳式布局可以向四方作延伸性的扩建，使聚落具有良好的成长空间。

第四，因血缘房祧及祭祖活动而构成的甲落组织，也是金门传统聚落的一大特色。聚族而居常是以房祧血缘来区分内部的空间组织与人口组合，各房祧各据一隅的血缘关系，有利于封建伦理上的礼仪活动与守望相助的需要，并通过每年固定时令的祭祖活动，强化彼此间的权利与义务，凝聚宗族间的认同。这种现象，普遍存在于金门各单姓的聚落里。多姓村的聚落，则多以宫庙的作醮活动，达到整合与团结村民的目的。金门的传统聚落及民居布局的根本精神，乃是宗法伦理的体现。因为多数聚落的社会组成，是单姓血缘宗族，这些单姓村，以房份作为内部空间组织，称为"甲头"。因此往往可见同一甲头有相同的建物朝向，主要原因是顺应地形。在金门，整个聚落最重要的建物是宗祠，而非台湾传统聚落的宫庙。宗祠每年举行祭祖活动，来进行权利与义务的划分，增强与巩固宗族的认同。全村的中心在大宗宗祠，各甲头的中心，是小宗宗祠或私祖祠堂，层级分明。多姓村在金门为少数，通常出现在早期军户移垦、分工复杂、商业兴盛的城镇、港口、码头等地方，如金门城、后浦、水头、官澳、浦边。

除了各姓氏以其祖先作为认同，统摄全村的还有共同奉祀的宫庙。宫庙可以缓和社会冲突，也形成了特殊的庶民生活文化，如金门东北隅的"六甲"（后宅、浦边、刘澳、洋山、吕厝、长福里），六个聚落共同奉祀莺山庙（图8-1-3），而形成一个生活共同体。

第五，前蔽背实，环抱围护，前低后高、座山观局的立基形式，古榕荫绕以蔽沙浪，风狮坐镇以克风邪，也是金门聚落的一大特色。郑成功造舰之时，金门的原始樟木林被砍伐殆尽，金门全岛暴露在自然风害的威胁下，几成荒岛，当冬日的东北季风鼓起层层的沙浪袭来时，许多地势稍高的村落，因饱受风害而成废墟（如西洪仅剩独户，图 8-1-4）。选择前蔽背实、环抱围护的山坡地作为营宅的基地，原本就是风水学上的理想考虑，而前低后高、座山观局的立基形式，一则可以避免东北季风的吹袭，再则有个辽阔的视野和可资发展的空间。金门的原始樟木林，在被砍伐殆尽以后，风害成为金门民宅营居的一大噩梦，经风水师的指点，绝大部分的村落，都在风口处栽植榕树，以挡蔽严冬的东北季风，以调节酷暑炎热的气温，所以在金门有百年以上历史的聚落里，都有百岁以上的古榕蔽荫。风狮坐镇，以克风邪，在天地之间万物皆有其灵性的民族信仰里，以百兽之王的雄狮，来威吓与制止风的肆虐，成为金门聚落营建所必备的元素之一。人们认为，镇五方（东、西、中、南、北，作醮时以令旗为表征）就是聚落的界限范围，也是受到神明保护，可以确保居家安宁与和谐的区域。金门传统聚落就是普遍建立在这种内神外鬼的思维环境之中的一种聚落组织。

第六，宫前勿触犯人神视线上的分野，祖厝后建宅会阻碍后嗣的发展，居宅高度不超过祖厝燕尾脊，这些犯冲禁忌，是金门民居建筑的一种普遍认知。故宫前灯火所及之处，及宗祠之后的一段距离内，皆是营造民宅的禁忌范围。如果是聚居稠密的聚落，则须采折中的变通方式以求心安：于宫庙前则建戏台以阻隔（如山外英武庙前的戏台，图 8-1-5），于宗庙则或筑高墙以挡隔（如牧马侯祠的后墙，图 8-1-6），或空着一段距离不盖宅屋（如沙美张氏宗祠的后面空地，图 8-1-7），或民宅转向，与宗祠背对背而建（如琼林蔡氏家庙、十世柏崖公宗祠、十一世荣生公宗祠等祠庙的后面民宅皆背对宗祠而建，图 8-1-8），或民宅转向与宗祠成直角垂直相邻而建（如琼林六世荣圃公宗祠的后面民宅，皆转向与宗祠垂直相邻而建，图 8-1-9）。而居宅高度不超过祖厝则是一种封建伦理上尊祖敬宗的孝道精神表现。

第七，喜采用厌胜物，也是金门民居建筑的重要特点。厌胜物指的是用以克制邪煞的神圣法器与灵通之物，如泰山石敢当、石敢当、瓦将军、石将军（图 8-1-10），辟邪与镇宅用的照镜反制，挡水聚财与排除水患的水尾塔（图 8-1-11）、水尾宫，克制风邪的风制石、风狮爷、古榕、刺桐（图 8-1-12），克制蚁害的风鸡或风鸡咬令箭（图 8-1-13），都是构成金门民居建筑的一种重要元素，其中有着极具地方特色的人文意味，也是深值一探的。

风狮爷是金门特殊的人文景观（图 8-1-14）。其造型多样，各具特色，有立有蹲有卧，脸部神情丰富，有张口怒目，有咧嘴微哂，极富人情，有手持令旗，提帅印，握朱笔，又兼神性。演变至今，风狮爷已经成为村落的守护神，不仅镇风，尤可驱邪避魔（图 8-1-15）。金门现存风狮爷大多分布在东半岛直受东北季风侵袭的村落，材料大多为坚硬的花岗石或青斗石，因此久历风霜，刀法刻痕仍清楚细腻。

第二节　金门传统建筑的发展阶段

金门传统建筑的历史大约可分为四个阶段，兹就各阶段之演化情形分述如下。

第一阶段（明末至民国开元），金门之历史有文字记载的有 1600 余年，但所保存之建筑物以明末最为显著可考，该阶段建筑，因受原乡漳泉文化影响，与原乡同风同俗，保存了颇多闽南要素，典型之案例如后丰港洪旭故居，砖瓦石墙体、燕尾脊、硬山布瓦顶，兼用抬梁、穿斗木构架（图 8-2-1）。

第二阶段（1911—1949 年），民国初年，金门飞沙走石，居民谋生不易，出洋者众，金门人克勤克俭，事业有成，不忘故里，纷纷侨汇巨资，兴建华洋建筑，如碧山陈德幸洋楼（1926 年建，图 8-2-2）、埔边何文选何文川兄弟之洋楼（图 8-2-3），外廊屋顶都以烛台栏杆装饰，泥塑精致，以彰显主人家的成就。而留居家乡者为光宗耀祖，亦不落人后，因金厦交通便利，故延聘漳泉匠师来金，大兴闽南硬山布瓦顶建筑，除了精美木雕、石雕外，镜面墙、交趾陶、彩绘、剪粘、泥塑等装饰，也发挥得淋漓尽致，典型之案例如金沙浦边 66 号何克强先生之风雅小筑（1920 年建，图 8-2-4、8-2-5）。

第三阶段（1949—1970 年），海峡两岸对峙，国民党军队进驻金门，金厦交通中断，台金交通不便，部队除了借用宫庙民房扎营之用，更为防务而拆除民房的门板墙柱等建材，兴筑碉堡工事，屋内屋外标语林立，华丽彩绘砖墙泥塑，抹以白灰水泥（图 8-2-6），使为数不少的闽南传统建筑瞬间失色，因时局紧张，民间经济紧缩，整体居住环境空前变化。

第四阶段（20 世纪 70 年代以来），台湾、金门经济起飞，民生康乐，只是因砖瓦木石等闽式主要建筑材料取得不易，加上新兴建材钢筋水泥崛起，火柴盒般的钢筋混凝土建筑逐渐将古色古香的闽南厝取而代之。另一方面，金门破旧的传统建筑，因屋主侨居南洋等地，现实管理者既无产权，又有法令约束，为了满足空间的有效利用，只好因陋就简做修复，因而产生了一些较为失色的建筑，实在令人心痛。1995 年后，金门"国家"公园成立，加上全球的地方文化浪潮，金门闽南传统建筑重现生机。除了城镇因人口密集，为解决人口居住问题，及配合商业经济发展，钢筋混凝土高楼林立之外，聚落之古厝修复风潮四起，实为一大喜事。另外，各聚落新建筑形式，如雨后春笋般，一栋又一栋之兴起，可惜技艺传承不全，营建规制时有走样。然而，不论时空如何变迁，许多传统文化随着社会之脉动而消逝，但金门传统闽南建筑文化，始终维系着无法取代的地位，充分展现原乡建筑文化之传承，兹就各时期之金门建筑代表类型列述如下表。

金门建筑类型及用途一览表

项次	建筑用途类别	案例名称	建筑形式	建筑构造	兴建时间
1	信仰建筑	金城武庙	闽南三开间	砖瓦石木	1652 年
		水头黄氏家庙	闽南二落	砖瓦石木	1709 年
		金城基督教会	华洋混合	砖石 RC	1924 年
2	官署建筑	金城总兵署	闽南建筑群	砖瓦石木	1895 年
3	教育建筑	碧山睿友学校	华洋建筑	砖瓦石木 RC	1934 年
		金门高中中正堂	洋楼	RC 构造	1951 年
4	军事建筑	翟山坑道	一条龙	凿石为洞	1965 年
		金城雄狮堡	现代建筑群	RC 构造	1950 年
5	纪念性建筑	八二三纪念馆	洋式三开间	RC 构造	1981 年
		古宁头战史馆	现代全开式	RC 构造	1984 年
6	文化地景	琼林风狮爷	地标	石造	1911 年前
		烈屿风鸡	地标	RC 构造	1949 年后
		烈屿北风爷	地标	RC 构造	1949 年
		北山石敢当	地标	石造	1911 年前
		南山三才聚会井	地面式	石造	1911 年前
7	民居闽南建筑	水头 29 号民宅	一落一榉头	砖瓦石木	1910 年
		欧厝 39 号民宅	一落一榉单伸手	砖瓦石木	1947 年
		南山 10 号民宅	一落二榉头	砖瓦石木	1911 年前
		小径 13-1 号蔡宅	一落二榉头正身加迭楼榉头起大亭	砖瓦石木	1930 年
		欧厝 13 号民宅	一落四榉头	砖瓦石木	1911 年前
		欧厝 29 号民宅	二落大厝	砖瓦石木	1911 年前
		琼林 152 号民宅	二落加护龙	砖瓦石木	1911 年前
		山后 60 号大夫第	二落加左护龙阁楼	砖瓦石木	1900 年

项次	建筑用途类别	案例名称	建筑形式	建筑构造	兴建时间
		水头 40 号民宅	二落双护龙	砖瓦石木	1911 年前
		山后 58 号太原世第	二落加脱归	砖瓦石木	1900 年
		水头黄氏西堂别业	二落加拜亭加脱归加护龙	砖瓦石木	1766 年
		山后 75 号王宅	二落正身加迭楼	砖瓦石木	1900 年
		水头老村长宅	三落大厝	砖瓦石木	1900 年
		珠山 61 号薛式古厝	三落回向大厝	砖瓦石木	1911 年前
		山后王氏古厝	三盖廊	砖瓦石木	1900 年
		山后 62 号海珠堂	三进式含轩亭	砖瓦石木	1900 年
		欧厝 60 号欧阳古厝	六落大厝	砖瓦石木	1911 年前
		琼林 228 号旁	综合厝	砖瓦石木	1911 年前
8	华洋建筑	水头 57 号民宅	正身闽式护龙洋楼	砖瓦石木 RC	1936 年
		洋宅浯阳小学	正身洋楼第一进闽式	砖瓦石木 RC	1936 年
		湖下 44 号洋楼	单层正面五脚基外廊	砖瓦石木 RC	1945 年
		成功陈景兰洋楼	双层四向五脚基外廊	砖瓦石木 RC	1921 年
		碧山陈宅洋楼	凸龟洋楼	砖瓦石木 RC	1920 年
		碧山陈宅洋楼	三凹寿洋楼	砖瓦石木 RC	1920 年
		金水国小	回字洋楼	砖瓦石木 RC	1933 年

由上表可知，金门建筑样式之多，各具特色，经典万分。

第三节　金门传统建筑的特征

金门与大陆仅一水之隔，所以岛上居民与漳州、泉州、厦门等地有着十分密切的关系。有的人迁入金门之后，又会分迁内陆，形成两地共祖的现象。有的姓氏是迁居金门后又回迁大陆，再从大陆返迁金门。这种来回迁徙，使金门与大陆之间，形成纵横交错的迁移路线和亲缘网络，金门与大陆往来频繁，彼此间的经济活动也十分热络，金门实际上属于闽南文化的重要范畴，金门建筑基本表现了闽南建筑特色，并具有典型的海岛特征。

闽南远离中原，又处在福建政治文化中心之外，长期游离于传统社会的边缘地带，中原文化的浸润相当有限。同时，闽南拥有得天独厚的海上交通条件，开发过程深受海外影响。及至近代，在西方文明的冲击下，这里更是开风气之先，成为中国最发达的地区之一。闽南文化一方面表现出中原文化观照下的背离，另一方面表现出海外异族文化的影响。

唐宋时期，北方汉人大量迁入闽地，宋代，福建开发进入了稳定的成熟期，闽南建筑的许多特征，如插梁式坐梁式构架、外檐丁头栱构造、红砖技术等，在宋代已初具雏形。福建面海背山的地理条件，限制了其与内地的联系，唐宋时带来的中原建筑文化，在一个相对封闭的区域内发展，一些古代的技术与做法得以延续，例如梭柱、虹梁、上昂、皿斗、板椽等做法一直延续到明清，这些古代特征，在北方宋代以后，已日渐消失。

宋元时期，阿拉伯人对于泉州，乃至闽南地区民间社会，都产生了一定的文化影响，甚至可以说，闽南人的人文性格中，渗入了许多阿拉伯文化的特征，而闽南建筑中，繁复的装饰、艳丽的色彩，也隐约带有伊斯兰艺术的影响。在泉州，伊斯兰教、印度教留下了一些宗教遗迹，包括石雕造像和寺庙、祭坛等建筑构件。闽南建筑中的传统装饰，也间接受到伊斯兰艺术的影响。金门民居中，各式图案装饰，如用中国传统篆书体，拼成对联的诗牌堵，都隐约可以看到伊斯兰装饰风格的影响（图 8-3-1）。

明代，闽南建筑在一个相对封闭的区域内发展。闽南建筑的技术与风格特征，可以分为两个派系：晋江流域的泉州派与九龙江流域的漳州派。这两个派系的不同风格，在明代大致形成，闽南建筑的许多重要特征，也在此时成熟。闽南的晋江、九龙江上游的山区开发较迟，加以地理环境、交通、经济的影响，建筑技术较沿海地区落后，建筑中的夯土、土坯、青砖、灰瓦、穿斗等技术成分较多。漳州南部的诏安、云霄与潮州邻近，地理上没有高山的阻隔，建筑技术与文化交流频繁。岭南的开发较闽南为早，岭南木构架中成熟的叠斗技术，也影响了漳州南部地区。

明清时期，许多闽南人迫于生存压力，漂洋过海谋生。近代以来，闽南人移居海外，再次形成高潮。富裕的侨民自南洋归来，往往在家乡兴建住宅、宗祠，以光宗耀祖，同时也带来了融合欧洲住宅风格与热带建筑特色的"殖民地外廊样式"建筑（图8-3-2、8-3-3）。这种外廊样式，与传统民居相结合，形成带有外廊的小洋楼，丰富了闽南建筑的内容，也对传统住宅、祠堂等的布局产生了一些影响。

另有俗称"番仔楼"的西式建筑洋楼，其中又以中西合璧的洋楼，最具特色（图8-3-4）。这种清末民初由外出经商的侨民所引进的西式建筑格式，与本地建筑文化相互融合，形成更多样性的民居风貌。

闽南建筑是中国南方福建地域建筑的支派，在长期的发展过程中，除了具有地域的共通性外，还具有自己独一无二的特性，曹春平教授将其归纳成六点：

第一，严谨、丰富的布局。在闽南建筑中，也以合院来组织布局。民居建筑是闽南建筑中数量最多、分布最广的一种类型。在民居之中，合院变得较为小巧，称为"深井"、"天井"，以适应闽南当地的气候条件（图8-3-5）。

第二，适应地方气候的空间形式。在闽南，以天井组成的三合院、四合院是民居的典型布局形式。为适应闽南特定的自然条件，天井形式方整，两厢的榉头一般开敞，前后进的厅堂也面向天井开放。大型住宅以狭长的天井组织，在左右两侧布置东西向的、称为"护厝"（护龙）的横屋，通风、防潮效果良好（图8-3-6）。

第三，独特的结构形式。闽南木构架可以大致区分为两大体系：一种是用于寺观、祠堂等建筑中的插梁坐梁式构架（图8-3-7），另一种是用于住宅等建筑中的穿插式构架（图8-3-8）。

第四，多样的围护构造。闽南建筑的围护构造，如前埕围墙因用材不同，呈现出多姿多彩的特征（图8-3-9）。

第五，绚丽的色彩。闽南建筑色彩丰富。白石砌成的柜台脚、裙堵，红色烟炙砖拼砌的身堵，中间是白石、青石雕成的条枳窗、螭虎窗，檐口下的水车堵用泥塑、彩陶装饰（图8-3-10）。

第六，丰富的装饰。闽南地区生产以农耕、渔盐及海洋贸易为主，生活与生产方式塑造了闽南人的性格特点，闽南地方气候炎热，濒临浩瀚无穷而又变幻莫测的海洋，故人民性格活泼而偏爱装饰（图8-3-11）。[①]

金门传统建筑，基本上是闽南传统建筑体系的延伸。金门的早期匠师大多来自一水之隔的对岸，有的工匠因长期受聘工作而落籍金门，传徒授业。这些匠师主要有木作、泥作、石作三种类型，晋江擅长泥工，惠安分石工、木工两派。泉州府所属匠师手艺精巧细致，金门本地人大多充帮手、杂作、小工。匠师与建筑材料都来自大陆，必然表现出移民来源地的建筑布局、技术与风格，因此建筑的平面布局、外观造型与样式、构造组合等，本质上都是原乡建筑形式的移植。当然，在长期搭配下，金门传统建筑，自然流传了一些特有的应用技法与装饰艺术。

金门传统建筑有着相当多的建筑形态。起初，晋末以来移民垦殖时期的初级农渔社会中，建筑仅作为居住与农渔生产活动时的空间配置使用，同时也体现出封建伦理之意识形态，总体来说

---

① 曹春平：《闽南传统建筑》，厦门，厦门大学出版社，2006。

属于传统的闽南样式民居。明朝海寇频仍与清初的改朝之乱，具有防卫作用的民居建筑，渐渐开始被考虑并予设计运用。清朝之后为了防范风沙之害，又做了一些适应性的改善。之后又受到大量侨汇的经济挹注，使得南洋的建筑文化，又渐次地影响了金门传统闽南式的民居建筑特色。根据一般学者的研究，金门传统建筑主要特色有下列各项：

第一，顺天应时的营造法则。

宅地的选择和分配大抵都是遵循开垦初期由开基祖初定的地理位置，与各房柱配定好的地段，而后才渐次发展起来的。而且，由于受到聚落整体配置形态的制约，自由选择宅地的可能性很小。在方位与坐向上，主要是以村落的风水朝向为依据，兴建时则依坐向看利年，并且配合主人生辰八字，而后决定动土的年月日和时段。兴建时大体上由三柱师傅共同施作，在设计上一般就由大木师傅主其事，并进行架构上的施作，土水师傅做墙体的砌成与地坪的铺设，打石师傅则打造并安置石构件，如家境富裕者，则加彩绘、泥塑、剪粘等美化装饰。

第二，封闭拘谨的建筑性格。

由于金门是海中孤岛，自然条件艰苦，发展出来的人文景观，颇为保守，从村落屋宇建筑略见一斑（图8-3-12）。金门古厝大都属于闽南式传统建筑，三合院居多，屋墙多为石块或礌仔石叠砌，牢不可破，巷道间亦多有隘门防护，处处表现出封闭拘谨的性格。早期金门常受海盗侵扰，大门入口或有三道门，由外而内为雕花窗棂门、实木板门、滚轮防盗门（图8-3-13）。最外层雕花窗棂门，是纯粹装饰用的一对花格扇门，精雕细刻。滚轮防盗门由两片厚门板所组成，重达数十公斤，地上开凹槽，上下附铁制滚轮，遇紧急状况，可快速推动门板合一，并于其后加一道横杠木，以达到防御目的。

第三，务实的结构模式。

福建闽南传统建筑的结构模式，以由石、砖、土墼砌成或用春夯泥土而成的实心墙壁之承重墙为主（图 8-3-14），金门也不例外（图 8-3-15）。一般传统上的外墙与大部分的内墙，多是采叠石、砌砖、堆土墼、春夯泥墙的承重式构建法，功能除了承檐桁楹与屋瓦的压力以外，也具有围蔽和分割空间的作用，雄浑与朴拙的外观，令人感到家的安稳和舒适。

外墙上的窗户既矮且小，采光不良，原因是金门大片林木被砍伐，没有挡风定沙的遮蔽物，所以窗户不宜过大；再则也是为防止海盗的侵扰，过大的窗户有碍安全上的防护；三则因为居民多是早出晚归的农耕生活，夜晚住宿休息在阴暗的房子里，更能符合自然的生物钟，使人获得充分的休息（图 8-3-16）。

房屋的规模主要由横向的间、纵向的架来决定。金门传统民居以三开间为多，极少数原始的一开间或二开间的房子，零星散落在一些古老聚落的边隅，也有大厝身加一边突规的四开间，或左右双突规的五开间。

一般房子的大小规模，常常以大厝身架数的多少来论定，而宅屋的类型和架数多寡的搭配，具有相当程度的关系，原则一是取其合制而不犯忌，二是取其匀称和美观，还要考虑主人的经济能力和房屋的实用价值。一般架数约可分为，五架厝的构架、七架厝的构架、大九架厝的构架。一落二榉头多为七架厝的架构，少有大九架厝的架构；一落四榉头与三盖廊，则多为大七架厝的架构；至于展步厝，则各种类型的宅屋都有可能出现。二落以上的大厝身厝，大多为大九架厝的构架。一般来说，民居十一架构架的已不多，而宗祠寺庙规模比民宅大，甚至有达到十五架的。

至于房子的高度，往往随其间架的不同而变化，同时也受到地理环境、经济条件的影响。一般来讲，东半岛的房子高度略低于西半岛，而富国墩早期房子都很矮，因为它建在一个类似高台的墩子顶上，且靠近海边，容易受到东北季风大力的吹袭，这里的古房子都很矮。

民间一般认为，深井是汇聚一家财富的吉祥之处，所谓"四水归堂"，便是指下雨时，四面屋顶的雨水汇归于深井，财气遇水则聚，因前门户碰包砖的关系，使财气盈漫于厅堂。所以有些人家的深井，在寮口前靠榉头的地方，还特别留下两个孔洞（图8-3-17），以积存由捧檐出料所流下的雨水，同时将榉头的屋顶坡面，做成倾向深井的单导水形式，这都是在收聚水所代表的财气。靠寮口与花椅成直角的石板凳，称为"荖茨椅"（图8-3-18），是煮糜锉地瓜籽的地方。外深井是大户人家才有的，欧厝、珠山的民居，有很多在前落厝外，围着一圈与厝身阔度等宽的墙围，墙围外有门口埕，屋主称此空间为"外深井"（图8-3-19）。外深井是深井空间的扩大场所，是深井功能的延伸地点，是门前的小花园，也是农业生产的加工场，人们在这里拣土豆、剥玉米、锉地瓜、晾晒农产品等。门口埕是隶属于宅屋的空间，是与左邻右舍或聚落人际联络关系的自然场所。因为门口埕常开有水井，置有洗衣槽、舂臼、石磨坊（图8-3-20、8-3-21）等重要的共享资源，在传统聚落里，其重要性不亚于厝内的任何空间。

第四，可以形成一定的民宅群组。

传统民居大多数为单栋合院式的宅屋，但也有一些由多栋传统民宅所组成的建筑群组。大体上这种组合都是一些具有血缘关系的族人在得到充分的经济支持后同时营建的，其最主要的作用，在内为了凝聚亲人间的向心力，在外则作为共同防护的御敌体系。其形式为由数栋宅屋前后围成一个开阔的外埕，埕的前端或两侧设有由石条或砖瓦等防御构件所组成的户外空间（图8-3-22），一般这种群组规模都不会很大，或三四栋或五六栋，少有超过十栋的。金门山后民俗村虽属大规模，但其每排最多也不过六栋罢了。

第五，不同肌理层次展现出丰富而多样的墙体结构。

因地理位置和环境的不同，金门本地构建宅屋墙体所使用的材料，也会有所差异。如富国墩靠海，粉花岗岩的碎块石取得较容易，所以其墙体中就砌嵌了许多粉花岗岩的石片，表现出鱼鳞砌的做法（图8-3-23）。琼林村及其附近的村落，因山上的红土层中，常可以看到许多裸露的褐铁矿石，或紫红色的铝矾土矿石，所以其墙体中，就砌嵌了许多褐铁矿石或紫红色的铝矾土矿石，表现出乱石砌的做法（图8-3-24）。古宁头因由乌纱头入潮通西浦头埭，可泊四百担的船只百余艘，船只往来于厦门、漳州、石码相当便利，所以其宅屋的墙体中，就大多是砌嵌石材或泉州红料的砖块，表现出丁字砌的做法。烈屿的南部海岸，布满了许多暗灰色的玄武岩块和玄武岩石砾，所以烈屿的青岐和其附近的民宅，屋体墙上就使用了许多暗灰色的玄武岩块和玄武岩石砾，表现出丁字砌或圣旨砌的做法。

但是自古以来，金门自产的建材，都不足以供应民居营建之所需，大多数的建材还是从漳州、厦门、泉州和福州购运而来的。石料从厦门（主产地为泉州和惠安）运来，上等料称为"泉州白"，为灰白色，质硬，用作功夫石，纹理清晰，经久不易风化。金门本地所产的花岗片麻岩石，含有铁质，经久氧化而略呈金黄色，石料一般都用在墙脚，至窗底的腰线为止，称为"石仔脚"，也有打造成扉栱或雀替的构件。用来砌墙脚的长形石块称为"石磉"，以多层（三、五、七、九匀砌筑，不采用双数匀）砌法来砌墙。用来铺地坪的长形石块称为"石寮"或"石条"，一般有所谓红深井石门口埕或石深井红门口埕（图8-3-25）的铺作地坪规矩。若是板状花岗石则可用平砌或封砌，平砌是将整块板状的花岗石，平整地叠砌起来，适用于板面较小的花岗石板，若是板面较大的花岗石板，则用封砌，封砌是将石板的面朝向墙外，中间实以黏土或碎小的砖石，另一面则用砖块做其他不同的砌法。如整面墙皆用石确，以人字砌的方法砌成或用石磉平砌到顶者，称为"到规"。人字砌的转角处改为平砌以为收边者，称为"圣旨砌"。

金门所使用的红料砖瓦等，皆从泉州安海或苏厝及福州等地运来，地铺砖有尺二、尺四、尺六等各种不同尺寸的大小形式，也有六角砖、生甓和熟甓（火候较够也较硬）的不同与油面和水面的区别，又有不同形式或大小的砖块，自然就会有各种不同的砌法。

生甓和熟甓，一般多做堆叠式的平砌。尺砖则做封砌，封砌为中空的斗子墙，或称为斗子砌。颜只砖一般多作为转角收边的颜只柱（图8-3-26），也作为石仔脚和大规壁，或窗边的界线，一般称为"颜只线"，又称"颜只牵"（图8-3-27），不论线或牵多作一或三的奇数行。

还有一种用砖、瓦、甓或石块混合编制的砌法，称为"出砖（瓦）入石砌"（图8-3-28）或"出瓦入甓砌"（图8-3-29），这种砌法充分利用有效的资源，珍惜物质得来不易，处处显现出岛民俭朴的传统美德。出砖入石砌，也构成了一种十分和谐而具有丰富变化的美感图案，是一种极具特色的砌法。

第六，多样的传统建筑入口空间。

一般四合院或三盖廊的入口，是由门口埕，进入外门（有墙围的宅屋），通过外深井，走入前落的凹寿，或全退缩的直凹寿（皇宫起的檐廊）。凹寿有单凹，也有双凹的，金门地区大部分为单凹做法（图8-3-30）。三合院则要经过入口门楼，称"墙规楼"（图8-3-31），围成三合的院与榉头成一直线的墙，称为"墙规"（图8-3-32）。

墙规或墙规楼的顶端，是以砖瓦做成斜坡式的收头，墙规楼有几种不同的做法，计有：平顶式，平顶的墙头以红砖组砌式；墙规楼的墙头以红砖瓦做成出料的斜坡收头式；墙头为两坡落水式；墙头为翘脊式（燕尾式）。门有的开在屋宇的中轴线上，有的开在侧边的某一个角落（图 8-3-33）。开在侧边的门大多是为了避冲煞，如门口有燕尾冲、大树、电线杆，或有其他足以犯忌的障碍物存在，而采用偏向的处理。

第七，大量使用大陆建材。

闽南石材资源丰富，开发利用的历史悠久。著名的有南安石砻的"泉州白"、惠安五峰山的"峰白"、玉昌湖的"青斗石"等。其他高岭土、石灰石等矿产资源也很丰富。福建森林、植被种类众多，山区盛产木材，主要的建筑用材有福州杉、松和樟木，尤其是高大挺直的杉木，易于砍伐，便于加工，是很好的建筑用材。由于地缘关系，金门古建筑，大多延请唐山师傅，承漳泉形制，并从闽南乃至闽东输入石材、砖瓦、木料等大量建材，如来自泉州厦门、以松枝窑烧的燕尾砖，泉州白花岗石、福州青斗石与福杉等。而本地的花岗石质地较"泉州白"粗黄，是较廉价的建材，近年来不论公私企业都不开采。

第八，注重装饰和厌胜物。

传统闽南式的建筑风貌，是金门地区建筑重要的人文特色，当地古厝均深具历史文化意涵。如屋脊与山墙交接处的脊坠，为建筑外部的装饰重点，正殿金柱上头的木质雕饰，则有麒麟座、狮座、象座等祥瑞动物及植物佛手之雕饰（图 8-3-34）。

而在墙面装饰上，无论是彩绘花鸟或各种造型浮雕，均暗含中国传统观念，象征着平安、吉祥与富贵。在建筑装饰技术上有砖雕、泥塑、木雕、交趾陶烧及彩绘等多种方式，而屋脊、燕尾脊下与山墙交接处的鹅头，则是装饰的重点，造型丰富，图案多样。

另一特殊的装饰手法，则是各类的民俗辟邪物：如屋顶上的烘炉，门楣上的八卦图、镇煞符、犁头尖、葫芦、倒照镜，动物有虎头牌、狮头牌，植物有仙人掌、桃、柳枝、艾草等厌胜物，位于路冲的石敢当，守护聚落的风狮爷等，种类繁多，构成本地民居建筑另一特色（图 8-3-35）。

风狮爷是金门最具特色的厌胜物。根据史志记载，金门本为林木苍翠之海岛，千年来在先民的拓荒开垦下，农作物渐渐取代原始植被，加上三百余年的多次兵荒马乱，人们滥伐滥砍，使得大地在缺乏植被覆盖的情形下，遭受强盛冬季季风的吹袭，表土流失，沙丘开始发育，进而导致风沙灾害。岛民为求安居，设立风狮爷，以镇风煞。风狮爷造型特殊多样，或设立于乡村进出口处，或供奉于屋壁、墙角，充分反映了当时社会观念习性与民间信仰。

传统建筑文化，是金门最为丰富的文化资产，在欧厝、珠山、水头、琼林、山后、南山和北山、浦边、碧山等具代表性的传统聚落中，大部分仍是维持着漳泉式样的传统式建筑，不论是砖石材料的运用、建筑装饰的表现，或是平面的布局，皆变化多端，且具有因地制宜的巧思与美感，充分展现出匠师们的高妙技艺，深具独特的地方风格与丰沛的艺术生命力。

第四节 金门传统建筑的类型

闽南传统建筑以泉州地区的最为典型，泉州以"三间张"、"五间张"称呼其传统住宅。三间张、五间张，即顶落为三开间、五开间。厦门以"四房四伸脚"、"四房二伸脚"称呼当地典型的民居形式，以"四房四伸脚"的三合院民居居多，规模较泉州地区为小。金门传统建筑兼具泉州、厦门两地特点，还另有自己的类型特征。

金门建筑基本布局以一落二榉头（厢房）（图 8-4-1）、一落四榉头（图 8-4-2）最多，但是又有砖坪榉头及斜坡红瓦顶之不同，另外由此衍生出来的三盖廊（图 8-4-3）或二落大厝也很普遍（图 8-4-4），而在原有建筑空间架构组织上，增建单（双）陛归或单护龙、双护龙等（图 8-4-5）其他形式的建筑样式，如三开间加一榉头加楼仔（图 8-4-6）、三开间加二楼亭仔（图 8-4-7），还有大家所忽略的一落一榉头（图 8-4-8）及变异性之特殊建筑（图 8-4-9 至 8-4-13）等，各式空间组织形态的民居建筑，散落于各聚落的各个角落。整体而言，金门传统建筑，具有极高的艺术性及教育性，且充分表达出一种古典、雅致、优质祥和之美。

金门传统建筑类型，以合院形式为基础，依照不同的地理条件，与居住者的需求，采取因地制宜的做法，大致上可以归纳成五种基本类型，但左右扩建或往空中发展之样式也为数不少。以下就以传统三、四合院民居的五种基本类型做格局说明。①

一落二榉头（三开间二榉头，图 8-4-14）与一落四榉头（三开间四榉头，图 8-4-15），是金门传统建筑中最为常见的两种形式，其基本结构包括三开间的大落（或称"正身"）、东西对称的榉头（或称"间仔"、"两厢房"、"挂房"）、天井（或称"深井"、"中庭"）等三个部分。左右榉头若各为单间者，即二榉或挂两房；各为双间者，即四榉或挂四房，其中靠近大厅者称为上榉（又称"二榉"），靠外侧者为下榉（又称"尾榉"）。但依造型之不同，又分为一落二平顶榉头、一落二斜顶榉头及一落四平顶榉头、一落四斜顶榉头、一落二平顶二斜顶四榉头五种（图 8-4-16）。

三盖廊（图 8-4-17）之建筑形态，是以一落四榉头为基础，在大门入口之榉头加建圆脊、燕尾或砖坪屋顶，使之成为四合院的格局，其中以燕尾屋脊较为常见，山后村三盖廊民居则属于圆脊建筑形式。

二落大厝（又称"双落大厝"，图 8-4-18）与三盖廊的平面格

---

① 《大地上的居所——金门国家公园传统聚落导览》，金门"国家"公园管理处，2005，22～23 页。

局十分相近，均为四合院形式。不同的是前落屋顶的处理方式：三盖廊的两个尾榉及前厅各拥有一个两坡的屋顶，而二落大厝则是将此三个空间统合在一个大屋顶之下，中间以厢房（榉头）与后落相连，使整个建筑物成为前后两落的宅院。祖厅置于后落，因此高度上后落高于前落，且通常出现燕尾形式的屋脊。二落间的榉头，屋顶形式有两种类型，一则为砖坪，而另一则为双坡斜屋顶。

三落大厝（图8-4-19）即在二落大厝之后，再增建一落的形式。三落大厝有两种不同的做法，一是将祖厅放置在中落，一是将祖厅放置在最后一落，屋顶高度最高，使得两者侧立面的天际线有所不同。在金门，祖厅放置在中落者较多，亦即三落大厝的第二落，屋顶最高。

除了上列五种基本类型，还有多种衍生形式，即在地理条件等的局限下，有的建筑物在原有的格局上另作突破性的扩建，扩建的方法是在榉头、前落、突规、护龙或回向的位置向上增建或将其改建成二楼化的小楼，此种叠楼一般被称为"梳妆楼"或"小姑楼"（图8-4-20）。有的楼前再增建一座小亭，另有搭建在厝身大房之中的，有"半楼"或"透楼"，于寿屏后的"走厝楼"或"寿屏楼"，于寮口和子孙巷之上的龙巷楼和虎巷楼。总的来说，传统合院的增建形式及若干特殊形式，包括：[1]

1. 增建突归（陟归）。

若基地面宽较大，在二落大厝、三盖廊的左或右侧，加建一列房间使正面成为四开间，加建的房间称为"单突归"（或"单陟归"，"归"在闽南话为墙之意）。加建两列成为五开间者，则为"双突归"。金门以单突归较为普遍，其原因可能是宅地面积

---

[1]　江柏炜：《大地上的居所——金门国家公园传统聚落导览》，金门"国家"公园管理处，2005，23～25页。

不大，仅能就原先格局增建。突归的屋顶多为圆脊形式，在子孙巷头位置加设偏门，作为出入口，与二落大厝或三盖廊之间，夹有一长条形天井或砖坪廊道（有顶盖）。五开间的双突归，若两侧均为翘脊（或称"燕尾"），使之成为正式格局的一部分，则又称"六路大厝"（图8-4-21），取其有六道隔间墙路之意。也有在一落二榉头或四榉头外，加建突归，这种做法便不开设偏门，出入仍以原先大门为主。

2. 增建护龙。

若是基地面宽足够，在基本形式之单侧或双侧可加建"护龙"。护龙和突归最大的不同在于正面。护龙本身有独立的正面出入口，与大门同向，称为"外门"。护龙与原先建筑物夹着长条形天井，并在子孙巷头位置，筑有遮雨廊道连接，俗称"过水"，由于护龙多为分家后的产物，内部格局依不同大小，有一厅二房、一厅三房、一厅四房等形式，屋顶则多采圆脊，或为斜屋瓦顶或为砖坪（图8-4-22）。

护龙上增建阁楼，多出现在单边的护龙住宅，形制主要有：护龙前端或后端加盖塔楼，后端加盖塔楼时，其朝向与大厝身相同，前端加盖塔楼时，其朝向朝前、朝后皆有；在护龙的后半段，附建二至三间面向大厝身的塔楼，前檐墙多为木制屏墙，并退缩成檐廊；护龙建成二楼面向大厝身的塔楼，前檐墙多为木质的屏墙，并成檐廊。

3. 增建回向（倒座）。

突归或护龙，都是在建物侧边增建的做法。"回向"（或称"倒座"）则是指在二落大厝正向的前方位置增建另一建筑群组的形式。回向与二落大厝之间留有相当大的内埕，在朝向上来说，回向与二落大厝相望。回向的动线出入有两种形式，一是在正面仍开设大门，由正面进入，一则不在正面开口，于侧面另筑门楼，由侧面进入（图8-4-23）。

4. "一落二榉"二楼化。

少数传统民宅受到洋楼的影响,整个空间格局加以二楼化,增加了空间使用率,也暗含富裕的象征意味。双落大厝也有加前落左右塔楼、加右护龙塔楼、加右陟归、加陟归楼仔、加榉头小亭等多种形式。

最为特别是一种被称为"梳篦厝"的房子,梳篦厝的坐向与空间安排迥异于上述各建筑布局,它以前后落相对,中间的一边有榉头,一边没有榉头,没有榉头的一边只留大门(图8-4-24)。

部分民居因基地较小或零散不完整,无法以基本形式修建,而自行修建成适合基地规模的形式,可视为特例。这类民居并不多,通常的做法是非对称性的。另外,有一些因早期商业繁荣而发展出来的市集,则是以店铺住宅的形式(称"店屋")出现,它不同于单一朝向的梳式布局,而是面对面相向的空间关系。最著名的是金门沙美老街及明代金门城北门外的传统店屋(图8-4-25)。

在金门老建筑中,除了闽南式的传统建筑外,19世纪后半期至20世纪初兴建的"洋楼"也别具特色。从19世纪中叶至20世纪20年代前后,金门地区大批青壮年男丁,远渡重洋,至新加坡、印度尼西亚、马来西亚、菲律宾、日本等地,刻苦耐劳,艰难谋生。他们只身在外,省吃俭用,将所得寄回家乡,或贴补家用,或修建道路、学堂、宫庙、宗祠、公共卫浴等造福乡里,或整建故居以光耀门楣。其中的部分建筑物采用了洋楼(番仔楼)的形式,在古聚落中特别显眼华贵,更成为今日金门重要的地方特色及文化资产。而之所以采用洋楼形式,主要是侨民希望用不同的空间语汇来体现他们新兴的社会地位,他们将欧洲殖民者在南洋殖民地或通商口岸租界兴建的一些建筑的设计蓝图,以绘画或照片的形式携回金门,加上自己的想法,结合了地方特色,告诉了本地的匠师,以便匠师营造出与众不同的洋楼建筑。

20世纪30年代以前,至少有50个聚落建有洋楼,总数在

130 栋以上（含烈屿），其中较多的是水头、后浦、浦边、碧山、官澳等地方。这些洋楼的空间使用绝大多数是住宅，少部分是学堂、枪楼、祠堂。住宅使用的洋楼，仅作为光宗耀祖的象征，多数创建者或其后代，仍居住在南洋，并未实际居住而是托其族人管理使用。金门洋楼的兴建年代，多数集中于 20 世纪二三十年代，正是南洋侨汇最多的年代。许多洋楼距今约有七八十年的历史，与其他明清时期的闽南民宅相较，洋楼可算是"新"建筑。只不过经历了岁月的洗礼及战火的摧残，当时新颖的洋楼，如今多已褪尽风华（图 8-4-26）。还好近年来地方政府更加重视，逐年编列经费，渐进修复，方能使部分极具代表性之洋楼，得以风华再现，活化永续经营（图 8-4-27）。

总体来看，金门的古建筑，基本上是大陆闽南建筑的延续，不论是红砖绿瓦的古建筑，还是俗称"番仔楼"的洋楼，都与闽南的传统建筑有着密切的关联。继续维护和发扬金门的民间建筑特征，同样也是延续和弘扬闽南建筑文化的一个重要环节，二者不可分割。

第五节　金门传统建筑装饰艺术特征

建筑装饰主要有两种功用：一是增加美感，二是具备吉祥、风雅等象征意义。传统建筑装饰艺术，除了彰显建筑美感之外，更重要的是凸显其中种种深长寓意，装饰内容尤其注重祈愿、辟邪等意涵。诸如蜘蛛俗称"喜子"，因而装饰物中蜘蛛的出现都与喜事有关，蜘蛛下降的图形，即有"喜从天降"之意，金门传统建筑天花藻井，习称"蜘蛛结网"，既展现建筑结构美学，又预示着喜事来临。装饰构件如应用得宜，不但是一种结构性行为，也是力与美的呈现，并进而传达古老匠意手法，其中细木透雕、砖雕、石雕、彩绘、书法、剪粘泥塑，皆是不可或缺的表现手法。

金门传统建筑属于中国南方体系，装饰艺术也同样具有南方
建筑的基本特性。整体而言，中国南方传统建筑装饰艺术，要比
北方线条更趋轻巧，色彩更为鲜艳，雕饰更为繁复，据说原因有
三：一是南方气候炎热、地形多变、浩瀚而变幻的海洋等因素，
使得民性活泼而偏爱装饰；二是南方物产丰饶，居民生活富裕，
因而有余力将屋内外大事修饰；三是距离国都远，中央政府力有不
逮，民宅装饰只要不直接冒犯皇室禁忌，地方官大都不追究。

金门传统建筑装饰主题，各寓其趣，生动活泼，且依空间定
位之不同，呈现出不同的装饰内容。匠师在进行木雕创作时，并
非即兴任意选择主题，而是依空间不同，选择表达适合该空间的
主题内容。譬如前落的前厅空间为整栋房子的门面，所以在装饰
上，较为富丽堂皇，主题内容也较为灵活多样，有章回演义故
事，也有来自龙宫的鱼虾水族。后落的正厅空间，由于是祭拜祖
先的空间，更是代表着整栋房子的中心灵魂，因此在装饰上较为
严谨、素净雅致，主题内容多为祈福纳祥、驱魔辟邪，并以宗教
人物、绶带等为主。

装饰艺术注重的首先是特定含义，通过装饰艺术，展示不同
的文化元素。按林金荣先生的总结，金门传统建筑装饰艺术的文
化体系具有五个特点：①

第一，展现海洋文化的背景。建筑材料上，就地取材的牡蛎
壳成为常见的特色材料，用捣碎的牡蛎壳、海贝细末当掺合料，
贝壳拌和充当填料，或再加工烧成砺壳灰。因为贝壳类带有天然
光泽，木雕缀碎片可以增加华丽的视觉效果，一些灰面装饰或剪
粘也常用到海蛎壳。在斗门陈氏宗祠旁的大宅屋脊中，匠师以牡
蛎壳修剪粘成牡丹花瓣，历百年而不减风采（图 8-5-1）。因为本

---

① 林金荣：《金门传统建筑的装饰艺术》，金门"国家"公园管理处，
2008，12～36 页。

地人与海洋环境关系密切，进而积极发展海洋事业，具有开拓冒险的大无畏精神，所以在建筑装饰题材上，特别喜好表现海洋文化及其人文性格特征的内容，如海洋生物的直接造型（鱼虾蟹，图8-5-2）、经过简化的象征性的纹饰造型（水浪波纹）、经营海洋生活的意境写照（泊舟垂钓）。而吉祥寓意的图案也另有海岛特色，如象征多子多孙和丰衣足食的水族鱼类图案，就是金门装饰题材的主景之一。其他如以涨潮、海涌比喻官运亨通，以虾蟹代表科甲功名，以一帆风顺表达平安等，都是金门传统建筑上的吉祥图案。

第二，重视宗族的传统伦理观念。宗祠庙宇装饰艺术风格，与民宅略有差异，宗祠门面上多有"祖德宗功"或"祖德流芳"匾额（图8-5-3）、以勉励后人应有饮水思源、慎终追远的宗族观念；宗祠庙宇色系表现为"红宫乌祖厝"的典型特征，即宗祠的梁架结构，大多以黑色为主色调，衬以红色，或是以红色调为主，局部黑色，所以又有"红水黑大扮"的说法；装饰空间宣扬重德敬贤、仁义礼智信等传统美德。至于民宅，也从楹联、雕刻等方面表现崇尚诗书礼教、敦品励学的风气（图8-5-4、8-5-5），并以文字作为重要的艺术表现形式。"稼穑诗书"不但是生活实景的写照，亦是人生追求；"第一等人忠臣孝子，只两件事读书耕田"、"紫荆有花兄弟乐，书田无税子孙耕"等楹联，使文人风格的书画装饰，成为金门传统建筑的重要特色。

第三，讲究鲜明对比的色彩美学。闽南传统建筑的用色，山区与沿海有所差别，山区聚落，色彩较沉稳低调（图8-5-6），讲究传统和谐；而沿海的民居，则色彩活泼鲜艳（图8-5-7），追求时尚。金门传统建筑色系深受泉州地区影响，具有色调丰富、色彩明亮的特点。赤、青、墨、绿、白等构成五个基本色，其中白色为调和色、再添加金色髹漆，使屋宇更加富贵华丽。宗祠所用色调，就典型地表现出了民间对色彩的意识体验。赤色是金门地方最喜欢使用的一种主色，有着喜气洋洋、吉祥如意的寓意。此外，白色因其神圣、高雅，也经常被使用。从金门传统建筑的整体色系来看，运用建筑材料本身的自然色彩营造美感，红砖白石的组合是其中的典型代表（图8-5-8）。色彩对比的运用，如黑白颜色对比，常用在建筑装饰上的书画艺术，或文人风格的创作中（图8-5-9）；红白颜色对比，显现在砖雕艺术的主客材料上，石构造部分往往巧妙利用青斗石与泉州白石的颜色差异组合在一起，达到主次分明、层次变换明显的效果。

第四，追求时尚的装置艺术。主要表现有三：一是官方的营建制式，未能完全约束地方营建行为，金门建造华屋常常超越官制上的形式规定，而且匠师的工艺技巧越新颖，越能获得业主的认可。二是装饰纹样，留有中外文化交流的深刻印记，清末以降，随着金门海外交流的增多，脊坠的天使、老鹰图案（图8-5-10、8-5-11），水车堵上琳琅满目的舶来品（图8-5-12），成为金门民居装饰的常见图案。三是装饰风格颇有与时俱进之气象，水头1915年建造的民居，镜面墙身堵上原来的水墨彩绘图案已产生了变化，引进日本彩砖（图8-5-13）取而代之的案例，也不在少数。

第五，充满吉祥寓意的空间美感。金门传统建筑装饰艺术，遵循古人"图必有意，意必吉祥"的规则，重视造型图案，选择趋吉避凶、远离灾殃的题材，营造出适合居住的空间氛围。金门因地理位置特殊，四面环海，深受风害之苦，除了普遍树立风狮爷镇灾之外，还在屋宇设瓦将军、石敢当等厌胜物。而烈屿则在村口树立风鸡图，这些都是为了镇风除害、护宅保平安。

装饰图案中，同茎双开的花朵（花开并蒂）用来比喻坚贞的夫妻之情；牡丹、荷花、菊花、蜡梅，代表春、夏、秋、冬四季盛开的花朵，寓意四季平安（图8-5-14）。值得一提的是，金门建筑装饰图案在寓意的选择上，既有与中原传统相似之处，如石榴寓意多子（图 8-5-15）、蝙蝠寓意多福（图 8-5-16），也有使用闽南话谐音，传达特定装饰寓意的，如闽南话称笛子"品仔"（品乃"官品"之品），称青蛙"水鸡"（闽南话"鸡"、"魁"近音），二者均有代表科举功名之意。

此外，金门传统建筑装饰中，还有若干值得指出的地方。一是金门装饰艺术风格，许多地方在沿袭中国传统图案原型的基础上，进行了演变与转化。以牌坊石雕装饰为例，明代常用垄石，雕刻浅而古朴素拙，整体简单大方，图像表达写意情境；清代多选择辉绿岩（青斗石），雕刻较深，工艺精湛写实，装饰性强。二是金门建筑就地取材的特征明显。"红墙白石双波曲，出砖入石燕尾脊。青瓷彩绘交趾陶，雕梁画栋玉门殿"——这是坊间用来描述传统闽南民居建筑的四句顺口溜，写实生动，特色鲜明。闽南民居外墙的最大构造特点是砖石混砌，将红砖、石条穿插组合，形成变化多样、不规则的墙体结构。这种砌墙构造，可以产生独特的装饰美感。当然，砖石混砌，还因为建筑材料的缺乏。大量建筑材料需从外地运入，红砖容易在运输过程中破碎，这些破碎砖石皆被尽量使用，砖石混砌，反而造成材质对比、纹理大小对比、色彩不同对比的特殊美学效果。三是金门建筑装饰深受地方戏曲故事的影响。建筑装饰呈现人物故事之处，在屋舍之内随处可见，尤其是门簪雕刻状元游街、寿星、仙女等（图 8-5-17），水车堵的平台，最适合呈现完整的戏曲故事，其他如屋脊上常设刀马旦武场戏码（图 8-5-18）、山墙堆塑才子佳人等。

第六节　金门传统建筑装饰图案及其意涵

依据林会承的归纳，装饰纹样，凡自然界动植物、历史掌故、神话传奇等，只要不触犯禁忌，均可为之，一般来说可以分成：动物、植物、自然、几何、文字、人物、器物。装饰含义可由以下途径获得：谐音、移情、引申、神话、传说、掌故。装饰表达可分寓意、显喻、隐喻、比拟。①

下文兹以水头63号蔡开盛、蔡开国昆仲古厝为例，说明各种装饰之寓意。

（一）前厅的中央屏扇门，为固定式四橦门扇，每扇皆采同一块长而厚的紫檀木，双面雕花，一体成型。内厅的雕饰，匠师称作"花杆博古图"（图8-6-1），花杆指花瓶，博古指古代各种器物，例如瓷器、玉器、青铜器、石器等，以及文房四宝、琴棋书画等珍玩，花杆与博古置于案桌上，案桌架（明清时期称为"香几"或"案几"）与花杆博古，造型各异其趣，四橦门扇从左到右，分别以牡丹、菊、荷、梅等四季花卉作为主题装饰。

1. 春——牡丹门扇（图8-6-2）。

牡丹代表"雍容华贵，国色天香"，是兼具色香韵的百花之王。在整座格心堵中，案头上置有"三多"，即佛手、石榴、寿桃，分别象征福气、多子、长寿，取其"福禄寿"之意。案底下方则雕有葫芦与仙鹤，葫芦取"福禄"谐音，其上有"卍"字不断之长盘结，作福禄不断之意，又以松鹤象征长寿，所以亦为"福禄寿"（民间又作"财子寿"）。右上方之牡丹象征富贵，下方花瓶（谐音"平"），置于案头（谐音"安"），取其"富贵平安"。花瓶上刻有螭虎，螭虎为群龙之首，外形类似虎，故名螭虎，也作"夔龙"或"拐子龙"的称呼。

2. 夏——荷花门扇（图8-6-3）。

荷花代表着"一本清廉，本固枝荣"，教诲勉励后代子孙，只有谨遵操守的根本，才能绵延繁荣。整座格心堵，最为特别的莫过于花瓶上的题字："秋饮红花酒，夏赏绿荷池。"此为承接

① 林会承：《台湾传统建筑手册——形式与作法篇》，台北，艺术家出版社，1995，147页。

"秋菊"邻扇堵所作之对句，切题严谨，即使是字句编排的位置，都极其讲究，左右对称、恰如其分。花瓶上刻有菱形的方胜是"杂八宝"，象征子孙连续不断。案上小盆栽则刻以圆形寿字，取其"圆满福寿"之意。桌案上的时钟，除了反映清末的时代特色外，也承接"秋菊"邻门扇堵的明镜以自省，提醒后代子孙，要把握光阴勿蹉跎。右下方有两只老鼠，一只正在咬食冬瓜，此与"秋菊"邻扇堵之鼠啃南瓜意义相同，在祈求多子多孙；另一只老鼠，则站在圆形的钱库上，等待取食，生动有趣，综合寓意为"子孙绵长、源源财库"。老鼠上方有一只花篮，为八仙中蓝采和的持物，俗称"暗八仙"，有祝贺之意。花篮以长盘结盘吊着，取其绵延不断，其上刻有古钱图腾，圆与圆环环相扣，表示财富源源不绝，综合寓意为"奉仙祝贺，多子多孙，源源不绝的财富"。

3. 秋——菊花门扇（图 8-6-4）。

菊花代表"花中君子，傲霜之花"。整座格心堵中，桌案下有"老鼠咬南瓜"，鼠多子，南瓜亦多籽，取其"多子多孙"，且南瓜枝蔓延伸，所以综合寓意为"子孙绵延"。案桌底部雕有大象，象的谐音为"祥"，背上有吉祥纹饰（八卦纹），与上方花瓶合置，称为"太平有象"。案头盆栽植有松树，"松"为常青之树，意寓"松龄常青"；花瓶底端有一株灵芝，为寿星南极仙翁祝寿之物，同表长寿之意。案头上置有"明镜"，有自省之意，与邻扇堵时钟所寓意之把握光阴，相互辉映，欲勉励后代子孙"常省吾身谦自居，把握光阴勿蹉跎"。

4. 冬——梅花门扇（图 8-6-5）。

梅花代表着"坚忍刚毅，任重道远"，期许后代子孙能吃苦以担大任。整座格心堵中，桌案上置有香炉，香炉上坐着龙的第八子狻猊。狻猊形似狮，生性好烟火，常立于香炉边，庇佑着宗族团聚昌盛、香火延绵，与下方之水烟袋、书卷等物，合祈"书香门第、香烟世代"。香炉上印刻着六角龟纹，代表着"相承相续、长寿绵延"。桌案下，以长盘结系喜鹊，取意"喜事不断"。案桌底部雕有狮子，除了取狮子勇猛威仪，以驱邪辟厄外，又"狮"与"师"同音，太师、少师位居"三公"、"三孤"之首，故又以狮子寓意"高官显赫、官运亨通"。"坐狮"又对应右扇格心堵之"坐象"，二者皆为吉祥兽，在于佛教意涵中，狮、象分别为文殊菩萨与普贤菩萨之坐骑，代表着智慧勇猛与精进修行，合称"福慧双修"。春、夏、秋、冬门扇各有题句，合成四季吟诗：春游青香月，夏赏绿荷池，秋饮红花酒，冬吟白雪诗。构架严谨，平仄对应，内容考究，又以季节、动作、颜色、景物各各相对。

前落内厅的左右门扇板头堵中，雕有鱼、虾、章鱼等悠游自在穿梭于水草之间，栩栩如生，加上近海的鲨及鸟儿畅行无阻，更显有趣。水中动植物的呈现，除了具有装饰效果外，还借此压制祝融、有防止火灾之意。门扇堵点缀如龙宫般富丽堂皇，匠师称此做法为"鱼虾水族科甲门登"（图8-6-6）。另外一些图案装饰更具寓意，如两只螃蟹，蟹身有甲，引喻"二甲传胪"，用以形容科举中第；鱼穿越门洞寓意鲤鱼跃龙门，以祈求得功名。

外屏扇门的板头堵，同样雕刻着牡丹、荷花、菊、梅之"四季花"，这也是传统建筑中最常使用的主题，通常含有四季平安的意思；其中，偶有喜鹊飞上梅花枝头，或穿梭于莲花之上，则象征着"喜上眉梢"、"喜事连连"。

（二）前廊檐（步口）。正厅镜面墙之门扇格心堵，以"螭虎团炉"展现，是金门地区至高无上的图腾表征，因为螭虎乃群龙之首，祥瑞之代表，而鼎炉是道家修炼仙丹的圣物，和合之聚，以示韬光养晦、静虑安得。整体构图是以四只螭虎上下团绕着鼎炉，香云朵朵，螭虎穿梭其间，非常柔和，代表着"一团和气"。鼎炉上方有两只蝙蝠，各据一方，加上连续的云朵纹样，有"福运连连"之意。鼎炉中央处，有一只蝙蝠咬着磬（谐音"庆"）往下飞，意指"天赐福庆"，同时正下方两侧道家圣物也布入其中，装饰内涵更加丰富（图 8-6-7）。

镜面墙上方有一古钱窗的构图，不但富有曲线美，更重要的是蕴藏玄机，每个古钱中间的串孔，是由周边四个葫芦（谐音"福禄"）所组成，有"赐福含财"之意，木匠师称古钱窗的做法为"葫芦带古钱"。

步口（前檐廊）的门扇板头堵，是进入祖厅的门面，因此在内容上，多与教诲勉励子孙及祈福有关。例如，"鳌鱼"取独占鳌头之意。左右桌案上，分别置有竹、梅，属岁寒三友，象征坚忍不拔。右桌案下方，"鼠咬金瓜"取义"多子多孙"；左桌案下方置有酒杯与官帽，官帽即"冠"，酒杯即"爵"，取义"加冠晋爵"（图 8-6-8）。又如，中间案桌上有代表福禄寿的"三多"，下方有羊，象征"吉祥"。左右博古架，各置放桂花与兰花。兰、桂为子孙的雅称，寓意"兰桂腾芳"，象征子孙兴旺、仕途腾达、尊荣显赫。左边桌案有小孩，代表"福星送子"。右边桌案则有三根戟（谐音"级"），插入花瓶（谐音"平"）中，取其"平升三级"的谐音，期望着代代子孙都能官运亨通（图 8-6-9）。再如，板头堵上置明镜以示自省，左边桌案有如意，与象（谐音"祥"）合为"吉祥如意"，又牡丹与象则合称"富贵有象"（图 8-6-10）。还如，中间熏香炉，表示恬静无暇，更祈"香烟世代"。下方南瓜寓意"多子多孙"。白菜、兰花、珠树取义"玉兰珠树"，象征子孙兴旺。右案上的时钟旁放置一叠书，提醒子孙把握光阴、用功读书，方有功名，世代香烟永续（图 8-6-11）。

（三）正厅四壁是镶木质的樘板，板壁上的彩绘是用泥金技法。兹举下列各图案分述如后：

版样一：三王合图、凤毛麟趾。画由凤凰、牡丹与麒麟组成，寓意珍贵稀有、祥灵瑞气。凤凰是传说中之祥瑞神鸟，出现则天下太平，飞时群鸟共舞，所以称为"百鸟之王"，又称"万禽之首"。又因凤凰不贪美食，不吃活虫，不踩生草，非梧桐不栖，非竹子不吃，善于歌舞，所以是高雅尊贵之表征。牡丹花自唐朝以来即有"百花之王"、"国色天香"之美称，也是尊荣华贵的象征。麒麟是吉祥物，也有"万兽之王"之名号，为"四灵之首、百兽之先"，集万尊于一身。麒麟性温良，头上有角，角上有肉，备有攻击的武力，却不轻易使用，所以被认为是"仁兽"。传说中麒麟出现，即圣人诞生之祥瑞，也象征天下太平（图8-6-12）。

版样二：长命富贵、春风得意。画由天竹、寿石、马、牡丹与绶鸟所组合。牡丹植于寿石旁，寿石寓意长命，牡丹花代表富贵，寓意"长命富贵"。绶鸟又叫绶带鸟，色彩华丽，尾部形色如绶带。雄的有羽冠，头部黑色泛蓝光，背部深褐色，腹部白色。"绶"、"寿"同音，象征长寿，绶鸟栖息牡丹枝干上，牡丹春天开花，寓意"春光长寿"。天竹即南天竹，这里借用"天"字，而马生命力旺盛，常用于贺人事业飞黄腾达，在春天牡丹盛开时节，"天马"奔驰，意表"春风得意"，飞越万里（图8-6-13）。

版样三：白头富贵。画由长春花、白头翁和寿石所组成。白头翁亦名长春鸟，头顶黑色，眉及枕羽为白色，形象犹如慈颜善目、白首顶立之老翁，用以象征长寿（图8-6-14）。

版样四：君子之交，日月同光。画由兰花、灵芝、寿石和雄鸡、玉兔组成。兰花是花中的君子，灵芝是仙草，使人长命百岁，寿石有着坚固长久之美意，此三者组合的图案寓意"君子之交"，以象征人间高尚友谊。据称玉衡星散开，而生成雄鸡与兔，雄鸡是南方阳气的象征，太阳里面就有一只雄鸡，图中雄鸡从寿石腾跃飞起，代表日升起；兔为瑞寿，应兆吉祥，传说月宫中住着玉兔，故代表月亮，故二者组合的图案寓意"日月同光"，隐含白天与夜晚的持久存在，岁月永恒（图8-6-15）。

版样五：耄耋富贵。以形表音，蝴蝶飞舞来往于牡丹花丛间，花下有一猫作势腾跃扑蝶样，生动活泼，因牡丹象征富贵、猫蝶谐音"耄耋"，合称"耄耋富贵"，寓福寿双全，视为吉祥之象征（图8-6-16）。

版样六：一路连科。画由鹭、莲花、芦苇图案构成，鹭系指水鸟，"鹭"与"路"同音；"芦"与"路"谐音；莲系指莲花，"莲"与"连"同音，芦苇常是一棵棵连成一片生长，故谐音"连科"，鹭与莲花及芦苇组成"一路连科"，寓意应试顺利仕途畅行无阻（图8-6-17）。此外，若鹭鸟与芙蓉搭配，寓意"一路荣华"；鹭鸟与花瓶搭配，寓意"一路平安"，有各种题材的装饰含义。

版样七：竹下鹿鸣。清代科举的乡试发榜期，正逢秋季桂花盛开，俗称"桂榜"。督府于乡试发榜后数日，设鹿鸣宴请主考官、学政、同考官、各执事官暨全体新科举人共同庆贺朝政考选得人。此图中，桂花正中绽放，鹿儿竹下奔腾，春燕临空飞翔，"燕"取谐音"宴"，竹下鹿鸣宴寓意"举人及第，功成名就"。另外，此图也可解说为"鹿燕同春"（图8-6-18）。

版样八：松间鹤舞。古人认为鹤为仙禽，寿命长。而松树长生，其叶长绿。将松、鹤组成之图案合称为"松鹤延年"，寓长寿千载、永垂在世之意（图8-6-19）。

图 8-1-1　金门牧马侯祠现况

图 8-1-2　金门山后村传统聚落梳式布局

图 8-1-3　位于吕厝海边的六甲莺山庙

图 8-1-4　西洪仅存唯一民宅

图 8-1-5　山外英武庙前建戏台以阻隔

图 8-1-6　牧马侯祠后方筑
　　　　　高墙挡隔

图 8-1-7　沙美张氏宗祠后面留设的空地

图 8-1-8　祠庙的后面民宅皆背对宗祠而建

图 8-1-9　祠庙后面的民宅与宗祠垂直相邻而建

图 8-1-10　金门琼林石敢当镇煞

图 8-1-11　金门林厝水尾塔镇煞

图 8-1-12　金门山后村的植物刺桐

图 8-1-13　金门安岐村的风鸡镇煞

图 8-1-14　金沙吕厝风狮爷

图 8-1-15　金门各形式风狮爷代表

图 8-2-1　金门后丰港洪旭故居

图 8-2-2　金门碧山陈德幸洋楼

图 8-2-3　金门埔边何文选何文川兄弟之洋楼

图 8-2-4　金门浦边何克强先生之风雅小筑

图 8-2-5 金门浦边何克强先生之风雅小筑的酒瓶栏杆及交趾陶装饰

图 8-2-6　金门建筑外墙标语林立

图 8-3-1　金门水头 57 号篆书对联

图 8-3-2　金门引用"殖民地外廊样式建筑"

图 8-3-3　金门水头引用"殖民地外廊样式建筑"

图 8-3-4　金门水头 5 号

图 8-3-5 西洪村独宅三合院深井空间

图 8-3-6 珠山村二落大厝的护龙空间

图 8-3-7 坐梁式构架

图 8-3-8 穿插式构架

图 8-3-9 多变性的围护构造

图 8-3-10 山后色彩丰富的闽南建筑

图 8-3-11　装饰丰富的闽南建筑

图 8-3-12　金门保守的屋宇建筑

图 8-3-13　金门雕花窗棂门、实木板门、滚轮防盗门

图 8-3-14　福建闽南安溪传统建筑舂夯泥土的实心墙壁

图 8-3-15 金门春夯泥土而成的实心墙壁

图 8-3-16 金门山后村厚墙窄窗之建筑

图 8-3-17　金门深井留下两个孔洞

图 8-3-18　金门妾茨椅之形式

图 8-3-19 金门外深井

图 8-3-20　金门洗衣槽、舂臼之形式

图 8-3-21　金门水井、石磨坊、舂臼之形式

图 8-3-22　金门民宅群组串联的户外空间形式

图 8-3-23　金门富国墩鱼鳞砌墙壁

图 8-3-24　金门琼林村褐铁矿石乱石砌壁

图 8-3-25　红深井石门口埕

图 8-3-26　金门山后村颜只柱做法

图 8-3-27　金门琼林村颜只牵做法

图 8-3-28　金门琼林村出砖（瓦）入石砌

图 8-3-29 金门琼林村出瓦入礜砌

图 8-3-30 金门山后单凹做法

图 8-3-31　金门琼林村墙规楼

图 8-3-32　金门琼林村墙规

图 8-3-33　金门琼林村避冲煞的门的位置处理

图 8-3-34　金门象座、狮座、麒麟座及佛手座之雕饰

图 8-3-35　金门镇煞符、八卦图、犁头尖、厌胜物等各类的民俗辟邪物

图 8-4-1　金门顶堡村一落二榉头民居

图 8-4-2　金门琼林村一落四榉头民居

图 8-4-3　金门山后村三盖廊民居

图 8-4-4　金门水头村二落大厝民居

图 8-4-5　金门琼林村二落大厝增建单护龙

图 8-4-6　金门三开间加一榉头加楼仔民居

图 8-4-7　金门山后村三开间加二楼亭仔

图 8-4-8　金门水头村一落一榉头民居

图 8-4-9　左：一落二榉头加回向；右：一落二榉头后落右角加迭楼

图 8-4-10　左：三盖廊外深井加边门；右：三盖廊加护龙外深井边门出入

图 8-4-11　左：一落一榉头二向出入；右：一落四榉头背一落二榉（公背婆）

图 8-4-12　左：一落一榉头侧向出入；右：三盖廊加护龙脱归综合厝

图 8-4-13　左：单落厝；右：中西合并四倒水番仔厝

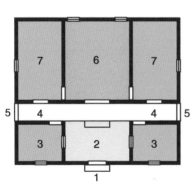 

1. 大门　2. 深井　3. 左（右）榉头
4. 巷头　5. 侧门　6. 佛厅　7. 左
大房（右二房）

图 8-4-14　一落二榉头形式配置及举例

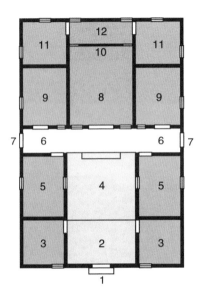

1.大门　2.下深井　3.尾榉　4.上深井　5.二榉　6.巷头　7.侧门　8.大厅　9.左大房（右二房）　10.寿堂　11.后房　12.长寿后房

图 8-4-15　一落四榉头形式配置及举例

图 8-4-16　上：二樘采平顶、尾樘采马背形式；下：二樘、
尾樘皆采马背形式

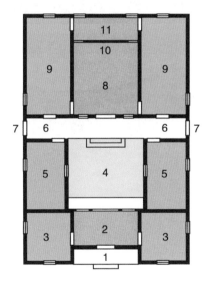

1. 凹寿　2. 前厅　3. 前厢房　4. 深
井　5. 二樘　6. 巷头　7. 后（侧）
门　8. 大厅　9. 左大房（右二房）
10. 寿堂　11. 长寿后房

图 8-4-17　三盖廊形式配置及举例

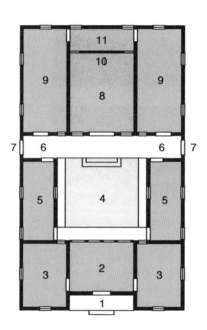

1.大门（凹寿） 2.前厅 3.前落房 4.深井 5.榉头 6.巷头 7.后（侧）门 8.后落大厅 9.左大房（右二房） 10.寿堂 11.长寿后房

图 8-4-18 二落大厝形式配置及举例

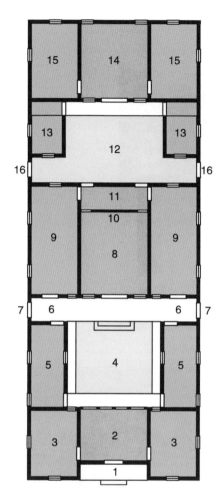

1.大门（凹寿） 2.前厅 3.前落房 4.深井 5.榉头 6.巷头 7.侧门 8.大厅 9.左大房（右二房） 10.寿堂 11.长寿后房 12.三落深井 13.三落左（右）榉头 14.三落厅 15.三落左（右）房 16.后门

图 8-4-19 三落大厝形式配置及举例

图 8-4-20　金门小姑楼建筑形式

图 8-4-21　金门欧厝村六路大厝民居

图 8-4-22　金门双侧增建护龙民居

图 8-4-23　金门增建回向（倒座）民居

图 8-4-24 金门梳篦厝民居
（上：侧向角度
拍摄；下：正向
角度拍摄）

图 8-4-25 金门城北门外的
传统店屋

图 8-4-26　金门洋楼修复前褪尽风华

图 8-4-27　金门洋楼修复后空间活化利用

图 8-5-1 金门传统建筑以牡蛎壳修剪粘成牡丹花瓣装饰图案

图 8-5-2 充满海洋生态气息的装饰艺术

图 8-5-3 金门传统建筑宗祠"祖德流芳"匾额装饰艺术

图 8-5-4 金门传统建筑充满尊师重道、相敬如宾之社会伦理的装饰艺术

图 8-5-5 金门传统建筑宣扬重德敬贤、仁义礼智信

图 8-5-6 福建山区色彩较沉稳低调

图 8-5-7 福建沿海色彩活泼鲜艳

图 8-5-8　金门传统建筑红砖白石组合

图 8-5-9　金门传统建筑黑白颜色的书画装饰表现

图 8-5-10　金门受西方影响的传统洋楼装饰纹样

图 8-5-11　金门受西方影响传统洋楼装饰纹样

图 8-5-12 金门传统建筑水车堵上使用日本彩砖装饰

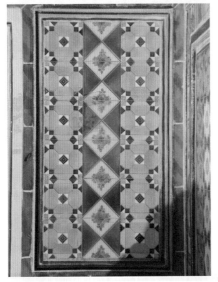

图 8-5-13 金门传统建筑镜面墙身堵使用日本彩砖取代原水墨彩绘图案

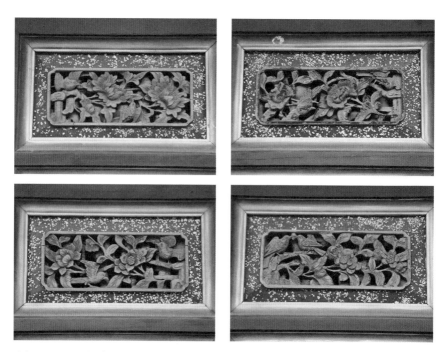

图 8-5-14　金门建筑上的牡丹、荷花、菊花、蜡梅，寓意春、夏、秋、冬四季平安

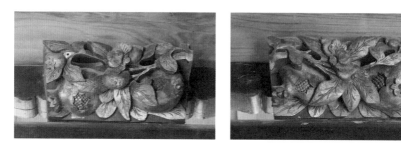

图 8-5-15　金门传统建筑寓意多子的石榴装饰

图 8-5-16　金门传统建筑寓意多福的蝙蝠装饰

图 8-5-17　金门传统建筑装饰门簪雕刻状元游街、寿星、仙女等

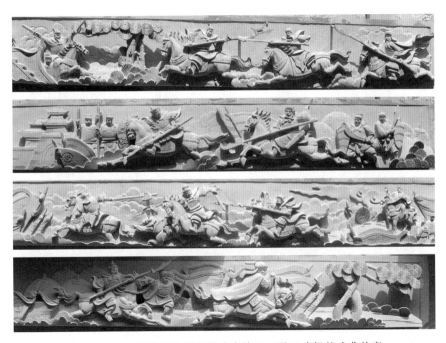

图 8-5-18　金门传统建筑装饰水车堵上刀马旦武场的戏曲故事

图 8-6-1　金门传统建筑四屏门花杆博古图装饰

图 8-6-2　春游清香月（牡丹门扇）

图 8-6-3　夏赏绿荷池（荷花门扇）

图 8-6-4　秋饮红花酒（菊花门扇）

图 8-6-5　冬吟白雪诗（梅花门扇）

图 8-6-6　金门传统建筑门扇头堵鱼虾水族、科甲门登图案装饰

图 8 6 7　正厅镜面墙之门扇格心堵图案装饰

图 8-6-8　门扇板头堵 A　加冠晋爵装饰

图 8-6-9　门扇板头堵 B　平升三级装饰

图 8-6-10 门扇板头堵 C 明镜自省富贵有象

图 8-6-11 门扇板头堵 D 世代香烟永续

图 8-6-12　三王合图、凤毛麟趾

图 8-6-13　长命富贵、春风得意

图 8-6-14　白头富贵

图 8-6-15　君子之交，日月同光

图 8-6-16　耄耋富贵

图 8-6-17　一路连科

图 8-6-18　竹下鹿鸣

图 8-6-19　松间鹤舞

主要参考文献

1. ［宋］李诫编修，梁思成注释《营造法式注释》（卷上），北京，中国建筑工业出版社，1983。

2. ［明］《新编鲁般营造正式》，宁波市天一阁博物馆藏明刻本。

3. ［明］计成《园冶》，北京，中国建筑工业出版社，1988。

4. ［明］何乔远《闽书》，福州，福建人民出版社，1994。

5. ［明］洪受《沧海纪遗》，金门县文献委员会，1978。

6. ［明］王世懋《闽部疏》，《丛书集成初编》本，北京，商务印书馆，1936。

7. ［明］陈懋仁《泉南杂志》，《丛书集成初编》本，北京，商务印书馆，1936。

8. ［明］午荣、章严《新镌工师雕斫正式鲁班木经匠家镜》，北京大学图书馆藏清乾隆间刻本，《续修四库全书》本。

9. ［清］陈盛韶《问俗录》，北京，书目文献出版社，1983。

10. ［清］林焜熿《金门志》，台北，中华丛书委员会，1956。

11. ［清］周凯《厦门志》，厦门，鹭江出版社，1996。

12. ［清］李维钰《漳州府志》，上海，上海书店出版社，2000。

13. ［清］周学曾等纂修《晋江县志》，福州，福建人民出版社，1990。

14. ［清］怀荫布、黄任、郭赓武纂修《泉州府志》，同治九年补刻本，上海，上海书店出版社，2000。

15. ［日］国分直一著、林怀卿译《台湾民俗学》，台南，庄家出版社，1980。

16.［澳］杨进发《陈嘉庚研究文集》，北京，中国友谊出版公司，1988。

17.《福建传统民居》，厦门，鹭江出版社，1994。

18. 曹春平《闽南传统建筑》，厦门，厦门大学出版社，2006。

19. 陈炳容《金门风狮爷》，台北，稻田出版有限公司，1997。

20. 陈垂成主编《泉州习俗》，福州，福建人民出版社，2004。

21. 陈汉光总编《金门县志》，金门县文献委员会，1967。

22. 陈嘉庚《南侨回忆录》，上海，上海三联书店，2014。

23. 陈嘉庚先生创办集美学校八十周年纪念刊编辑部《集美学校八十周年纪念册（1913—1993）》，1994。

24. 陈嘉庚先生创办集美学校七十周年纪念刊编委会《陈嘉庚先生创办集美学校七十周年纪念刊》，1983。

25. 陈进国《信仰、仪式与乡土社会：风水的历史人类学探索》，北京，中国社会科学出版社，2005。

26. 陈天明编著《厦门大学校史资料（第八辑）：厦大建筑概述》，厦门，厦门大学出版社，1991。

27. 陈支平《近 500 年来福建的家族社会与文化》，上海，生活·读书·新知三联书店上海分店，1991。

28. 陈支平《福建六大民系》，福州，福建人民出版社，2000。

29. 陈支平《闽南区域发展史》，福州，福建人民出版社，2007。

30. 程建军《粤东福佬系厅堂建筑大木构架分析》，《古建园林技术》，2000 年第 4 期。

31. 戴志坚《闽海民系民居建筑与文化研究》，北京，中国建筑工业出版社，2003。

32. 傅晶《泉州手巾寮式民居初探》，华侨大学建筑系硕士学位论文，2000。

33. 傅熹年《福建的几座宋代建筑及其与日本镰仓"大佛样"建筑的关系》，《建筑学报》，1981年第4期。

34. 福建省泉州海外交通史博物馆《泉州伊斯兰教石刻》，福州，福建人民出版社，1984。

35. 福建省泉州海外交通史博物馆、泉州市泉州历史研究会《泉州伊斯兰教研究论文选》，福州，福建人民出版社，1983。

36. 福建省泉州市建设委员会编《泉州民居》，福州，海风出版社，1996。

37. 福建省政协文史委员会编《福建名祠》，北京，台海出版社，1998。

38. 高鉁明等《福建民居》，北京，中国建筑工业出版社，1987。

39. 何丙仲编著《厦门碑志汇编》，北京，中国广播电视出版社，2004。

40. 洪卜仁主编《厦门旧影》，北京，人民美术出版社，1999。

41. 江柏炜《"洋楼"：闽粤侨乡的社会变迁与空间营造（1840—1960）》，台湾大学建筑与城乡研究所博士学位论文，2000。

42. 江柏炜《闽粤侨乡的空间营造》，金门"国家"公园管理处，2004。

43. 江柏炜《大地上的居所——金门国家公园传统聚落导览》，金门"国家"公园管理处，2005。

44. 李乾朗《台湾建筑史》，台北，雄狮图书股份有限公司，1995。

45. 李乾朗《金门民居建筑》，台北，雄狮图书股份有限公司，1987。

46. 李乾朗《台湾传统建筑匠艺》，台北，燕楼古建筑出版社，1995。

47. 李乾朗《台湾传统建筑匠艺二辑》，台北，燕楼古建筑出版社，1999。

48. 李乾朗《台湾传统建筑匠艺三辑》，台北，燕楼古建筑出版社，2000。

49. 李乾朗《台湾传统建筑匠艺四辑》，台北，燕楼古建筑出版社，2001。

50. 李乾朗《台湾传统建筑匠艺五辑》，台北，燕楼古建筑出版社，2002。

51. 李乾朗《台湾古建筑图解事典》，台北，远流出版事业股份有限公司，2003。

52. 李奕兴《台湾传统彩绘》，台北，艺术家出版社，1995。

53. 李玉祥主编《老房子——福建民居》，南京，江苏美术出版社，1996。

54. 连横《台湾通史》，北京，商务印书馆，1983。

55. 林冲《骑楼型街屋的发展与形态的研究》，华南理工大学博士学位论文，2000。

56. 林方明《泉州古民居建筑名称源流》，《泉州师范学院学报》，2004，第 22 卷第 5 期。

57. 林国平、彭文宇《福建民间信仰》，福州，福建人民出版社，1993。

58. 林会承《台湾传统建筑手册——形式与作法篇》，台北，艺术家出版社，1989。

59. 林金荣《金门传统建筑的装饰艺术》，金门"国家"公园管理处，2008。

60. 林凯龙《潮汕老屋》，汕头，汕头大学出版社，2004。

61. 林丽宽、杨天厚《金门的民间庆典》，台北，台原出版社，1993。

62. 林懋义、陈少斌、陈国良《集美学村》，北京，文物出版社，1984。

63. 林仁川、黄福才《闽台文化交融史》，福州，福建教育出版社，1997。

64. 林文为口述、杨思局等整理《闽南古建筑做法》，香港闽南人出版有限公司，1998。

65. 刘浩然《闽南侨乡风情录》，香港闽南人出版有限公司，1998。

66. 陆炳文《金门学丛刊——金门祖厝之旅》，台北，稻田出版有限公司，1996。

67. 陆元鼎、魏彦钧《广东民居》，北京，中国建筑工业出版社，1990。

68. 骆怀东编著《集美航海学院校史（1920—1990）》，厦门，厦门大学出版社，1990。

69. 梅青《中国建筑文化向南洋的传播——为纪念郑和下西洋伟大壮举六百周年献礼》，北京，中国建筑工业出版社，2005。

70.《前水头63号修复工作纪录报告书》，许育鸣建筑师事务所，2004。

71. 全国政协文史资料研究委员会等《陈嘉庚》，北京，文史资料出版社，1984。

72. 泉州历史文化中心主编《泉州古建筑》，天津，天津科学技术出版社，1991。

73. 泉州市建委修志办公室编《泉州市建筑志》，北京，中国城市出版社，1995。

74. 阮道汀、王立礼《泉州瓦窑业调查纪要》，中国人民政治协商会议福建省泉州市委员会文史资料研究委员会编《泉州文史资料》（第八辑），1963。

75. 孙大章《中国民居研究》，北京，中国建筑工业出版社，2004。

76. 吴华《新加坡华族会馆志》（第一册），南洋学会，1975。

77. 吴瑞炳、林荫新、钟哲聪《鼓浪屿建筑艺术》，天津，天津大学出版社，1997。

78. 吴文良《泉州宗教石刻》，北京，科学出版社，1957。

79. 吴文良原著、吴幼雄增订《泉州宗教石刻（增订本）》，北京，科学出版社，2005。

80. 谢重光等《金门史稿》，厦门，鹭江出版社，1999。

81. 徐志仁《金门洋楼建筑》，台北，稻田出版有限公司，1999。

82. 杨天厚、林丽宽《金门风狮爷与辟邪信仰》，台北，稻田出版有限公司，2000。

83. 姚承祖《营造法原》，北京，中国建筑工业出版社，1986。

84. 姚士谋《闽南区域经济发展与空间布局》，合肥，中国科学技术大学出版社，1990。

85. 张清忠《三合土配比及材料行为之研究》，台湾科技大学硕士学位论文，2002。

86. 张清忠《金门传统建筑装饰艺术之研究：以金门山后聚落为例》，厦门大学博士学位论文，2012。

87. 张十庆《从样式比较看福建地方建筑与朝鲜柱心包建筑的源流关系》，《华中建筑》，1998年第3期。

88. 张宇彤《金门与澎湖传统民宅形塑之比较研究——以营建中的禁忌、仪式与装饰论述之》，台湾成功大学建筑研究所博士学位论文，2001。

　　89. 张至正《泉州传统民宅形式初探》，台湾东海大学建筑研究所硕士学位论文，1997。

　　90. 周宗贤《金门丰莲山牧马侯祠修复之研究》，金门县政府，1994。

　　91. 庄伯和《台湾民艺造型》，台北，艺术家出版社，1994。

　　92. 庄为玑、陈达生《泉州清真寺史迹新考》，《世界宗教研究》，1981 年第 3 期。

　　93. 庄兴发、王式能编著《惠安石雕》，福州，福建人民出版社，1993。